普通高等教育“十三五”电子信息工程专业规划教材

数字设计 FPGA 应用

姜书艳　陈学英　黄志奇　主编

科学出版社
北京

内 容 简 介

本书作为“数字逻辑设计及应用”课程的实践教程，从数字设计的基础器件到系统组成、从器件的内部原理与实现到数字系统的组成原理与设计实现，采用由浅入深、层层递进的实践教学体系，引导学生从轻松入门到灵活设计开发的兴趣，有效地实现了理论基础与设计实践的结合。书中使用的口袋实验平台具有小巧、强大与便携性的特点，可随时激发学生的创造激情，随地展现出他们的想法、成果，从而有效地培养学生的独立动手能力、理论联系实际能力及实践创新能力。

本书在编写过程中，引入了新形态教材理念，将相关章节的内容与数字化讲解相配合，通过扫描二维码获得数字资源，使学习者对讲述的内容有更深入的理解。

本书可作为高等院校电子、电气信息类及自动化类专业的本科教材，也可作为相关专业研究生参考教材，以及电子、电气类工程技术领域的科研工作者和技术人员的参考用书。

图书在版编目(CIP)数据

数字设计FPGA应用／姜书艳，陈学英，黄志奇主编．—北京：科学出版社，2018.6

普通高等教育“十三五”电子信息工程专业规划教材

ISBN 978-7-03-056617-1

Ⅰ．①数…　Ⅱ．①姜…　②陈…　③黄…　Ⅲ．①可编程序逻辑器件-系统设计-高等学校-教材　Ⅳ．①TP332.1

中国版本图书馆CIP数据核字（2018）第038049号

责任编辑：刘　博／责任校对：郭瑞芝

责任印制：吴兆东／封面设计：迷底书装

科学出版社出版

北京东黄城根北街16号

邮政编码：100717

http://www.sciencep.com

北京建宏印刷有限公司印刷

科学出版社发行　各地新华书店经销

*

2018年6月第　一　版　开本：787×1092　1/16

2019年1月第二次印刷　印张：20 3/4

字数：460 000

定价：69.00元

(如有印装质量问题，我社负责调换)

前　　言

随着电子整机向功能复杂化、体积小型化以及高性能、高可靠性方面发展，集成化和大规模集成化已成为迫切要求和必然趋势。在集成电路面临这种应用要求而迅速发展的过程中，数字集成电路又在数量、品种和进展速度上比其他集成电路位居更领先的地位。数字电路广泛地应用于计算机、通信、自动控制、仪器仪表等数字系统中，尤其是计算机，已广泛用于民用、工业和军事领域，计算机的应用程度已成为工业自动化和现代化的重要标志之一。数字电路的广泛应用和它在电路结构上便于集成和大规模集成，是它优先于其他集成电路发展的重要原因。而在数字集成电路需求量巨大的今天，对于芯片设计而言，FPGA 的易用性不仅使得设计更加简单、快捷，还节省了反复流片验证的巨额成本。对于某些小批量应用的场合，甚至可以直接利用 FPGA 实现，无须再去定制专门的数字芯片，并且随着数字设计软件开发环境 Vivado 的不断完善，国内外在这方面的研究更加深入。

本书详细介绍数字设计 FPGA 开发语言 HDL，阐述 VHDL 与 Verilog 语言的基本结构和基本语句，编写了相关 HDL 设计的实例，便于学生更好地理解和应用这门语言。为了使学生更好地理解和掌握 FPGA，本书设计了多个实验，可使学生在进行操作的过程中更好地理解理论知识，熟悉代码的编写，同时为学生提供数字设计开发平台 BASYS2 和 BASYS3，利用 EDA 设计工具，结合上述基于 FPGA 的可编程实验板，可以轻松实现电子芯片的设计，并且可以现场观察实验结果，大大提高了读者学习 FPGA 的效率和热情。

本书章节内容安排如下：

第 1 章介绍了数字设计的常用方法、组成结构和主流芯片 FPGA 的结构、特点与应用。

第 2 章介绍了市场主流的两款数字设计 FPGA 硬件开发平台 BASYS2 与 BASYS3。包括开发平台的组成结构、原理、I/O 配置和应用。

第 3 章介绍了数字设计基于 FPGA 应用的两款主流软件开发环境 Xilinx ISE 与 Vivado。分别介绍了两款软件的安装与设计流程。

第 4 章介绍了数字设计基于 FPGA 应用开发的两款主流语言 VHDL 和 Verilog，两者平分秋色，描述体系和结构基本一致，不同在表达形式。本章对两种语言的基本结构、语言要素、基本语句及描述方法等进行了重点介绍。

第 5 章介绍了数字设计组合逻辑 FPGA 基础实验。从常用组合逻辑器件，如选择器、编码器、译码器、比较器、加法器、ALU 运算器等，分别用 VHDL 和 Verilog 进行描述表达，并用 FPGA 开发板进行硬件下载实现。

第 6 章介绍了数字设计时序逻辑 FPGA 基础实验。从常用时序逻辑电路，如触发器、计数器、分频器、寄存器、序列信号发生与检测器、扫描显示电路、八位二进制-BCD码转换电路等，由浅入深地展示出 VHDL 与 Verilog 的不同时序表达，及 FPGA 的硬件下载实现。

第 7 章是数字系统 FPGA 设计实例。从项目系统的设计分析，到自顶向下的模块组成，由 6 个具有代表性的工程案例作为项目性实验，完整地阐述了基于项目系统的方案设计、原理设计、单元模块设计、仿真设计、硬件编程配置及软硬件联合调试等项目系统设计的全过程，包含了数字设计组合及时序基本器件的全方面综合应用。

第 8 章以学生自主开发的挑战性设计项目为主，给出了挑战目标、背景与描述、论证实现三部分内容。通过背景与描述，使学生对进行的挑战性项目有更清晰的认识和理解，基于第 7 章的设计实例，自主给出完整的方案设计、原理设计、单元模块设计、仿真设计、硬件编程配置及软硬件联合调试等项目系统设计的全过程。

本书各章节编写分工如下：第 1 章和第 8 章由姜书艳编写；第 2 章、第 4～7 章由陈学英编写；第 3 章由黄志奇编写；全书由姜书艳统稿。在实验项目、实验平台编写过程中，获得部分同学的帮助与支持，这里对王江、张博、沈晰萌等同学表示感谢！本书在编写过程中得到了电子科技大学数字逻辑设计及应用课程组老师的大力支持，在此一并表示感谢！

本书配套视频资源，读者可以通过扫描书中二维码进行观看。

由于编者水平有限，书中难免有疏漏和不妥之处，恳请读者不吝赐教，批评指正！

编　者

2018 年 4 月

目　录

第 1 章　数字设计概述及 FPGA

1.1　数字设计概述

1.1.1　数字设计基本概念

用数字信号完成对数字量进行算术运算和逻辑运算的电路称为数字电路或数字设计系统。由于它具有逻辑运算和逻辑处理的功能，所以又称数字逻辑电路。现代的数字电路是由半导体工艺制成的若干数字集成器件构造而成的。逻辑门电路是数字逻辑电路的基本单元。存储器是用来存储二进制数据的数字电路，是构成时序逻辑电路的基础。从整体上看，数字电路可以分为组合逻辑电路和时序逻辑电路两大类。

1.1.2　数字设计基本模型

当前，数字系统的硬件设计都是采用集成电路(IC)方式进行的，下面是不考虑分立元件设计的两种设计方式。

1. ASIC 设计

流程可以粗分为前端设计和后端设计。拿到设计要求和指标后，需要选定库，然后进行 HDL 描述，从此步开始称为前端设计。接下来的流程包括编译、仿真；由 EDA 工具辅助进行综合；得到 RTL 级描述(门级网表)；下面进入后端设计，包括调用库文件，进行版图布局布线，各类优化、仿真、验证、流片、封装、测试。如果需要更细的划分，可以分成如下几个步骤。

(1) 根据结构及电气规定进行系统结构分析和设计。

(2) RTL 级代码设计和仿真测试平台文件准备，为具有存储单元的模块插入 BIST (Design For Test 设计)。

(3) 为了验证设计功能进行完全设计的动态仿真。

(4) 逻辑综合、加入扫描链(或者 JTAG)，进行 RTL 级和综合后门级网表(Netlist)的形式验证(Formal Verification)。

(5) 版图布局布线之前，进行整个设计的静态时序分析，将时序约束前标注到版图生成工具，时序驱动的单元布局，时钟树插入和全局布线(Global Routing)。

(6) 将时钟树插入到 DC 的原始设计中，对综合后网表和插入时钟树的网表进行形式验证(Formal Verification)。

(7) 从全局布线后的版图中提取出估算的时间延时信息，将估算的时间延时信息反向标注，进行静态时序分析和设计优化，设计详细的布线。

(8) 从详细布线的设计中提取出实际时间延时信息，将提取出的实际时间延时信息反向标注，进行版图后的静态时序分析和设计优化(如果需要)，进行版图后带时间信息的门级仿真。

(9) LVS 和 DRC 验证，然后流片(Tape-Out)。ASIC 设计是对集成块芯片内系统及功能单元进行设计，重点在于对集成度和性能的追求。

2. 基于商用集成块的设计

从最初的 SSI、MSI、LSI、VLSI 到 FPGA，这种设计是从多片到单片，从复杂到简单的一种设计。

1.1.3 数字设计基本结构

数字设计的基本结构一共有三种：顺序结构、并行结构、流水线结构。顺序结构顾名思义就是按照逻辑门排列的顺序逐个实现功能。并行结构是指逻辑器件可以在同一时刻或同一时间间隔内进行多种运算或操作。流水线结构是指每个时钟脉冲都接受下一条处理数据的指令，只是不同的部件做不同的事情，就像生产线流水操作一样，并不是等一个或一批产品做完，再接受下一批生产命令，而是每个工序完成以后，立即接受下一批生产任务。流水线结构提高了系统处理数据的速度。

1.2 FPGA 概述

1.2.1 FPGA 基本概念

现场可编程门阵列(Field-Programmable Gate Array，FPGA)是在 PAL、GAL、CPLD 等可编程器件的基础上进一步发展的产物。它是作为专用集成电路(ASIC)领域中的一种半定制电路而出现的，既解决了定制电路的不足，又克服了原有可编程器件门电路数量有限的缺点。

FPGA 采用了逻辑单元阵列(Logic Cell Array，LCA)的概念，内部包括可配置逻辑模块(Configurable Logic Block，CLB)、输入/输出模块(Input Output Block，IOB)和内部连线(Interconnect)三个部分。FPGA 利用小型查找表(Look Up Table，LUT)(16×1 RAM)来实现组合逻辑，每个查找表连接到一个 D 触发器的输入端，触发器再来驱动其他逻辑电路或驱动 I/O，由此构成了既可实现组合逻辑功能又可实现时序逻辑功能的基本逻辑单元模块，这些模块间利用金属连线互相连接或连接到 I/O 模块。FPGA 的逻辑是通过向内部静态存储单元加载编程数据来实现的，存储在存储器单元中的值决定了逻辑单元的逻辑功能以及各模块之间或模块与 I/O 间的连接方式，并最终决定了 FPGA 所能实现的功能。FPGA 允许无限次编程。

1.2.2　FPGA 基本结构

从功能角度考虑，FPGA 主要由三部分构成：可编程逻辑单元阵列、可编程连线资源、可编程 I/O 单元。

可编程逻辑单元阵列简称 PLA(Programmable Logic Array)，是一种可程式化的装置，可用来实现组合逻辑电路。PLA 具有一组可程式化的 AND 阶，AND 阶之后连接一组可程式化的 OR 阶，如此可以达到：只在合乎设定条件时才允许产生逻辑信号输出。可编程连线资源(Programmable Interconnect Array，PIA)负责信号传递，连接所有的宏单元和可编程逻辑器件。目前大多数 FPGA 的 I/O 单元被设计为可编程模式，即通过软件的灵活配置，可适应不同的电器标准与 I/O 物理特性；可以调整匹配阻抗特性，上、下拉电阻，可以调整输出驱动电流的大小等。

FPGA 按编程工艺分主要有 SRAM 工艺和 Flash 工艺(工艺是针对它们的编程开关来说的)两类。

其中 SRAM 工艺的 FPGA 最大的特点是掉电数据会丢失，无法保存。所以它们的系统除了一个 FPGA 以外，外部还需要增加一个配置芯片用于保存编程数据。每次上电的时候都需要从这个配置芯片将配置数据流加载到 FPGA，然后才能正常运行。Flash 架构的 FPGA 掉电不会丢失数据，无须配置芯片，上电即可运行。它的特点非常类似 ASIC，但是又比 ASIC 更加灵活，可以重复编程。在一些小规模的公司或者产品量不是很大的时候往往更倾向于用 FPGA 来取代 ASIC，不仅能够降低风险，而且能够降低成本。

按照逻辑功能块的大小不同，可将 FPGA 分为细粒度结构和粗粒度结构两类。

细粒度 FPGA 的逻辑功能块一般较小，仅由很小的几个晶体管组成，非常类似于半定制门阵列的基本单元。其优点是功能块的资源可以被完全利用，缺点是完成复杂的逻辑功能需要大量的连线和开关，因而速度慢。粗粒度 FPGA 的逻辑块规模大、功能强，完成复杂逻辑只需较少的功能块和内部连线，因而能获得较好的性能。缺点是功能块的资源有时不能被充分利用。近年来随着工艺的不断改进，FPGA 的集成度不断提高，硬件描述语言(HDL)的设计方法得到了广泛应用。由于大多数逻辑综合工具是针对门阵列的结构开发的，细粒度的 FPGA 较粗粒度的 FPGA 可以得到更好的逻辑综合结果，因此许多厂家开发出了一些具有更高集成度的细粒度 FPGA，如 Xilinx 公司采用 MicroVia 技术的一次编程反熔丝结构的 XC8100 系列，GateField 公司采用闪速 EPROM 控制开关元件的可再编程 GF100K 系列等，它们的逻辑功能块规模相对都较小。

FPGA 按互连结构分为固定连线的网络型(Mesh)和可编程的交叉开关型(Crossbar)。

固定连线的网络型可以与其他类型协同通信，是一个动态的可以不断扩展的网络架构，任意的两个设备均可以保持无线互连。可编程连线交叉开关则用来实现连线单元之间的连接，以形成较长的信号通路。图 1-1 所示是 FPGA 基本结构图。

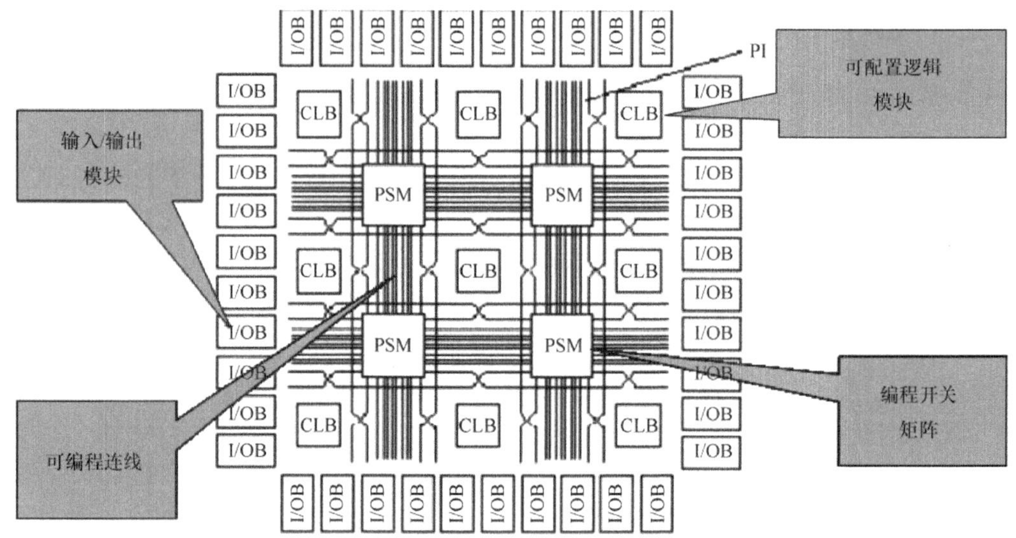

图 1-1　FPGA 基本结构

1.2.3　FPGA 主要生产厂商

FPGA 的生产厂商主要有 Xilinx、Altera、Actel、Lattice、Atmel 等公司。其中 Xilinx 和 Altera 的产品几乎占据了整个 FPGA 产品的 90%以上。

1. Xilinx

Xilinx 是全球领先的可编程逻辑完整解决方案的供应商，是 FPGA 的首创者。目前 Xilinx 满足了全世界对 FPGA 产品一半以上的需求。Xilinx 产品线还包括复杂可编程逻辑器件(CPLD)，开发的主要产品如下。

1) 主流 PLD 产品

XC9500 Flash 工艺 PLD，常见型号有 XC9536、XC9572、XC95144 等。型号后两位表示宏单元数量。CoolRunner-Ⅱ是 1.8V 的低功耗 PLD 产品。

2) 主流 FPGA 产品

Xilinx 的主流 FPGA 分为两大类，一类侧重低成本应用，容量中等，性能可以满足一般的逻辑设计要求，如 Spartan 系列；另一类侧重于高性能应用，容量大，性能可满足各类高端应用，如 Virtex 系列。用户可以根据自己的实际应用要求进行选择。在性能可以满足的情况下，优先选择低成本器件。

Spartan 系列当前主流的芯片包括：Spartan-2、Spartan-2E、Spartan-3、Spartan-3A、Spartan-3E、Spartan-6 等种类。其中：

(1) Spartan-2 最高可达 20 万系统门。

(2) Spartan-2E 最高可达 60 万系统门。

(3) Spartan-3 最高可达 500 万系统门。Spartan-3/3L 是新一代 FPGA 产品，结构与 Virtex-Ⅱ类似，是全球第一款 90nm 工艺 FPGA，1.2V 内核，于 2003 年开始陆续推出，

成本低廉，总体性能指标不是很优秀，适合低成本应用场合。

(4) Spartan-3A 和 Spartan-3E 基于 Spartan-3/3L，对性能和成本进一步优化，不仅系统门数更大，还增强了大量的内嵌专用乘法器和专用块 RAM 资源，具备实现复杂数字信号处理和可编程的能力。

(5) Spartan-6 系列的 FPGA 是 Xilinx 公司于 2009 年推出的新一代低成本的 FPGA 芯片，该系列的芯片功耗低，容量大。

Virtex 系列是 Xilinx 的高端产品，也是业界的顶级产品，Xilinx 公司正是凭借 Virtex 系列产品赢得市场，从而获得 FPGA 供应商领军的地位。可以说 Xilinx 以其 Virtex-6、Virtex-5、Virtex-4、Virtex-Ⅱ Pro 和 Virtex-Ⅱ系列 FPGA 产品引领现场可编程门阵列行业。

Virtex-4 系列的 FPGA 采用了高级硅模组(Advanced Silicon Modular Block，ASMBL)架构。ASMBL 通过使用独特的基于列的结构，实现了支持多专门领域应用平台的概念。每列代表一个具有专门功能的硅子系统，如逻辑资源、存储器、I/O、DSP、处理、硬 IP 和混合信号等。Xilinx 公司通过组合不同功能列，组装成面向特定应用类别的专门领域 FPGA(与专用不同，专用是指一项单一应用)。

Virtex-Ⅱ：2002 年推出，0.15μm 工艺，1.5V 内核，大规模高端 FPGA 产品。

Virtex-Ⅱ pro：基于 Virtex-Ⅱ的结构，内部集成 CPU 和高速接口的 FPGA 产品。

Virtex-4：Xilinx 最新一代高端 FPGA 产品，采用 90nm 工艺制造，包含三个子系列：面向逻辑密集的设计，Virtex-4 LX；面向高性能信号处理应用，Virtex-4 SX；面向高速串行连接和嵌入式处理应用，Virtex-4 FX。Virtex-4 的各项指标比上一代 Virtex-Ⅱ均有很大提高，获得 2005 年 EDN 杂志最佳产品称号。从 2005 年年底开始批量生产，将逐步取代 Virtex-Ⅱ，Virtex-Ⅱ Pro 是未来几年 Xilinx 在高端 FPGA 市场中最重要的产品。

Virtex-5：65nm 工艺的产品。

Virtex-6：最新的高性能 FPGA 产品，45nm 工艺的产品。

Virtex-7：2011 年推出的超高端 FPGA 产品。

2. Altera

Altera 公司是世界上“可编程芯片系统(SOPC)”解决方案倡导者，专为满足当今大范围的系统需求而开发设计。Altera 的主流 FPGA 分为两大类，一类侧重低成本应用，容量中等，性能可以满足一般的逻辑设计要求，如 Cyclone、Cyclone-Ⅱ；另一类侧重于高性能应用，容量大，性能能满足各类高端应用，如 Startix、Stratix-Ⅱ等，用户可以根据自己实际应用要求进行选择。在性能可以满足的情况下，优先选择低成本器件。它的主要产品如下。

Cyclone(飓风)：Altera 中等规模 FPGA，2003 年推出，0.13μm 工艺，1.5V 内核供电，与 Stratix 结构类似，是一种低成本 FPGA 系列，其配置芯片也改用全新的产品，是 Altera 最成功的器件之一，性价比较高，适合中低端应用的通用 FPGA。

Cyclone-Ⅱ：Cyclone 的下一代产品，2005 年开始推出，90nm 工艺，1.2V 内核供电，属于低成本 FPGA，性能和 Cyclone 相当，提供了硬件乘法器单元，从 2005 年底开始逐步取代 Cyclone 器件，成为 Altera 在中低 FPGA 市场中的主力产品。

Cyclone-Ⅲ FPGA 系列：2007 年推出，采用台积电(TSMC)65nm 低功耗(LP)工艺技术制造，以相当于 ASIC 的价格实现了低功耗。

Cyclone-Ⅳ FPGA 系列：2009 年推出，60nm 工艺，面向对成本敏感的大批量应用，帮助满足越来越大的带宽需求，同时降低了成本。

Cyclone-Ⅴ FPGA 系列：2011 年推出，28nm 工艺，实现了业界最低的系统成本和功耗，其性能水平使得该器件系列成为突出大批量应用优势的理想选择。与前几代产品相比，它具有高效的逻辑集成功能，提供集成收发器型号，总功耗降低了 40%，静态功耗降低了 30%。

Stratix：Altera 大规模高端 FPGA，2002 年中期推出，0.13μm 工艺，1.5V 内核供电。集成硬件乘加器，芯片内部结构比 Altera 以前的产品有很大变化。Startix 芯片改变了 Altera 在 FPGA 市场上的被动局面。该芯片适合高端应用。

Stratix-Ⅱ：Stratix 的下一代产品，2004 年中期推出，90nm 工艺，1.2V 内核供电，大容量高性能 FPGA。性能超越 Stratix，是 Altera 在高端 FPGA 市场中的主力产品。

Stratix-Ⅴ为 Altera 的高端产品，采用 28nm 工艺，提供了 28G 的收发器件，适合高端的 FPGA 产品开发。

3. Actel

Actel 公司主要致力于军工和航空领域，目前开始逐渐转向民用和商用，除了反熔丝系列外，还推出可重复擦除的 ProASIC3 系列(针对汽车、工业控制、军事航空行业)，主要产品如下。

(1) ProASIC3 nano 和采用 Flash*Freeze 技术的 IGLOO nano，成本低。有 50 多种 nano 器件的成本低于 1 元，封装小到 3mm×3mm。应用于便携式设备，功耗低到 2μW，商业级的温度范围更广，从–20～70℃。

(2) ProASIC3/E 属于 Actel 的第三代 Flash 架构的 FPGA，容量大，速度快，稳定性强。有 1.5 万～300 万个系统门，高达 504Kbit 的双端口 RAM，24 个 SRAM 和 FIFO 配置，同步操作可达 350MHz，可用 I/O 口达 616 个。

(3) ProASIC3L 是在成熟的 ProASIC3 的基础上衍生出来的新一代低功耗 FPGA，独特的 Flash*Freeze 使得动态与静态功耗比 ProASIC3 低，适用于高性能低功耗的场合。

(4) Fusion 是世界上首个模数混合的 FPGA，在 ProASIC3 的基础上加入了闪存，具有分辨率为 12 位，转换速率为 600Kbit/s 的 ADC、RTC 以及 RC 振荡器的时钟资源，使得 SOC 设计成为可能。

(5) IGLOO/+低功耗，小封装，最小尺寸可达 4mm×4mm，最多 604Kbit 的双端口 RAM，可用 I/O 端口有 600 多个，业界唯一支持 1.2V 核电压 FPGA，其他的动态功耗是它的几十倍。

4. Lattice

Lattice 提供了业界领先的 SERDES 产品，为当今系统设计提供全面的解决方案，包

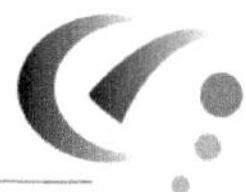

括能提供瞬时上电操作、安全性和节省空间的单芯片解决方案的一系列无可匹敌的非易失可编程器件。

5. Atmel

Atmel 在系统级集成方面拥有世界级专业知识和丰富的经验，是提供完整电子系统完整解决方案的厂商。Atmel 集成电路主要集中应用于消费、工业、安全、通信、计算和汽车市场领域。产品包括了微处理器、可编程逻辑器件、非易失性存储器、安全芯片、混合信号及射频集成电路。

1.2.4　开发平台 FPGA 芯片介绍

1. BASYA2 板载芯片 Spartan-3E——xc3s100E

Spartan-3E 入门实验板使设计人员能够即时利用 Spartan-3E 系列的完整平台性能。

(1) 设备支持：Spartan-3E、CoolRunner-Ⅱ。

(2) 关键特性。

Xilinx 器件：Spartan-3E(50 万门，XC3S500E-4FG320C)，CoolRunner™-Ⅱ(XC2C64A-5VQ44C)与 Platform Flash(XCF04S-VO20C)。

时钟：50MHz 晶体时钟振荡器。

存储器：128Mbit 并行 Flash，16Mbit SPI Flash，64MB DDR SDRAM。

连接器与接口：以太网 10/100PHY，JTAG USB 下载，两个 9 引脚 RS-232 串行端口，PS/2 类型鼠标/键盘接口，带按钮的旋转编码器，四个滑动开关，八个单独的 LED 输出，四个瞬时接触按钮，100 引脚 Hirose 扩展连接端口与三个 6 引脚扩展连接器。

显示器：VGA 显示端口，16 字符，2 线式 LCD。

电源：Linear Technologies 电源供电，TPS75003 三路电源管理 IC。

应用：可支持 32 位的 RISC 处理器，可以采用 Xilinx 的 MicroBlaze 以及 PicoBlaze 嵌入式开发系统；支持 DDR 接口的应用；支持基于 Ethernet 的应用；支持大容量 I/O 扩展的应用。

(3) 主要特征。

① XC3S100E(Spartan-3E)：多达 232 个用户 I/O 接口；320 个 FPGA 封装引脚；超过 10000 个逻辑单元。

② 4Mbit 的 Flash 配置 PROM。

③ 64 个宏单元 XC2C64A CoolRunner CPLD。

④ 64MB(512Mbit)的 DDR SDRAM，×16 数据接口，100+MHz。

⑤ 16MB(128Mbit)的并行或非门 Flash(Intel StrataFlash)：FPGA 配置存储；MicroBlaze 代码存储/映射。

⑥ 16Mbit 的 SPI 串行 Flash(STMicro)：FPGA 配置存储；MicroBlaze 代码存储/映射。

⑦ 16 字符-2 线式 LCD 显示屏。

⑧ PS/2 鼠标或键盘接口。

⑨ VGA 显示接口。

⑩ 10/100 以太 PHY(要求 FPGA 内部具有以太 MAC)。

⑪ 2 个 9 引脚的 RS-232 端口(DTE 和 DCE 两种类型)。

⑫ FPGA/CPLD 下载/调试 USB 接口。

⑬ 50Hz 时钟晶振。

⑭ 1 线式的 SHA-1 位流复制保护串行 EEPROM。

⑮ Hirose FX2 扩展连接口。

⑯ 3 个引脚扩展连接器。

⑰ 4 个 SPI-DAC 转换器输出引脚。

⑱ 2 个 SPI 带可编程增益 ADC 输入引脚。

⑲ ChipScope™ 软件调试接口。

⑳ 带按钮的旋转编码器。

㉑ 8 个单独的 LED 输出。

㉒ 4 个滑动开关。

㉓ 4 个按钮开关。

㉔ SMA 时钟输入。

㉕ 8 引脚插槽辅助晶振。

2. BASYS3 板载芯片 Artix-7——XC7A35T-1CPG236C

BASYS3 为想要学习 FPGA 和数字电路设计的用户提供了一个理想的电路设计平台。BASYS3 板提供完整的硬件存取电路，可以完成从基本逻辑到复杂控制器的设计。四个标准扩展连接器配合用户设计的电路板，或 Pmods(Digilent 设计的 A/D 和 D/A 转换、电机驱动器、传感器输入等)的其他功能。扩展信号的 8 引脚接口均采用 ESD 保护，附带 USB 电缆，提供电源和编程接口，因此不需要额外配置电源或其他编程电缆，使之成为入门或复杂数字电路系统设计的完美低成本平台。

(1) 关键特性。

① 33280 个逻辑单元，六输入 LUT 结构。

② 1800Kbit 快速 RAM 块。

③ 5 个时钟管理单元，均各含一个锁相环(PLL)。

④ 90 个 DSP Slices。

⑤ 内部时钟最高可达 450MHz。

⑥ 1 个片上模数转换器(XADC)。

(2) 外围设备。

① 16 个拨键开关。

② 16 个 LED。

③ 5 个按键开关。

④ 4 位 7 段数码管。

⑤ 3 个 Pmod 连接口。

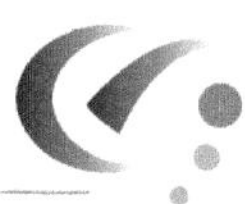

⑥ 一个专用 AD 信号 Pmod 接口。
⑦ 12 位的 VGA 输出接口。
⑧ USB-UART 桥。
⑨ 串口 Flash。
⑩ 用于 FPGA 编程和通信的 USB-JTAG 口。
⑪ 可连接鼠标、键盘、记忆棒的 USB 口。

图 1-2 是各大公司 logo 图标。

图 1-2　各大公司 logo 图标

1.3　基于 FPGA 的数字设计方法

1.3.1　设计流程

设计流程包括：设计规划、创建设计模型、行为描述、行为仿真、RTL 建模、功能仿真、设计综合、器件适配、时序仿真、设计编程、下载测试等。具体设计过程和原理如下。

1. 功能定义/器件选型

在 FPGA 设计项目开始之前，必须有系统功能的定义和模块的划分。要根据任务要求，如系统的功能和复杂度，对工作速度和器件本身的资源、成本以及连线的可布性等方面进行权衡，选择合适的设计方案和合适的器件类型。一般都采用自顶向下的设计方法，把系统分成若干个基本单元，然后把每个基本单元划分为下一层次的基本单元，一直这样做下去，直到可以直接使用 EDA 元件库为止。

2. 设计输入

设计输入是将所设计的系统或电路以开发软件要求的某种形式表示出来，并输入给 EDA 工具的过程。常用的方法有硬件描述语言和原理图输入方法等。原理图输入方式是一种最直接的描述方式，在可编程芯片发展的早期应用比较广泛，它将所需的器件从元件库中调出来，画出原理图。这种方法虽然直观并易于仿真，但效率很低，且不易维护，不利于模块构造和重用；更主要的缺点是可移植性差，当芯片升级后，所有的原理图都需要作一定的改动。目前，在实际开发中应用最广的就是 HDL 输入法，利用文本描述设计，可以分为普通 HDL 和行为 HDL。普通 HDL 有 ABEL、CUR 等，支持逻辑方程、真值表和状态机等表达方式，主要用于简单的小型设计。而在中大型工程中，主要使用行为 HDL，其主流语言是 Verilog HDL 和 VHDL。这两种语言都是美国电气与电子工程师协会(IEEE)的标准，其共同的突出特点有：语言与芯片工艺无关，利于自顶向下设计，便于模块的划分与移植，可移植性好，具有很强的逻辑描述和仿真功能，而且输入效率

很高。除了 IEEE 标准语言外，还有厂商自己的语言。也可以用 HDL 为主，原理图为辅的混合设计方式，以发挥两者的各自特色。

3. 功能仿真

功能仿真也称为前仿真，是在编译之前对用户所设计的电路进行逻辑功能验证。此时的仿真没有延迟信息，仅对初步的功能进行检测。仿真前，要先利用波形编辑器和 HDL 等建立波形文件和测试向量(即将所关心的输入信号组合成序列)，仿真结果将会生成报告文件和输出信号波形，从中便可以观察各个节点信号的变化。如果发现错误，则返回设计修改逻辑设计。常用的工具有 Model Tech 公司的 Model Sim、Sysnopsys 公司的 VCS 和 Cadence 公司的 NC-Verilog 以及 NC-VHDL 等软件。

4. 综合优化

所谓综合就是将较高级抽象层次的描述转化成较低层次的描述。综合优化根据目标与要求优化所生成的逻辑连接，使层次设计平面化，供 FPGA 布局布线软件进行实现。就目前的层次来看，综合优化(Synthesis)是指将设计输入编译成由与门、或门、非门、RAM、触发器等基本逻辑单元组成的逻辑连接网表，而并非真实的门级电路。真实具体的门级电路需要利用 FPGA 制造商的布局布线功能，根据综合后生成的标准门级结构网表来产生。为了能转换成标准的门级结构网表，HDL 程序的编写必须符合特定综合器所要求的风格。由于门级结构、RTL 级的 HDL 程序的综合是很成熟的技术，所有的综合器都可以支持到这一级别的综合。常用的综合工具有 Synplicity 公司的 Synplify/SynplifyPro 软件以及各个 FPGA 厂家自己推出的综合开发工具。

5. 综合后仿真

综合后仿真检查综合结果是否和原设计一致。在仿真时，把综合生成的标准延时文件反标注到综合仿真模型中去，可估计门延时带来的影响。但这一步骤不能估计线延时，因此和布线后的实际情况还有一定的差距，并不十分准确。目前的综合工具较为成熟，对于一般的设计可以省略这一步，但如果在布局布线后发现电路结构和设计意图不符，则需要回溯到综合后仿真来确认问题之所在。在功能仿真中介绍的软件工具一般都支持综合后仿真。

6. 实现与布局布线

布局布线可理解为利用实现工具把逻辑映射到目标器件结构的资源中，决定逻辑的最佳布局，选择逻辑与输入/输出功能连接的布线通道进行连线，并产生相应文件(如配置文件与相关报告)，实现是将综合生成的逻辑网表配置到具体的 FPGA 芯片上，布局布线是其中最重要的过程。布局将逻辑网表中的硬件原语和底层单元合理地配置到芯片内部的固有硬件结构上，并且往往需要在速度最优和面积最优之间做出选择。布线根据布局的拓扑结构，利用芯片内部的各种连线资源，合理正确地连接各个元件。目前，FPGA 的结构非常复杂，特别是在有时序约束条件时，需要利用时序驱动的引擎进行布局布线。布线

结束后，软件工具会自动生成报告，提供有关设计中各部分资源的使用情况。由于只有 FPGA 芯片生产商对芯片结构最为了解，所以布局布线必须选择芯片开发商提供的工具。

7. 时序仿真

时序仿真也称为后仿真，是指将布局布线的延时信息反标注到设计网表中来检测有无时序违规(即不满足时序约束条件或器件固有的时序规则，如建立时间、保持时间等)现象。时序仿真包含的延迟信息最全，也最精确，能较好地反映芯片的实际工作情况。由于不同芯片的内部延时不一样，不同的布局布线方案也给延时带来不同的影响。因此在布局布线后，通过对系统和各个模块进行时序仿真，分析其时序关系，估计系统性能，以及检查和消除竞争冒险是非常有必要的。在功能仿真中介绍的软件工具一般都支持综合后仿真。

8. 板级仿真与验证

板级仿真主要应用于高速电路设计中，对高速系统的信号完整性、电磁干扰等特征进行分析，一般都以第三方工具进行仿真和验证。

9. 芯片编程与调试

设计的最后一步就是芯片编程与调试。芯片编程是指产生使用的数据文件(位数据流文件，Bitstream Generation)，然后将编程数据下载到 FPGA 芯片中。其中，芯片编程需要满足一定的条件，如编程电压、编程时序和编程算法等方面。逻辑分析仪(Logic Analyzer，LA)是 FPGA 设计的主要调试工具，但需要引出大量的测试引脚，且 LA 价格昂贵。目前，主流的 FPGA 芯片生产商都提供了内嵌的在线逻辑分析仪(如 Xilinx ISE 中的 Chip Scope、Altera Quartus Ⅱ中的 Signal Tap Ⅱ以及 Signal Prob)来解决上述矛盾，它们只需要占用芯片少量的逻辑资源，具有很高的实用价值。图 1-3 是 FPGA 的设计流程图。

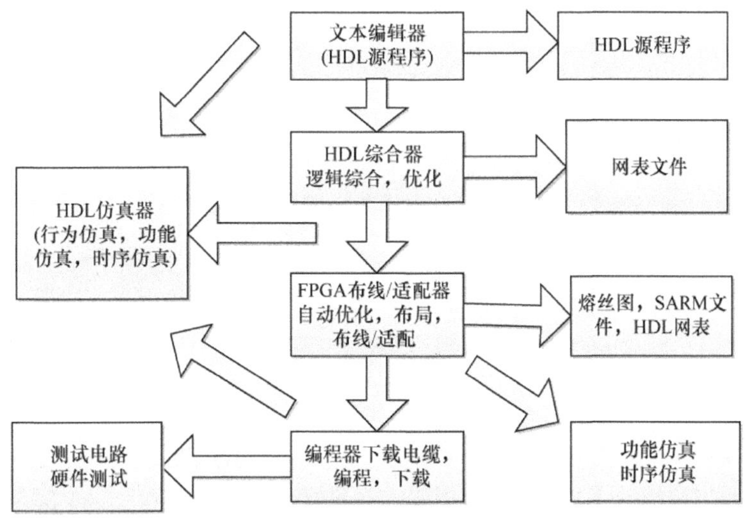

图 1-3　FPGA 的设计流程

1.3.2 基本设计方法

FPGA 设计一般都采用自顶向下的设计方法。把系统分成若干个基本单元，然后把每个基本单元划分为下一层次的基本单元，直到可以直接使用 EDA 元件库为止。

采用行为描述的设计模型定义了系统的行为，这种描述方式通常由一个或多个进程构成，每一个进程又包含了一系列顺序语句。同时使用结构描述法，采用并行处理语句描述设计实体内的结构组织和元器件互连关系。

第 2 章　数字设计硬件开发平台 BASYS2 与 BASYS3

2.1　FPGA 设计开发平台简介

2.1.1　FPGA 设计开发平台基本性能与组成结构

FPGA 开发板是数字电路设计和实施的实验平台，以硬件电路实现的形式有效地检测用户所设计的数字电路指标与功能是否达到设定需求，从而检测数字设计结果的正确性。其特点是直观、简捷、方便，用户使用它可获得建立真正的数字电路的经验。

FPGA 开发板的基本组成结构一般包括：FPGA 核心芯片、存储芯片、下载配置芯片、电源管理芯片、输入/输出接口电路及时钟资源电路等基本配置。其基本组成结构如图 2-1 所示。

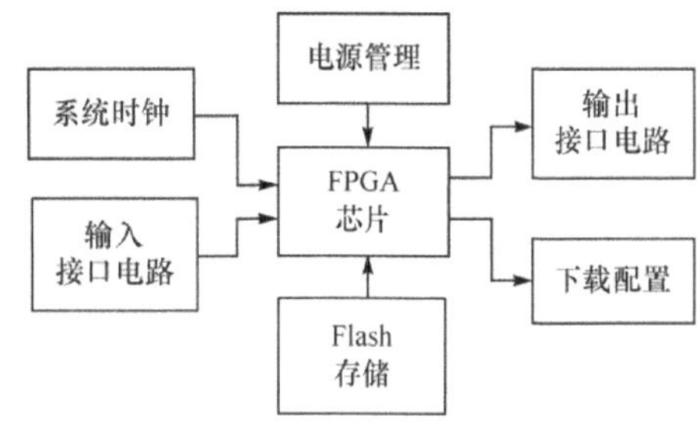

图 2-1　FPGA 开发板基本组成结构

2.1.2　BASYS2 与 BASYS3 基本结构

电子科技大学“数字设计 FPGA 应用实验”课程配置的 FPGA 开发板有两种，分别是 Xilinx-FPGA 的 BASYS2 与 BASYS3。两种开发板有很多相似的地方，比如版面布局基本一致，输入/输出配置资源基本一致，电源管理基本一致，主要的区别在于 FPGA 核心芯片型号、容量、引脚数量不同，输入/输出资源大小、接口分配、布局位置有所不同，时钟资源大小也有所不同。两种开发板因核心芯片原因，其使用的软件平台完全不同，BASYS2 使用 Xilinx 的 ISE 各版本软件，BASYS3 使用 Vivado 各版本软件。两种开发板基本结构如图 2-2 所示。

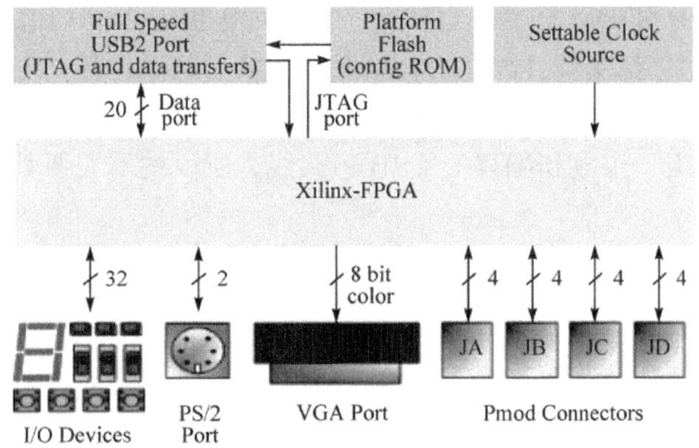

图 2-2　数字设计 FPGA-BASYS2 与 BASYS3 开发板基本结构

2.1.3 BASYS2 与 BASYS3 实物描述

BASYS2 与 BASYS3 实物如图 2-3 所示，从图 2-3 中可以看出两种开发板均具有中心的 FPGA 核心芯片，用于存储的 Flash 芯片，具有输入的拨码开关和按键开关，具有输出显示的 LED 指示灯和数码管，具有 4 组既可输入又可输出的用户 I/O 接口，和相同的 USB 接口的电源输入与数据下载装置等。

(a) BASYS2开发板实物

(b) BASYS3开发板实物

图 2-3 数字设计开发板实物

2.2 BASYS2 设计开发平台

2.2.1 BASYS2 开发板性能

BASYS2 可为学习 FPGA 和数字设计的用户提供一个理想的电路设计平台。该主板将 Xilinx-Spartan-3E-FPGA 的高性能与正向功率电源及输入/输出电路相结合，配合 AT90USB2 的 USB 控制器，BASYS2 板提供了完整的硬件存取电路，可以完成从基本逻辑到复杂控制器的设计。BASYS2 板上集成的大量 I/O 设备和 FPGA 所需的支持电路，能够让您构建无数的设计而不需要其他器件。

用户设计可以不局限于 BASYS2 板本身，还可以通过四个标准的扩展接口延伸到面包板、用户自定义的电路板或 Pmod 模块中(Pmod 是一个高性价比的数字和模拟 I/O 模块，它能提供 A/D 和 D/A 转换、电机驱动器、传感器输入和其他许多功能)。每个标准接口的 6 引脚信号都受到 ESD 和短路保护，从而确保在任何环境中的使用寿命。BASYS2 开发板兼容所有版本的 Xilinx ISE 工具，其中也包括免费的 WebPack 版本。BASYS2 附带一个用于供电和编程的 USB 下载线，所以就不需要其他供电器件或编程下载线。

2.2.2 BASYS2 基本配置

1. Xilinx-FPGA 核心芯片

BASYS2 开发板使用的 FPGA 核心芯片是 Xilinx 公司的 Spartan-3E 系列中的一款，

其型号是 Spartan-3E-XC3S100E-CP132。该芯片采用 90nm 工艺的 2.5V 低电压，具有高性能、低功耗、可无限次编写的特点。其引脚数为 132 个，编程配置方式有从串、主串、从并、主并、JTAG 等，内部资源容量具有 10 万个系统门、2160 个逻辑单元、87KB RAM(其中 BLOCK RAM 72KB，分布式 RAM 15KB)、2 个时钟管理 DCM、4 个乘法器等，在使用过程中具有较好的性价比。

2. 其他输入/输出端口及下载配置

(1) AtmelAT90USB2 全速 USB2 端口提供电源和编程/数据传输接口。

(2) 赛灵思平台的 Flash ROM 来存储 FPGA 配置。

(3) 8 个 LED，4 位 7 段显示器，4 个按键，8 滑动开关的 PS/2 端口和 8 位 VGA 端。

(4) 用户可设置的时钟(25/50/100MHz)，加上短路块可以选择第二种时钟。

(5) 4 个 6 引脚扩展连接器。

3. BASYS2 电源供电

BASYS2 板通常是使用 USB 连接计算机的电源，只需连接 USB 下载线即可。但电池连接器的存在使得板子也可以使用外部供电。为了使用电池或其他外部电源，可以附加为 3.5～5.5V 的电池组(或其他电源)到 2 引脚。

输入功率是经由电源开关(SW8)到 4 个 6 引脚扩充接口和一个 Linear Technology 的 LTC3545 电压调节器。LTC3545 主要给板子产生 3.3V 电源，它也促使产生二次调节为 FPGA 供应所需的 1.2～2.5V 电压。通过板子的总电流是由 FPGA 配置、时钟频率和外部连接决定的。在测试大约 20000 个门、50MHz 的时钟源、所有 LED 点亮的电路中，从 1.2V 电源约为 100mA 的电流流出，从 2.5V 电源为 50mA，从 3.3V 电源为 50mA。如果给 FPGA 增加电路或者添加外围板则需要更大的电流。

该 BASYS2 板采用 4 层印刷电路板，有专用的 VCC 和 GND 层。FPGA 和电路板上的其他 IC 具有较大的陶瓷旁路电容，它们尽可能放在每个 VCC 引脚附近，从而产生了一个很干净的低噪声电源。电源连接如图 2-4 所示。

4. BASYS2 下载配置

设计的电路原理图或 HDL 程序经 ISE 的器件适配和编程产生.bit 文件，用 USB 连接 BASYS2 板与计算机主机，开发板上电后，启动 Digilent 基于 PC 的下载程序 Adept，等待 FPGA 和 Platform Flash ROM 被识别，使用浏览功能将需要的.bit 文件与 FPGA 关联起来，再将需要的.mcs 文件与 Platform Flash ROM 关联。右击该设备进行编程，并选择“编程”功能。该配置文件将被发送到 FPGA 或 Platform Flash，软件将显示编程是否成功。一旦编程，该 Platform Flash 可以在上电、重启，甚至跳线(JP3 连接)时传输给 FPGA 已存储在 ROM 中的.bit 文件。该 FPGA 保留.bit 文件的配置，直到电源复位。Platform Flash 配置也将保留，直到它被重新编程，而不受电源的影响。给设计的电路加载输入，查看输出是否满足设计需求。

其编程下载配置连接如图 2-5 所示。

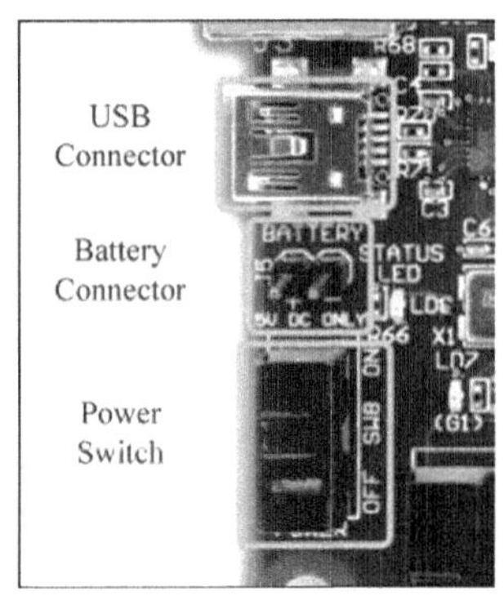

图 2-4　BASYS2 电源电路

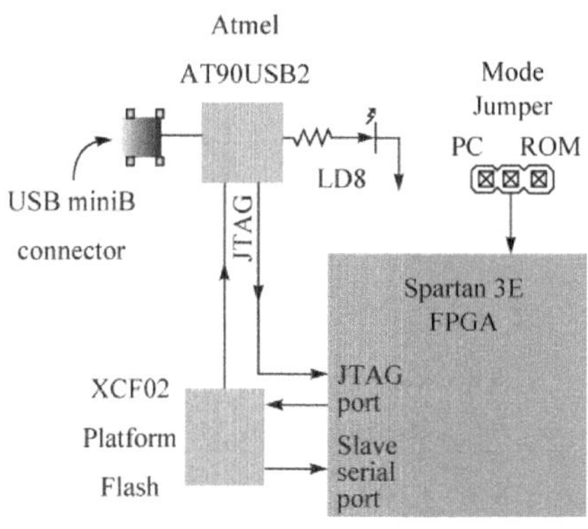

图 2-5　BASYS2 的编程下载配置连接

2.2.3　BASYS2 功能详述

1. 拨码开关电路

BASYS2 开发板上设置有 8 个拨码开关，作为静态逻辑电平的输入信号，有拨上和拨下两种状态，由它的位置决定是高电平还是低电平。所有的拨码开关都有相应的电阻保护以防止它们短路。连接电路原理参见图 2-6。

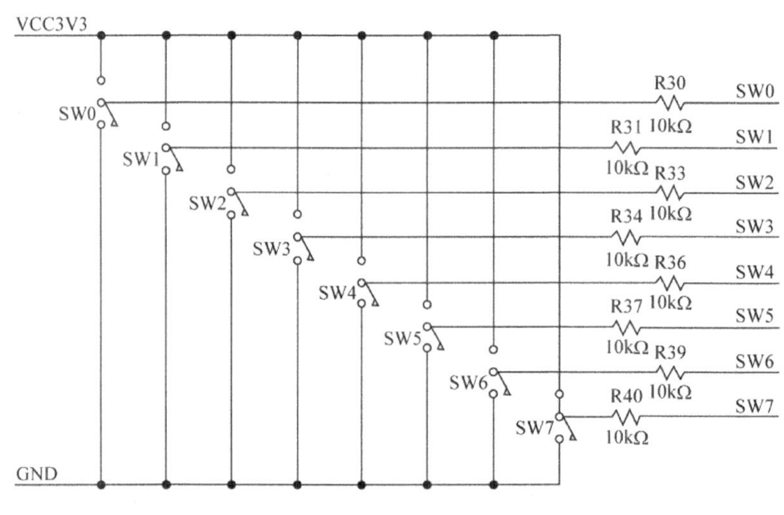

图 2-6　拨码开关电路

拨码开关对外的接口信号：SW0、SW1、SW2、SW3、SW4、SW5、SW6、SW7。

2. 按键开关电路

BASYS2 开发板上设置有 4 个按键开关，作为单脉冲信号的输入，按键信号平时是低电平，被按下是高电平，按键按下能产生一个正脉冲信号。所有的按键开关都有相应

的电阻保护以防止它们短路。连接电路原理参见图 2-7。

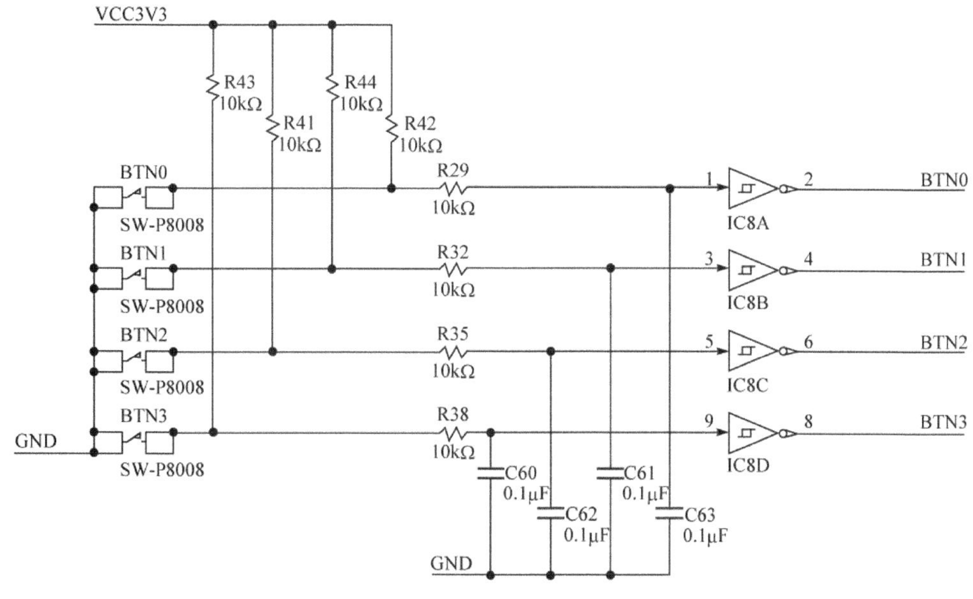

图 2-7　按键开关电路

按键开关对外的接口信号：BTN0、BTN1、BTN2、BTN3，平时是低电平，按下去是高电平。

3. LED 指示灯电路

BASYS2 开发板上设置有 8 个 LED 指示灯，作为静态逻辑电平的输出检测。这 8 个 LED 指示灯共阴连接，当 FPGA 的输出信号连接 LED 的 I/O 口时，若输出高电平则点亮指示灯，若输出低电平则对应的 LED 指示灯不亮。连接的电路原理参见图 2-8。

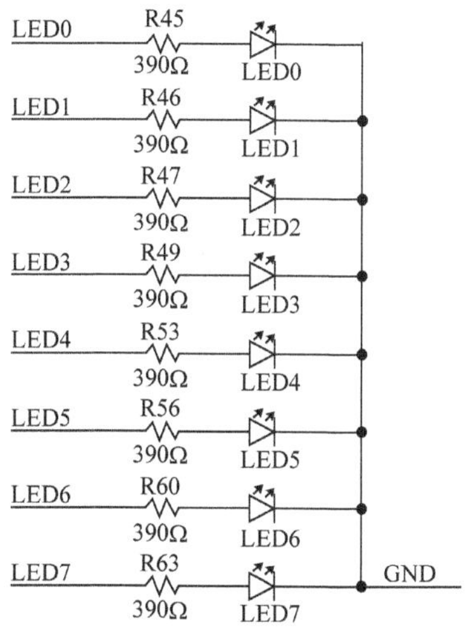

图 2-8　LED 指示灯电路

LED 指示灯对外的接口信号：LED0、LED1、LED2、LED3、LED4、LED5、LED6、LED7。高电平点亮。

4. 数码管显示电路

BASYS2 开发板上设置有 4 个数码管，是共阳的数码管，每个数码管的使能信号由 AN3～AN0 提供，需要 FPGA 产生 AN3～AN0 为低电平时，让对应的数码管连通电源，加载工作电压。4 个数码管工作于扫描模式，其段信号由 CA～CG 和小数点 DP 输入，低电平点亮对应的数码管。数码管的连接电路原理参见图 2-9。

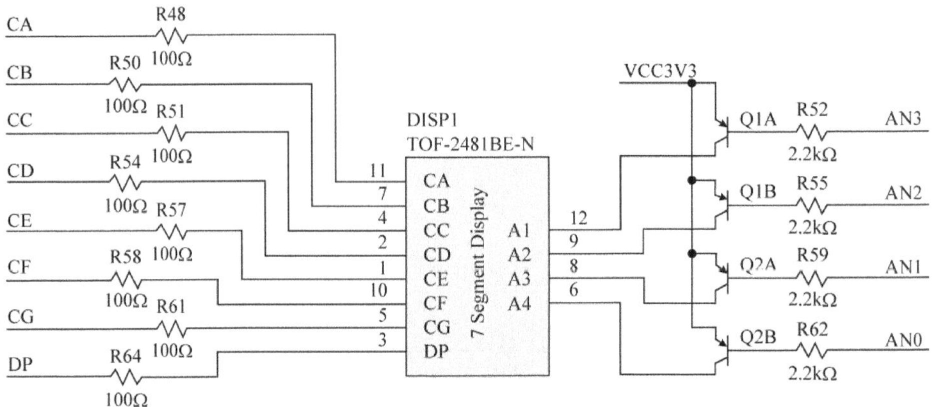

图 2-9 数码管扫描电路

数码管的扫描工作原理是，数码管扫描显示控制电路驱动每个数码管的阳极信号，即每个数字对应的阴极信号以高于人眼反应速度的频率连续不断地刷新。每个数字点亮的时间只有 1/4 个周期，但是眼睛无法在数字再次被点亮前的这段时间里发觉数码管变暗，即数码管是间歇性点亮。如果更新或“刷新”的频率降至某一特定点(约 45Hz)，那么大多数人会开始看到闪烁。四个数字间歇性地被点亮，所有四个数字应该是每 1～16ms 驱动一次(刷新频率为 1kHz～60Hz)。例如，在 60Hz 的刷新频率时，整个数码管每 16ms 刷新一次，而每个数字被点亮的时间是 1/4 刷新周期，即 4ms。该控制器必须保证在相应的阳极信号驱动时对应的阴极模式是正确的。为了说明这一过程中，如果 AN1 置 1，而 CB 和 CC 置 0，那么“1”将在第 1 位数的位置显示出来。如果 AN2 置 1 而 CA、CB 和 CC 置 0，那么“7”将显示在第 2 位数的位置。如果 A1 和 CB、CC 驱动 4ms，然后 A2 和 CA、CB、CC 驱动 4ms 后并维持该驱动状态，数码管在前两个数字的位置显示“17”。图 2-10 显示了以 4 位 7 段控制器为例的时序图。

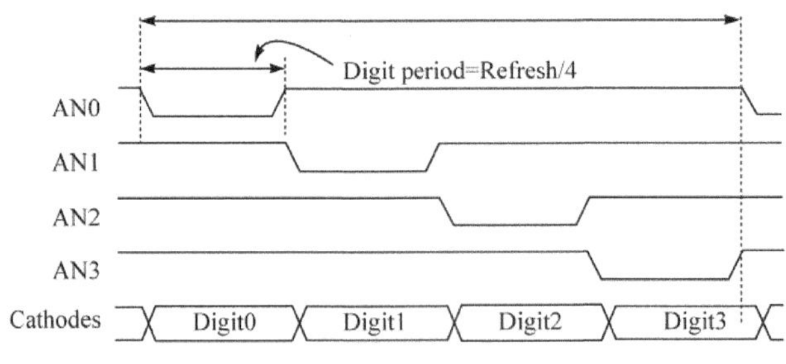

图 2-10 七段数码管的时序图

数码管模型参见图 2-11。数码管对外的接口信号如下。

扫描位信号，点亮使能：AN0、AN1、AN2、AN3，低电平有效；

点亮段信号：CA、CB、CC、CD、CE、CF、CG、DP，低电平点亮。

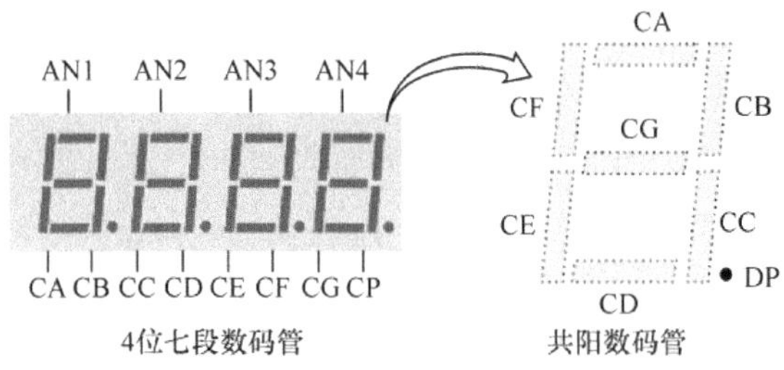

图 2-11 七段数码管模型

5. PS/2 接口

6 引脚微型 DIN 连接器可以接一个 PS/2 鼠标或键盘。大多数 PS/2 设备可以工作在 3.3V 的电源下，但一些较老的设备可能需要一个 5V 直流电源。BASYS2 板(JP1 连接)跳线选择给 PS/2 连接器提供 3.3V 还是 VU。要提供 5V 电源时，设置 JP1 连接到 VU，并确保 BASYS2 是 5V 直流供电。要提供 3.3V 电源时，设置跳线至 3.3V。在 3.3V 电源时，任何板上电源(包括 USB)都可以使用。PS/2 接口和电路如图 2-12 所示。

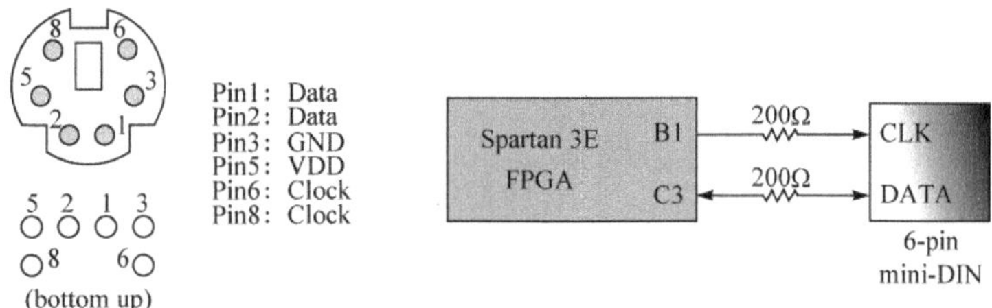

图 2-12 PS/2 接口和 BASYS2 PS/2 电路

鼠标和键盘都是使用两条串行总线(时钟和数据)与主机进行通信的设备。两者都使用 11 位字，其中包括一个启动、停止、奇校验位，但数据包是不同的，另外键盘接口允许双向数据传输(这样主机设备可以点亮键盘上的状态指示灯)。总线时序如图 2-13 所示。时钟和数据信号传输数据时只驱动发生，否则它们是在“闲置”状态逻辑 1。时序图定义鼠标到主机的通信和键盘与主机的双向通信的信号要求。一个 PS/2 接口电路可以用在 FPGA 上来创建一个键盘或鼠标接口。

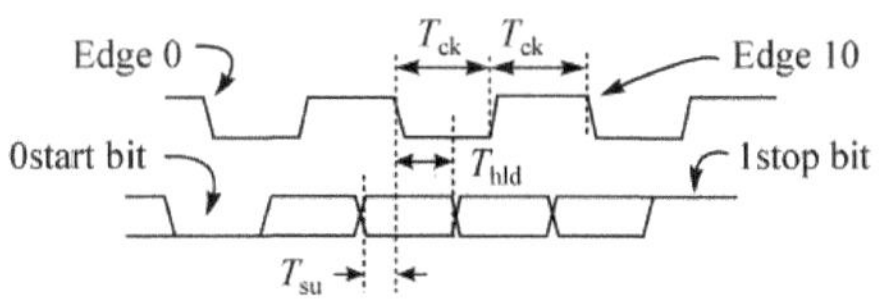

Symbol	Parameter	Min	Max
T_{ck}	Clock time	30μs	50μs
T_{su}	Data-to-clock setup time	5μs	25μs
T_{hld}	Clock-to-data hold time	5μs	25μs

图 2-13 PS/2 的信号时序图

6. VGA 接口

BASYS2 板采用 10 个 FPGA 的信号创建一个带 8 位颜色和两个标准同步信号的 VGA 端口(HS 水平同步和 VS 垂直同步)。颜色信号使用电阻分压器电路，与 VGA 显示的 75Ω 的终端电阻协同工作以创建水平的 8 个红色和绿色的 VGA 信号，以及 4 个蓝信号(人的眼睛对蓝色敏感，所以蓝色分 4 个级别)。该电路如图 2-14 所示，生产彩色视频信号在 0V(完全关闭)和 0.7V(完全打开)之间等额递增地进行。一个视频控制器电路必须使得 FPGA 同步和正确地驱动时产生彩色信号，从而产生一个显示系统。

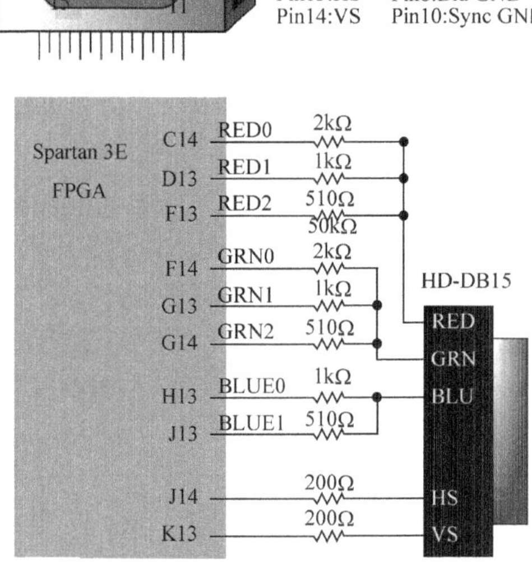

图 2-14　VGA 和 BASYS2 的接口电路

7. 用户自定义接口

BASYS2 开发板含有 4 组 6 引脚的用户 I/O 口，这些用户 I/O 口可以满足设计者的任意输入/输出接口需求，每组用户 I/O 口都包含电源和地的连接，剩下的 4 个 I/O 口都有防止短路的电阻保护，具体电路如图 2-15 所示。

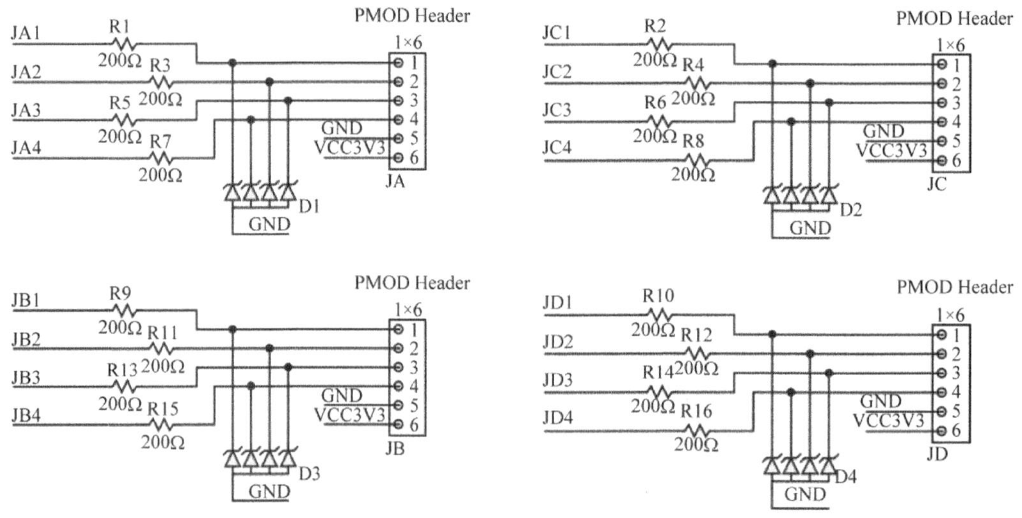

图 2-15　用户 I/O 接口电路

用户自定义 I/O 对外接口信号：JA1～JA4，JB1～JB4，JC1～JC4，JD1～JD4。

8. 系统时钟(晶振电路)

BASYS2 板含有一个主时钟和外部扩展时钟，用户可设置主时钟的硅振荡器，可通过在 JP4 跳线位置的选择产生高达 25MHz、50MHz 或 100MHz 的时钟。外部扩展时钟 IC6 插座可以提供第二个晶振(即 IC6 插座可插上任何 3.3V CMOS 的半个 DIP 封装的晶振)。主时钟振荡器和外部扩展时钟振荡器连接到全局时钟输入引脚分别在 B8 引脚和 M6 引脚。

(1) 板载主时钟 MCLK，连接到 B8 引脚。

连接电路图参见图 2-16。从图 2-16 可以看出，跳线帽将 DIV 与 VCC3V3(3.3V 电压)连接，MCLK 输出 100MHz 时钟信号；跳线帽将 DIV 与 GND(地线)连接，MCLK 输出 25MHz 时钟信号；DIV 悬空不连接，则 MCLK 输出 50MHz 时钟信号。

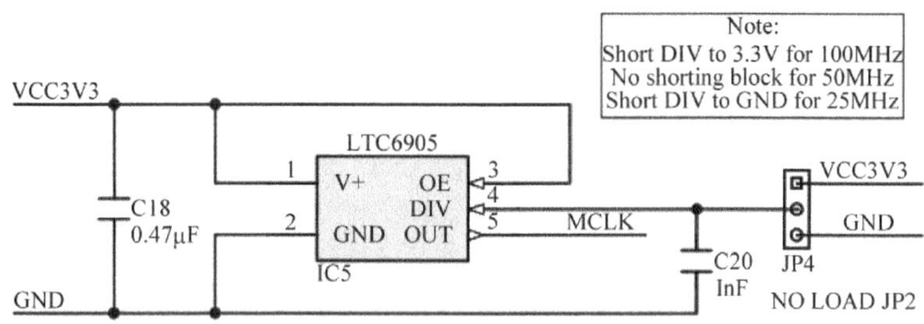

图 2-16　板载主时钟接口电路

时钟对外接口信号：MCLK，基准为 50MHz；通过跳线接口 JP4 可扩展为 25MHz、100MHz。

(2) 外部扩展次时钟 UCLK，连接到 M6 引脚。

外部扩展时钟 IC6 是一个插座，可以插入任何需求的时钟晶振(即 IC6 插座可插上任何 3.3V CMOS 的半个 DIP 封装的晶振)，连接电路如图 2-17 所示。

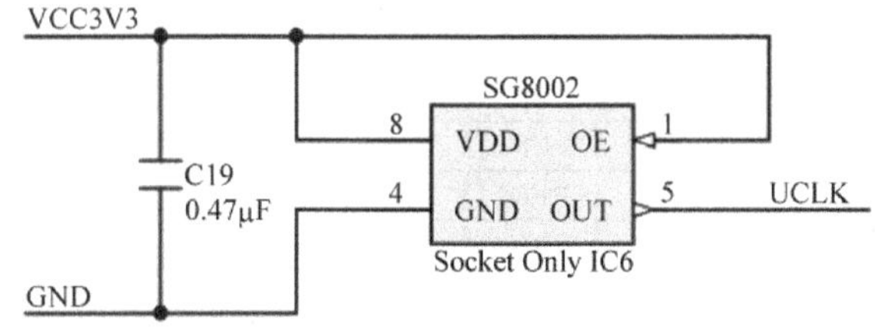

图 2-17　外部扩展次时钟接口电路

9. 常用输入/输出接口总图

常用输入/输出接口总图包含常用的：4 个按钮(平时为低电平，按下为高电平)、8 个拨码开关电路、8 个 LED(高电平亮)、4 个七段数码管(共阳，低使能)。电路结构如图 2-18 所示。

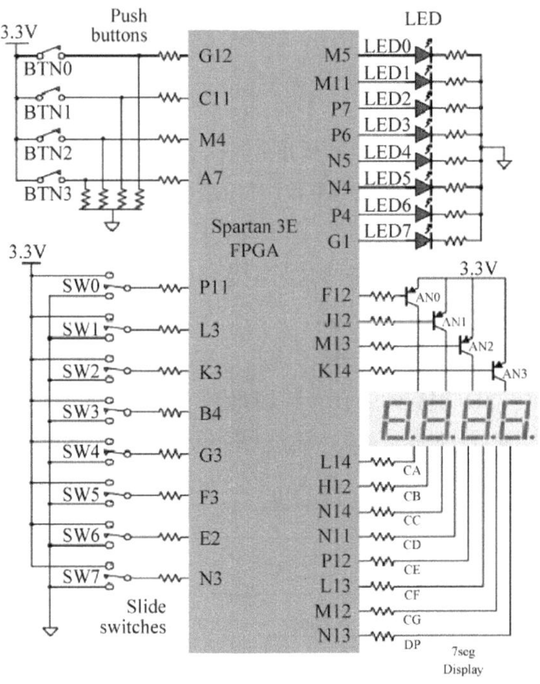

图 2-18　常用输入/输出接口总图

10. FPGA 引脚分配定义表

FPGA 对外连接的引脚分配表参见表 2-1。

表 2-1　FPGA 引脚定义分配表

BASYS2 Spartan-3E pin definitions											
Pin	Signal	Pin	Signal	Pin	Signal	Pin	Signal	Pin	Signal	Pin	Signal
C12	JD1	P11	SW0	N14	CC	B2	JA1	P8	MODE0	M7	GND
C13	JD2	M2	USB-DB1	N13	DP	C2	USB-WRITE	N7	MODE1	P5	GND
A12	NC	N2	USB-DB0	M13	AN2	C3	PS2D	N6	MODE2	P10	GND
B12	NC	M9	NC	M12	CG	D1	NC	N12	CCLK	P14	GND
B11	NC	N9	NC	L14	CA	D2	USB-WAIT	P13	DONE	A6	VDDO-3
C11	BTN1	M10	NC	L13	CF	L2	USB-DB4	A1	PROG	B10	VDDO-3
C6	JB1	N10	NC	F13	RED2	L1	USB-DB3	N8	DIN	E13	VDDO-3
B6	JB2	M11	LD1	F14	GRN0	M1	USB-DB2	N1	INIT	M14	VDDO-3
C5	JB3	N11	CD	D12	JD4	L3	SW1	P1	NC	P3	VDDO-3
B5	JA4	P12	CE	D13	RED1	E2	SW6	B3	GND	M8	VDDO-3
C4	NC	N3	SW7	C13	JD3	F3	SW5	A4	GND	E1	VDDO-3
B4	SW3	M6	UCLK	C14	RED0	F2	USB-ASTB	A8	GND	J2	VDDO-3
A3	JA2	P6	LD3	G12	BTN0	F1	USB-DSTB	C1	GND	A5	VDDO-2
A10	JC3	P7	LD2	K14	AN2	G1	LD7	C7	GND	E12	VDDO-2
C9	JC4	M4	BTN2	J12	AN1	G3	SW4	C10	GND	K1	VDDO-2
B9	JC2	N4	LD5	J13	BLU2	H1	USB-DB6	E3	GND	P9	VDDO-2
A9	JC1	M5	LD0	J14	HSYNC	H2	USB-DB5	E14	GND	A11	VDDO-1

续表

BASYS2 Spartan-3E pin definitions											
Pin	Signal	Pin	Signal	Pin	Signal	Pin	Signal	Pin	Signal	Pin	Signal
B8	MCLK	N5	LD4	H13	BLU1	H3	USB-DB7	G2	GND	D3	VDDO-1
C8	RCCLK	G14	GRN2	H12	CB	B14	TMS	H14	GND	D14	VDDO-1
A7	BTN3	G13	GRN1	J3	JA3	B13	TCK-FPGA	J1	GND	K2	VDDO-1
B7	JB4	F12	AN0	K3	SW2	A2	TDO-USB	K12	GND	L12	VDDO-1
P4	LD6	K13	VSYNC	B1	PS2C	A14	TDO-S3	M3	GND	P2	VDDO-1

2.3　BASYS3 实验平台简介

2.3.1　BASYS3 开发板性能

BASYS3 是围绕着一个 Xilinx Artix®-7 FPGA 芯片 XC7A35T-1CPG236C 搭建的，它提供了完整、随时可以使用的硬件平台，并且它适合于从基本逻辑器件到复杂控制器件的各种主机电路。BASYS3 板上集成了大量的 I/O 设备和 FPGA 所需的支持电路，让用户能够构建无数的设计而不需要其他器件。BASYS3 板提供了四个标准扩展连接器配合用户设计的电路板，扩展信号的 8 引脚接口均采用 ESD 保护，附带 USB 电缆，提供电源和编程接口，因此不需要额外配置电源或其他编程电缆，使之成为入门或复杂数字电路系统设计的完美低成本平台。因 BASYS3 板主芯片是 Xilinx Artix®-7，其软件开发平台必须用 Vivado 相关版本软件。

2.3.2　BASYS3 基本配置

(1) XC7A35T-1CPG236C。

(2) FPGA 特性：5200 个 Slice 资源，相当于 33280 个逻辑单元(每个 Slice 包含 4 个 6 输入查找表(LUT)，8 个触发器)，容量为 1800KB 的块状 RAM，5 个时钟管理单元，每个单元带有一个锁相环，90 个 DSP Slice，内部时钟速率超过 450MHz，片内模数转换器(XADC)。

(3) 16 个拨码开关，16 个 LED 指示灯，5 个按键，4 位 7 段数码管显示。

(4) 4 个 Pmod 连接端，其中 3 个标准 12 引脚 Pmod 扩展口，1 个 XADC 扩展口。亦可作为标准 12 引脚 Pmod 扩展口使用。

(5) 12 位色 VGA 显示输出。

(6) USB 转 UART。

(7) 串行 Flash。

(8) Digilent USB-JTAG 下载口，支持 FPGA 编程和数据传输 USB HID Host 接口，支持鼠标、键盘和 U 盘。

(9) Xilinx Platform Flash ROM 可以无限次存储 FPGA 配置。

BASYS3 基本结构配置参见图 2-19。

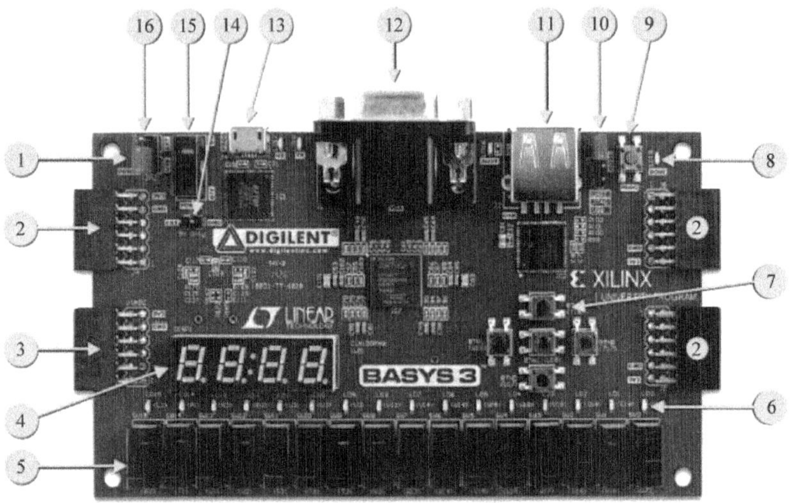

图 2-19 BASYS3 基本结构配置图

图 2-19 所示 BASYS3 基本结构配置说明见表 2-2。

表 2-2 BASYS3 基本配置表

序号	描述	序号	描述
1	电源指示灯	9	FPGA 配置复位按键
2	Pmod 连接口	10	编程模式跳线柱
3	专用模拟信号 Pmod 连接口	11	USB 连接口
4	4 位 7 段数码管	12	VGA 连接口
5	16 个拨码开关	13	UART/JTAG 共用 USB 接口
6	16 个 LED	14	外部电源接口
7	5 个按键开关	15	电源开关
8	FPGA 编程指示灯	16	电源选择跳线柱

2.3.3 BASYS3 功能详述

1. 电源电路

BASYS3 开发板可以通过两种方式进行供电，一种是通过 J4 的 USB 端口供电；另一种是通过 J6 的接线柱进行供电(5V)。通过 JP2 跳线帽的不同选择进行供电方式的选择。电源开关通过 SW16 进行控制，LD20 为电源开关的指示灯。电源电路如图 2-20 所示。

说明：如果选用外部电源(即 J6)，那么应该保证：①电源电压在 4.5～5.5V 范围内；②至少能提供 1A 的电流。

注意：只有在特别情况下电源电压才可以使用 3.6V 电压。

2. LED 指示灯电路

LED 部分的电路如图 2-21 所示。当 FPGA 输出为高电平时，相应的 LED 点亮；否

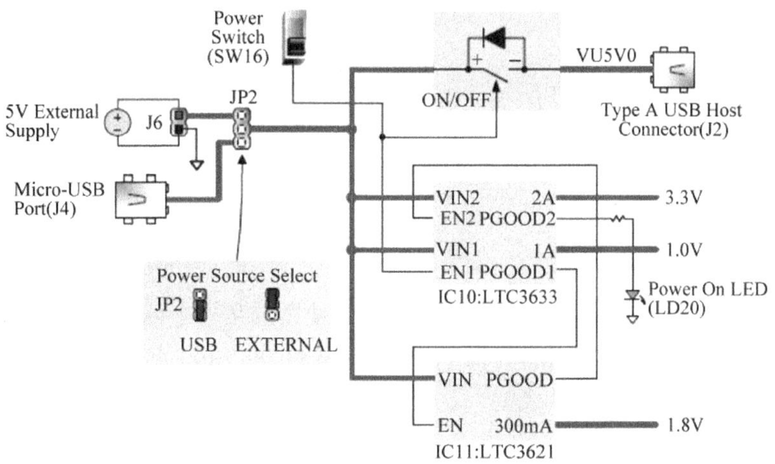

图 2-20　USB 电源接口电路

则，LED 熄灭。板上配有 16 个 LED，在实验中灵活应用，可用作标志显示或代码调试的结果显示，既直观明了又简单方便。

3. 拨码开关电路

拨码开关电路如图 2-22 所示。在使用这个 16 位拨码开关时请注意一点，当开关闭合时，表示 FPGA 的输入为低电平。

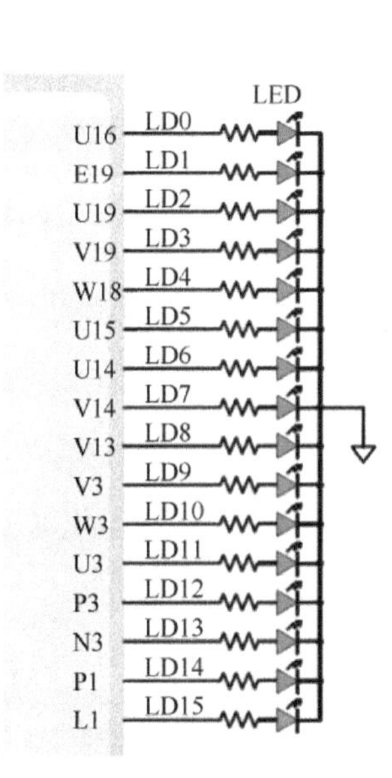

图 2-21　LED 接口电路

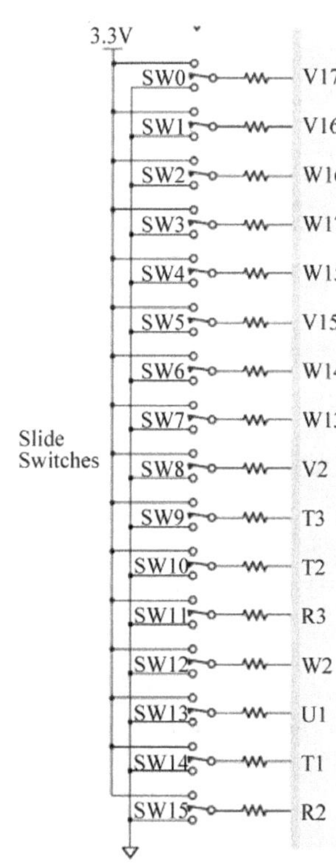

图 2-22　拨码开关电路

4. 按键电路

按键部分的电路如图 2-23 所示。板上配有 5 个按键，当按键按下时，表示 FPGA 的相应输入脚为高电平。在学习的过程中，我们建议每个工程都有一个复位输入，这对代码调试大有好处。

5. 数码管电路

数码管显示部分的电路如图 2-24 所示。我们使用的是一个四位带小数点的七段共阳数码管，当我们相应的输出引脚为低电平时，该段位的 LED 点亮。位选位也是低电平选通。

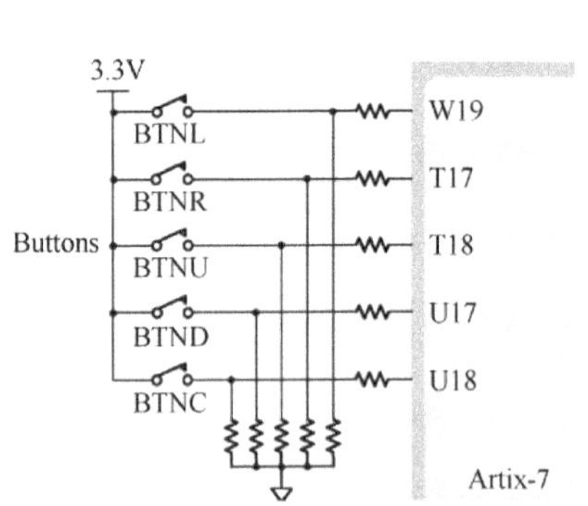

图 2-23 按键电路

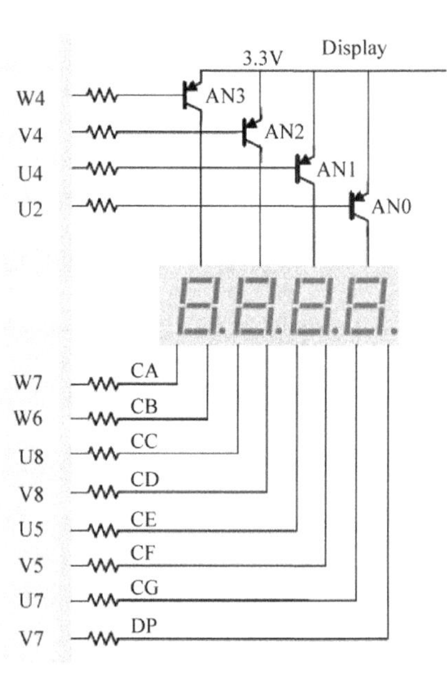

图 2-24 数码管电路

6. VGA 显示电路

VGA 视频显示部分的电路如图 2-25 所示。这里所用的电阻搭的 12bit(2^{12} 色)电路，由于没有采用视频专用 DAC 芯片，所以色彩过渡表现不是十分完美。

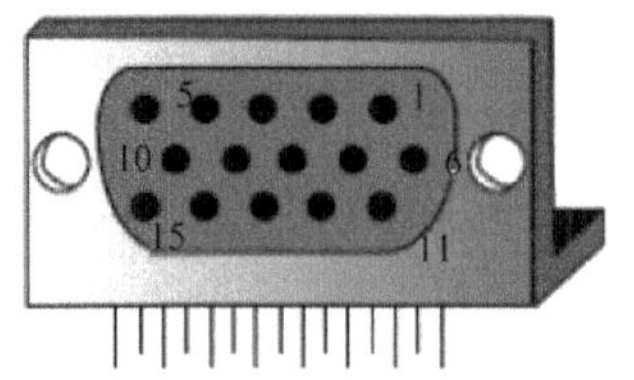

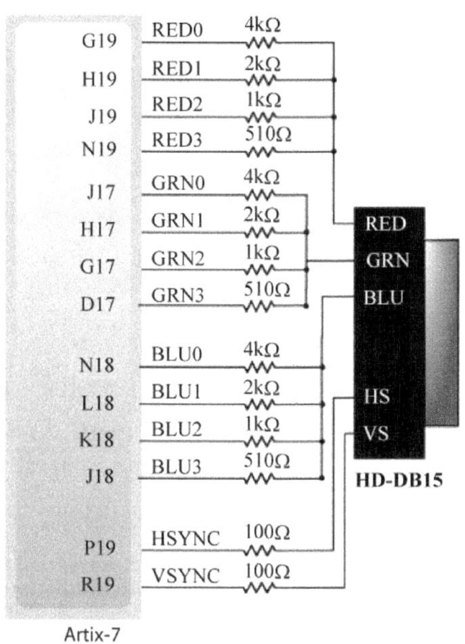

图 2-25　VGA 视频显示电路

7. 用户自定义 I/O 扩展电路

如图 2-26 所示，4 个标准的用户自定义扩展连接器(其中一个为专用 A/D 信号 Pmod 接口)允许设计使用面包板、用户设计的电路或 Pmod 扩展 BASYS3 板(Pmod 是价格便宜的模拟和数字 I/O 模块，能提供一个 A/D& D/A 转换、电机驱动器、传感器投入和许多其他功能)。8 引脚连接器上的信号免受 ESD 损害和短路损害，从而确保了在任何环境中的使用寿命更长。

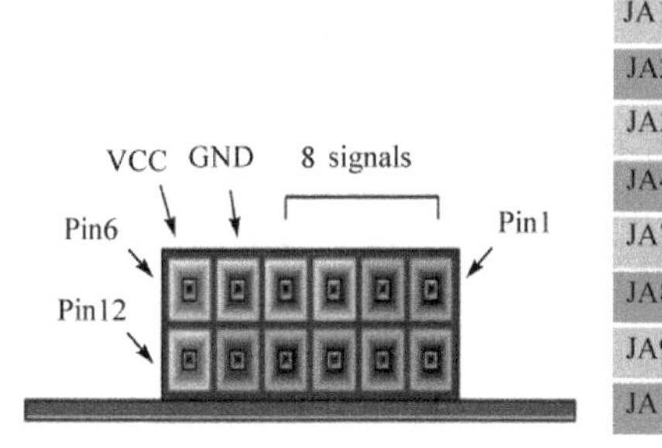

Pmod JA	Pmod JB	Pmod JC	Pmod XDAC
JA1: J1	JB1: A14	JC1: K17	JXADC1: J3
JA2: L2	JB2: A16	JC2: M18	JXADC2: L3
JA3: J2	JB3: B15	JC3: N17	JXADC3: M2
JA4: G2	JB4: B16	JC4: P18	JXADC4: N2
JA7: H1	JB7: A15	JC7: L17	JXADC7: K3
JA8: K2	JB8: A17	JC8: M19	JXADC8: M3
JA9: H2	JB9: C15	JC9: P17	JXADC9: M1
JA10: G3	JB10: C16	JC10: R18	JXADC10: N1

图 2-26　用户自定义 I/O 扩展电路

8. 编程下载电路

电路设计完成后，借助赛灵思的 Vivado 软件将设计好的 VHDL、Verilog 文件，或基于原理图的源文件转换成对应的.bit 文件。然后将产生的.bit 文件配置到 FPGA 内存单元中实现设计系统的逻辑功能和电路互连。

下载程序的 3 种方式如下。

(1) 用 Vivado 通过 JTAG 方式下载.bit 文件到 FPGA 芯片。

(2) 用 Vivado 通过 QSPI 方式下载.bit 文件到 Flash 芯片，实现掉电不易失。

(3) 用 U 盘或移动硬盘通过 J2 的 USB 端口下载.bit 文件到 FPGA 芯片(建议将.bit 文件放到 U 盘根目录下，且只放 1 个)，该 U 盘应该是 FAT32 文件系统。

注意：①下载方式通过 JP1 的短路帽进行选择；②系统默认主频率为 100MHz。

9. 系统时钟

很多电路需要有时钟信号进行驱动，通常在开发板上都有一个外部时钟信号输入。例如，在 BASYS3 开发板中，从图 2-27 电路图可以看出，W5 引脚外接了一个 100MHz 的时钟。因此，可以设置 100MHz 时钟输入信号 clk 对应引脚 W5。

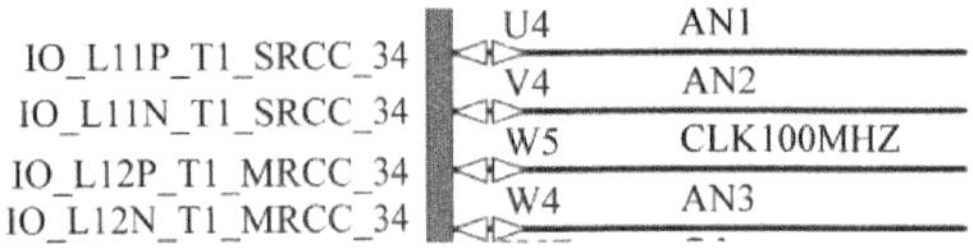

IO_L11P_T1_SRCC_34 U4 AN1
IO_L11N_T1_SRCC_34 V4 AN2
IO_L12P_T1_MRCC_34 W5 CLK100MHZ
IO_L12N_T1_MRCC_34 W4 AN3

图 2-27 时钟电路

如果需要的时钟频率不是 100MHz，可以自行编写分频器得到需要的频率，或者配置 IP 核中的时钟 Clocking Wizard 来实现。

10. 引脚分配表

FPGA 引脚分配表如表 2-3 所示。

表 2-3 FPGA 引脚分配表

LED	PIN	CLOCK	PIN	SWITCH	PIN	BUTTON	PIN	Seven-segment digital tube	PIN
LD0	U16	MRCC	W5	SW0	V17	BTNU	T18	AN0	U2
LD1	E19			SW1	V16	BTNR	T17	AN1	U4
LD2	U19			SW2	W16	BTND	U17	AN2	V4
LD3	V19			SW3	W17	BTNL	W19	AN3	W4
LD4	W18			SW4	W15	BTNC	U18	CA	W7
LD5	U15			SW5	V15			CB	W6
LD6	U14			SW6	W14			CC	U8
LD7	V14			SW7	W13			CD	V8
LD8	V13	USB(J2)	PIN	SW8	V2			CE	U5
LD9	V3	PS2_CLK	C17	SW9	T3			CF	V5
LD10	W3	PS2_DAT	B17	SW10	T2			CG	U7
LD11	U3			SW11	R3			DP	V7
LD12	P3			SW12	W2				
LD13	N3			SW13	U1				
LD14	P1			SW14	T1				
LD15	L1			SW15	R2				

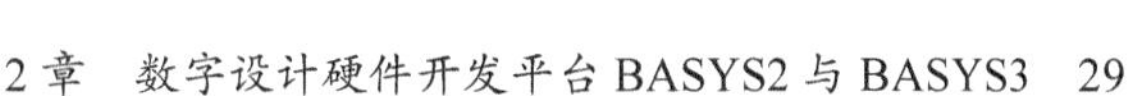

续表

VGA	PIN	JA	PIN	JB	PIN	JC	PIN	JXADC	PIN
RED0	G19	JA0	J1	JB0	A14	JC0	K17	JXADC0	J3
RED1	H19	JA1	L2	JB1	A16	JC1	M18	JXADC1	L3
RED2	J19	JA2	J2	JB2	B15	JC2	N17	JXADC2	M2
RED3	N19	JA3	G2	JB3	B16	JC3	P18	JXADC3	N2
GRN0	J17	JA4	H1	JB4	A15	JC4	L17	JXADC4	K3
GRN1	H17	JA5	K2	JB5	A17	JC5	M19	JXADC5	M3
GRN2	G17	JA6	H2	JB6	C15	JC6	P17	JXADC6	M1
GRN3	D17	JA7	G3	JB7	C16	JC7	R18	JXADC7	N1
BLU0	N18								
BLU1	L18								
BLU2	K18								
BLU3	J18								
HSYNC	P19								
YSYNC	R19								

第 3 章　数字设计软件开发环境 Xilinx ISE

3.1　Xilinx ISE 集成开发环境介绍

Xilinx 是全球领先的可编程逻辑完整解决方案的供应商，研发、制造并销售应用范围广泛的高级集成电路、软件设计工具以及定义系统级功能的 IP(Intellectual Property)核，长期以来一直推动着 FPGA 技术的发展。Xilinx 的开发工具也在不断地升级，由早期的 Foundation 系列逐步发展到目前的 ISE 14 系列，集成了 FPGA 开发需要的所有功能，其主要特点有：包含了 Xilinx 新型 SmartCompile 技术，可以将实现时间大幅缩减，能在最短的时间内提供最高的性能，提供了一个功能强大的设计收敛环境；全面支持 Virtex-5 系列器件(业界首款 65nm FPGA)；集成式的时序收敛环境有助于快速、轻松地识别 FPGA 设计的瓶颈；可以节省一个或多个速度等级的成本，并可在逻辑设计中实现最低的总成本。

Foundation Series ISE 具有界面友好、操作简单的特点，再加上 Xilinx 的 FPGA 芯片占有很大的市场，使其成为通用的 FPGA 工具软件。ISE 作为高效的 EDA 设计工具集合，与第三方软件取长补短，使软件功能越来越强大，为用户提供了更加丰富的 Xilinx 平台。

ISE 的主要功能包括设计输入、综合、仿真、实现和下载，涵盖了 FPGA 开发的全过程，从功能上讲，其工作流程无须借助任何第三方 EDA 软件。

设计输入：ISE 提供的设计输入工具包括用于 HDL 代码输入和查看报告的 ISE 文本编辑器(The ISE Text Editor)，用于原理图编辑的工具 ECS(The Engineering Capture System)，用于生成 IP Core 的 Core Generator，用于状态机设计的 StateCAD 以及用于约束文件编辑的 Constraint Editor 等。

综合：ISE 的综合工具不但包含了 Xilinx 自身提供的综合工具 XST，还可以内嵌 Mentor Graphics 公司的 LeonardoSpectrum 和 Synplicity 公司的 Synplify，实现无缝链接。

仿真：ISE 本身自带了一个具有图形化波形编辑功能的仿真工具 HDL Bencher，同时提供了使用 Model Tech 公司的 ModelSim 进行仿真的接口。

实现：此功能包括翻译、映射、布局布线等，还具备时序分析、引脚指定以及增量设计等高级功能。

下载：下载功能包括了 BitGen，用于将布局布线后的设计文件转换为位流文件，还包括了 ImPACT，功能是进行设备配置和通信，控制将程序烧写到 FPGA 芯片中。

使用 ISE 进行 FPGA 设计的各个过程可能涉及的设计工具如表 3-1 所示。

表 3-1　ISE 设计工具表

设计输入	综合	仿真	实现	下载
HDL 文本编辑器 ECS 原理图编辑器 StateCAD 状态机编辑器 Core Generator Constraint Editor	XST FPGA Express (Synplify Leonardo Spectrum)	HDL Bencher (ModelSim)	Translate MAP Place and Route Xpower	BitGen IMPACT

3.2　Xilinx ISE 14.7 软件安装

在赛灵思公司的网站 http://www.xilinx.com/support/download/index.htm 上列出了软件不同的版本号，用户可以根据自己的需要选择相应的版本。本书所采用的是 Xilinx ISE 14.7 版本，在软件安装之前，可从 Xilinx 官网上下载：http://china.xilinx.com/support/download/index.html/content/xilinx/zh/downloadNav/design-tools.html 安装包，整个软件的安装过程非常简单，根据软件提示一步一步执行即可。

(1) 在安装包目录下双击 xsetup.exe 文件，如图 3-1 所示，此时启动软件的安装向导，单击“Next”按钮进入安装欢迎界面，如图 3-2 所示。

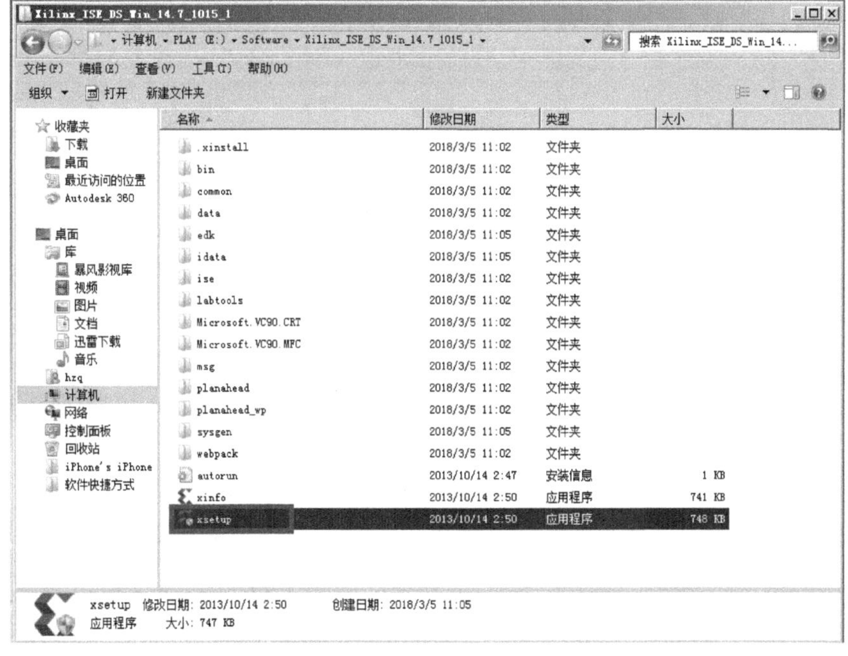

图 3-1　双击安装文件，开始进行安装

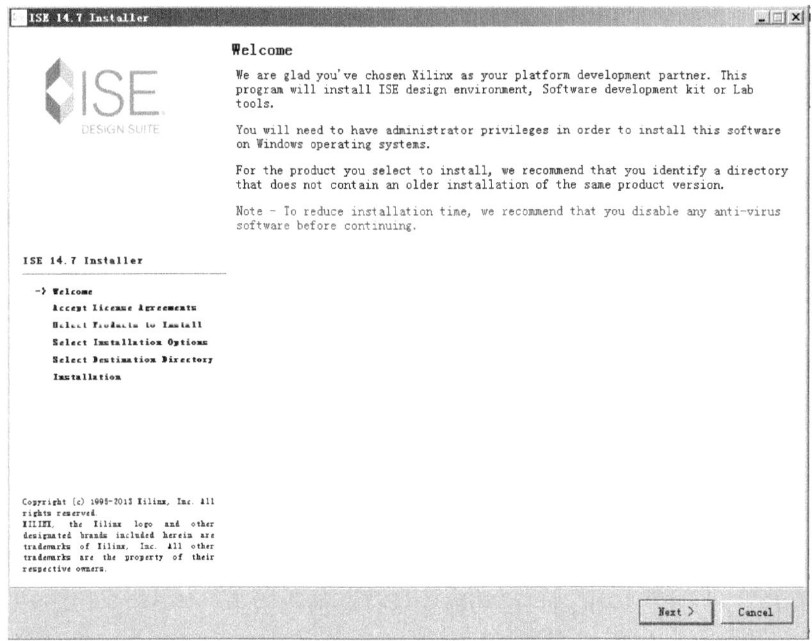

图 3-2　安装欢迎界面

(2) 选中其中的复选框，表示接受许可协议条目(必选，否则无法进行下一步操作)，继续单击“Next”按钮，如图 3-3 和图 3-4 所示。

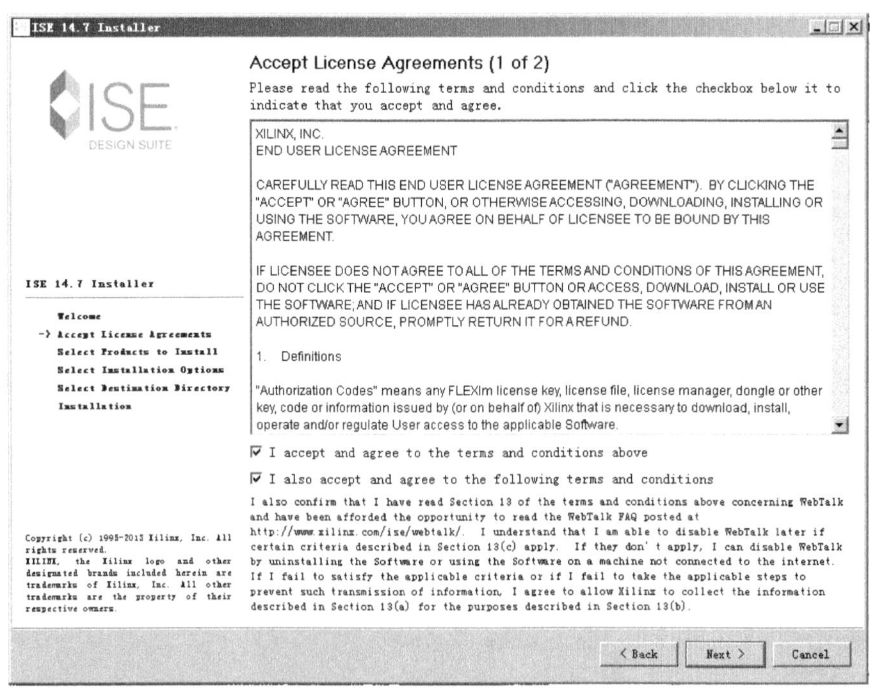

图 3-3　接受许可协议 1

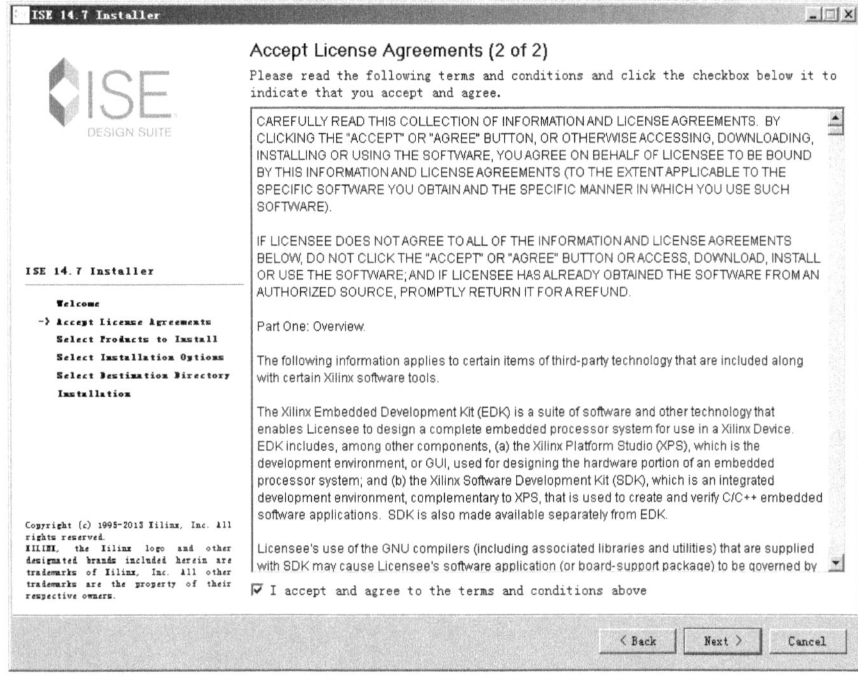

图 3-4　接受许可协议 2

(3) 选择要安装的软件类型，根据需求进行选择，这里选中“ISE Design Suite System Edition”单选按钮，继续单击“Next”按钮，如图 3-5 所示。

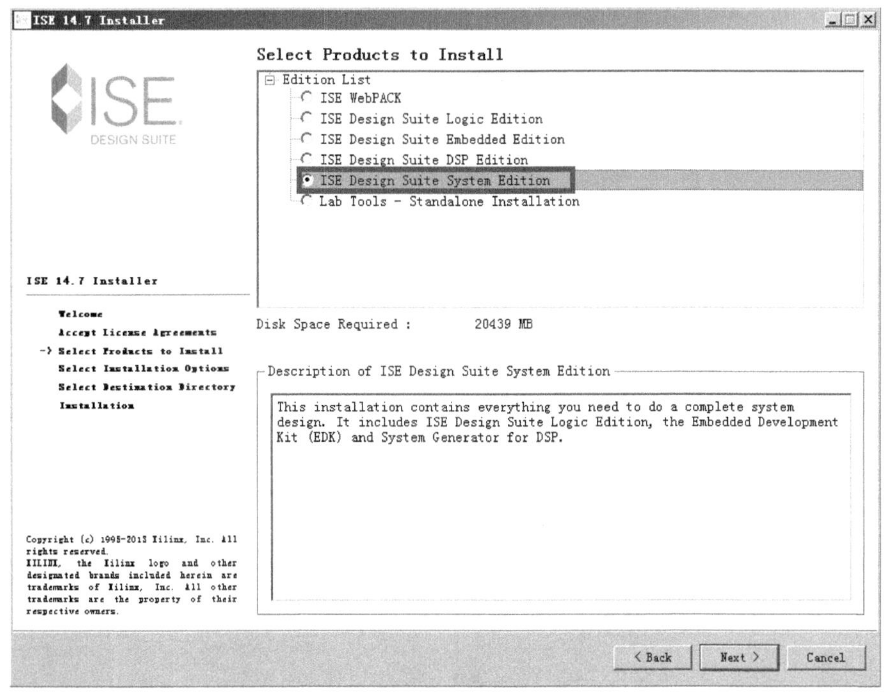

图 3-5　选择要安装的软件类型

(4) 根据提示进行安装操作选择，继续单击“Next”按钮，如图 3-6 所示。

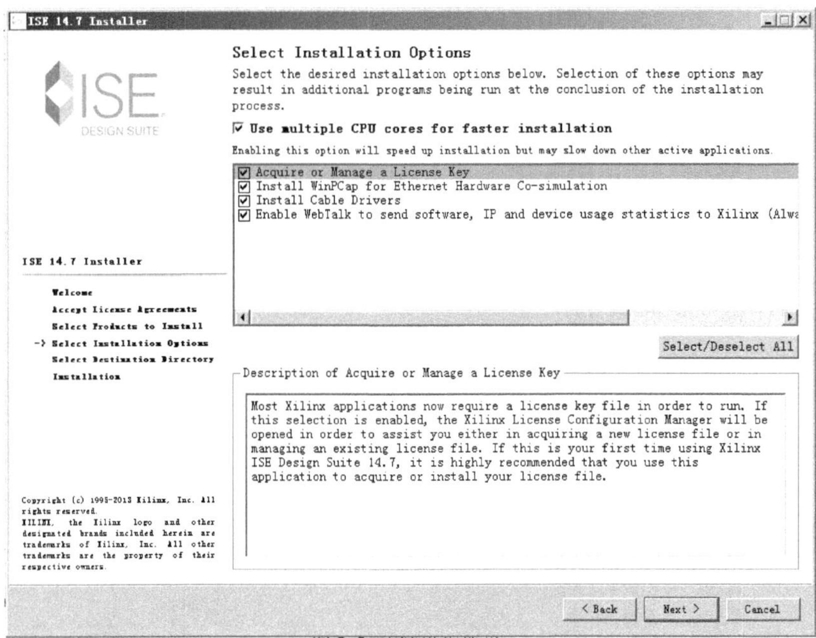

图 3-6　安装操作选择

(5) 选择安装路径，根据自己的磁盘情况进行设置，这里选择安装到 C 盘，继续单击“Next”按钮，如图 3-7 所示。

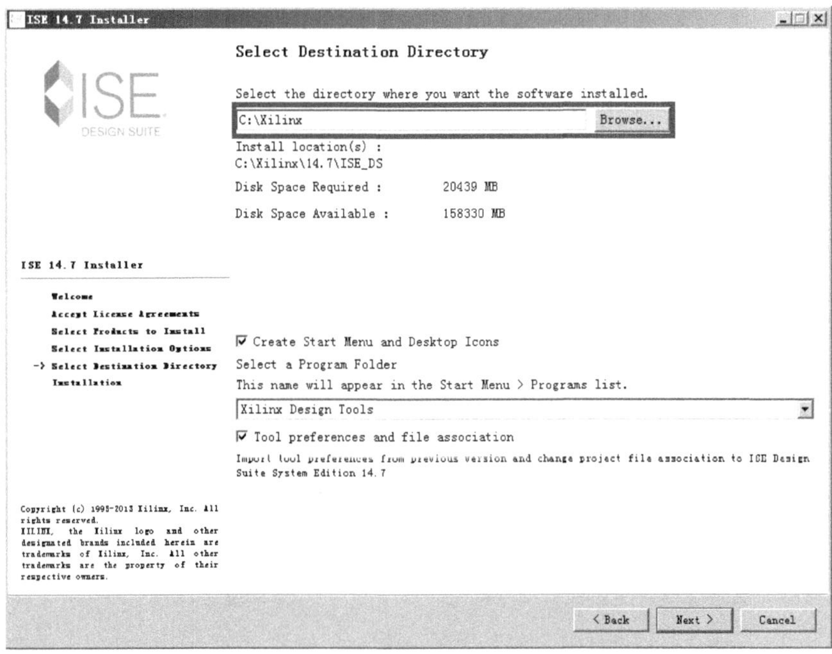

图 3-7　选择安装路径

(6) 图 3-8 是对前面的设置进行总结的页面，单击“Install”按钮进行安装，然后进入安装进度提示界面，如图 3-9 所示。

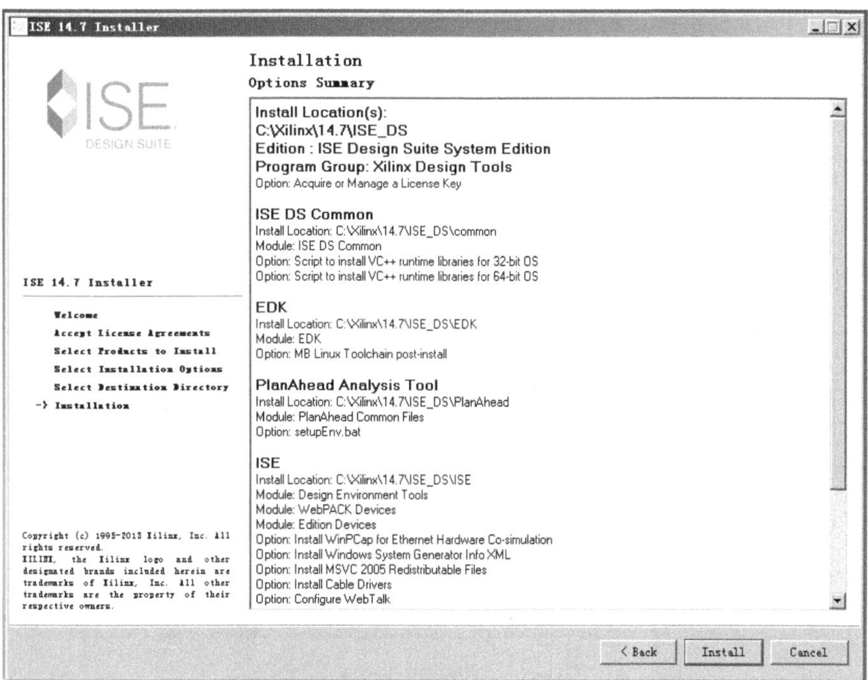

图 3-8　安装选项总结

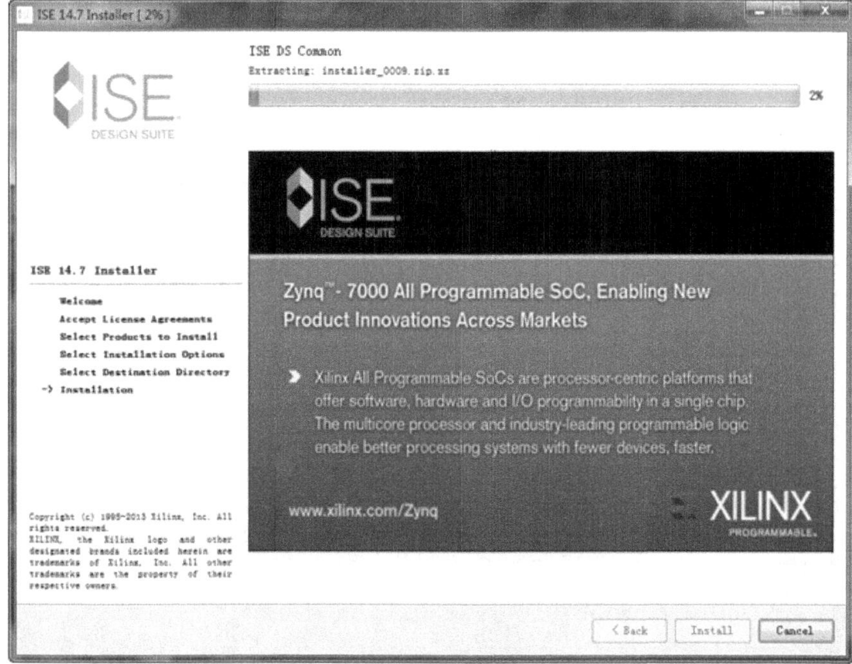

图 3-9　安装进度提示

(7) 这个安装过程需要一定的时间，需要耐心等待。当安装进程到达 86%时会弹出一个对话框，提示安装跟网络通信有关的软件 WinPcap，如图 3-10 所示。

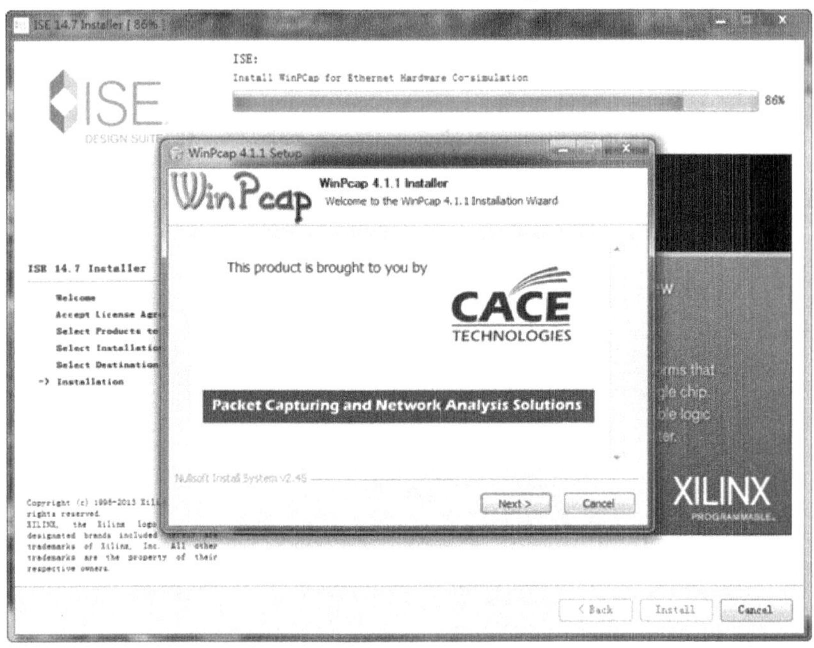

图 3-10　WinPcap 的安装界面

这里我们对它进行安装，之后依次单击“Next”“I Agree”“Install”“Finish”按钮。

(8) 此时出现了一个安装 Cable Drivers 的对话框，单击“安装”按钮，如图 3-11 所示。

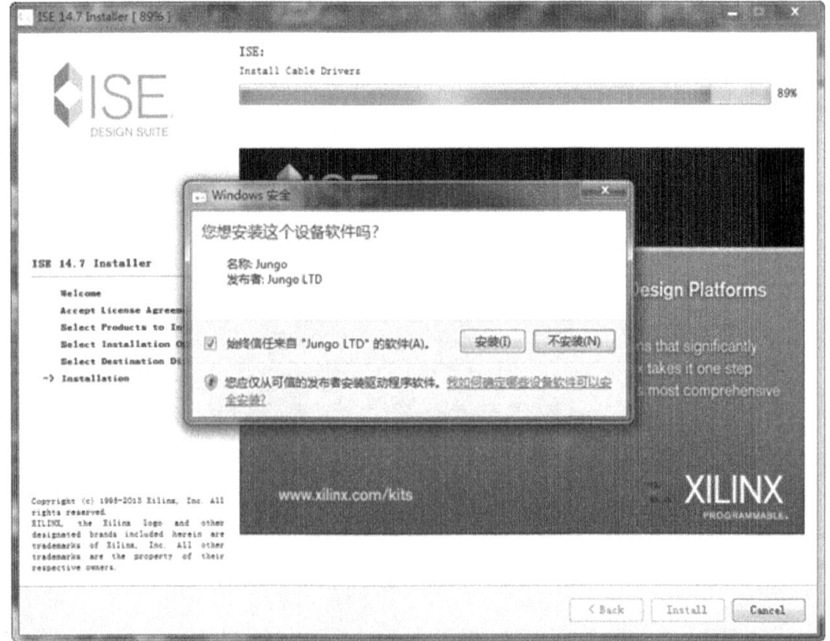

图 3-11　安装 Cable Drivers 的界面 1

(9) 同样单击“安装”按钮，如图 3-12 所示。

图 3-12　安装 Cable Drivers 的界面 2

(10) 弹出为 System Generator 关联 MATLAB 软件的对话框，如果用户计算机装有合适版本的 MATLAB，则可以对它进行关联，或者以后再关联，这里单击“Ok”按钮跳过，如图 3-13 所示。

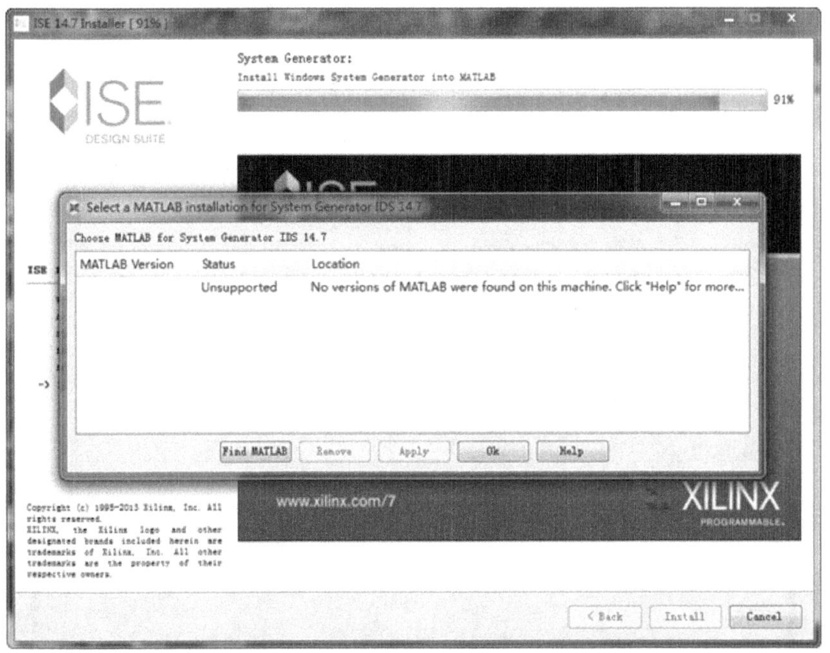

图 3-13　System Generator 关联 MATLAB 的界面

(11) 接下来配置 License。如果计算机里已有 License，那么选中“Locate Existing License”单选按钮，然后单击“Next”按钮，如图 3-14 所示。

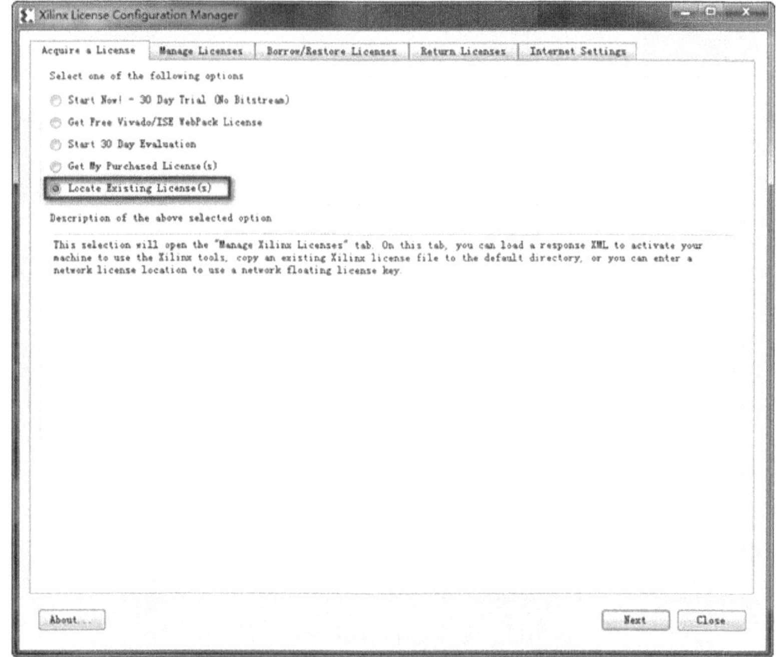

图 3-14　License 配置界面

(12) 单击“Load license”按钮，选择已有的 License 文件，如图 3-15 和图 3-16 所示。

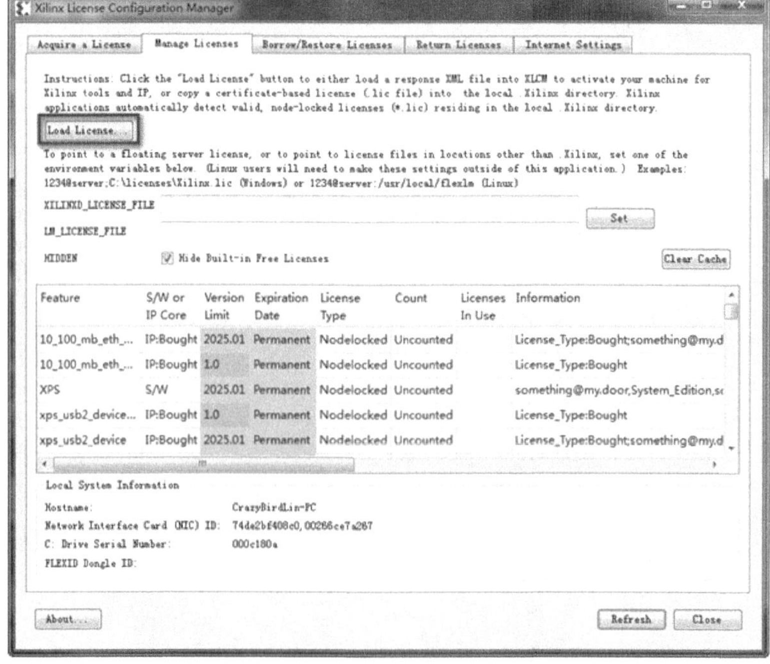

图 3-15　单击“Load License”按钮

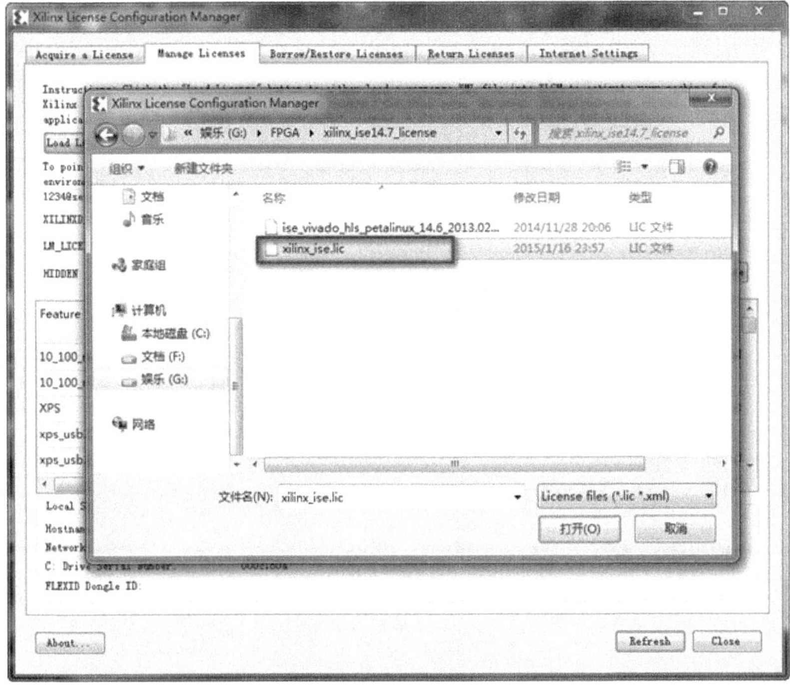

图 3-16　选择 License 文件

单击“打开”按钮后，弹出以下对话框，根据提示依次单击“Yes”和“OK”按钮，如图 3-17 和图 3-18 所示。

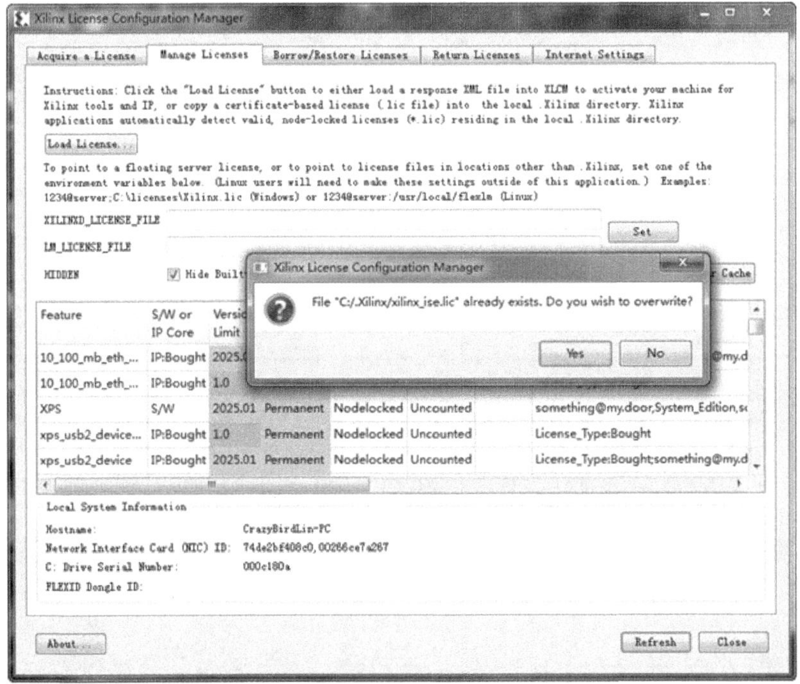

图 3-17　加载 License 文件对话框 1

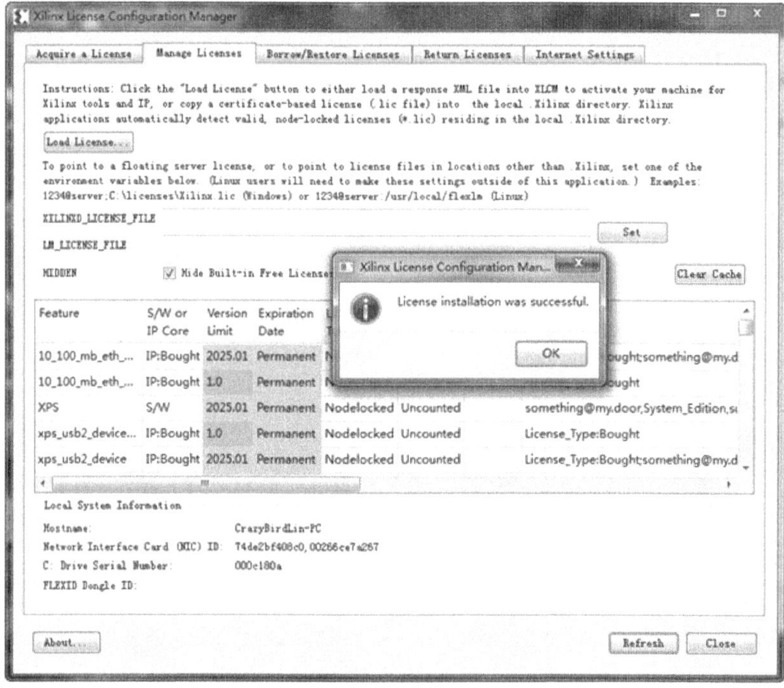

图 3-18　加载 License 文件对话框 2

(13) 加载 License 后，显示 License 的相关信息，如图 3-19 所示。单击“Close”按钮完成 License 的加载，然后在弹出的界面中单击“Finish”按钮，如图 3-20 所示，完成软件的安装。

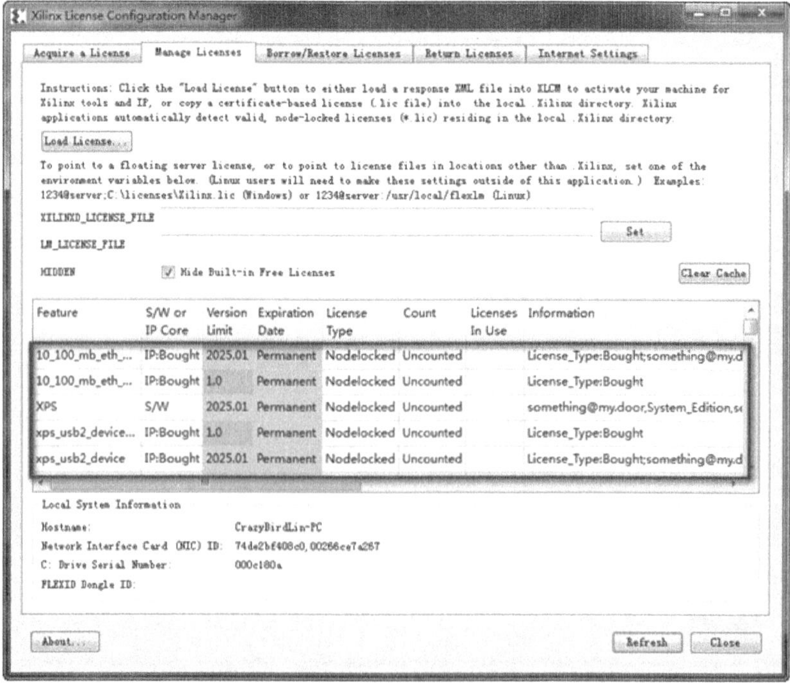

图 3-19　显示 License 信息

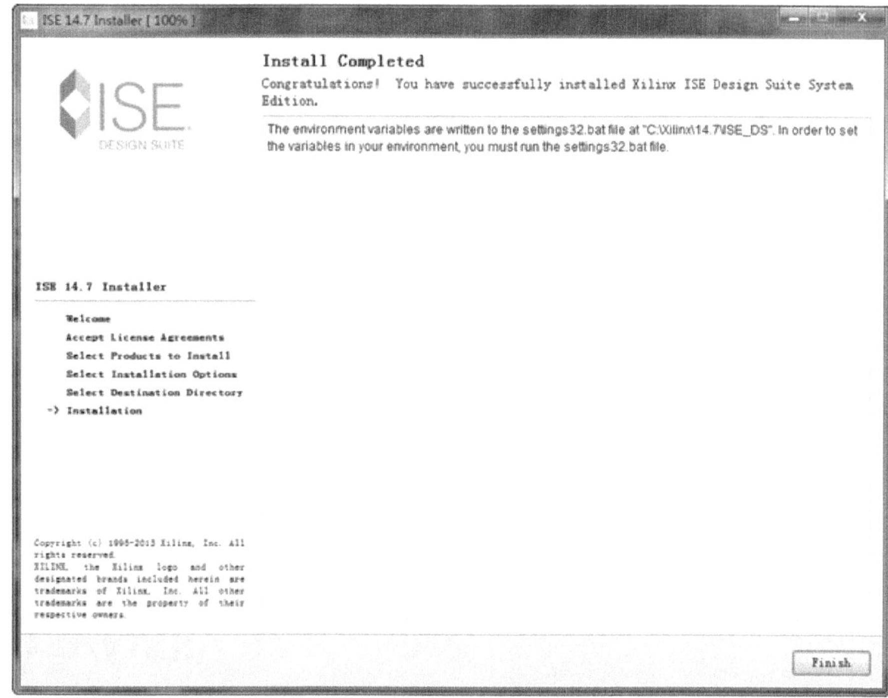

图 3-20　软件安装完成界面

(14) 此时桌面出现了两个快捷方式，如图 3-21 所示，双击“ISE Design Suite 14.7”图标启动软件，如图 3-22 所示。

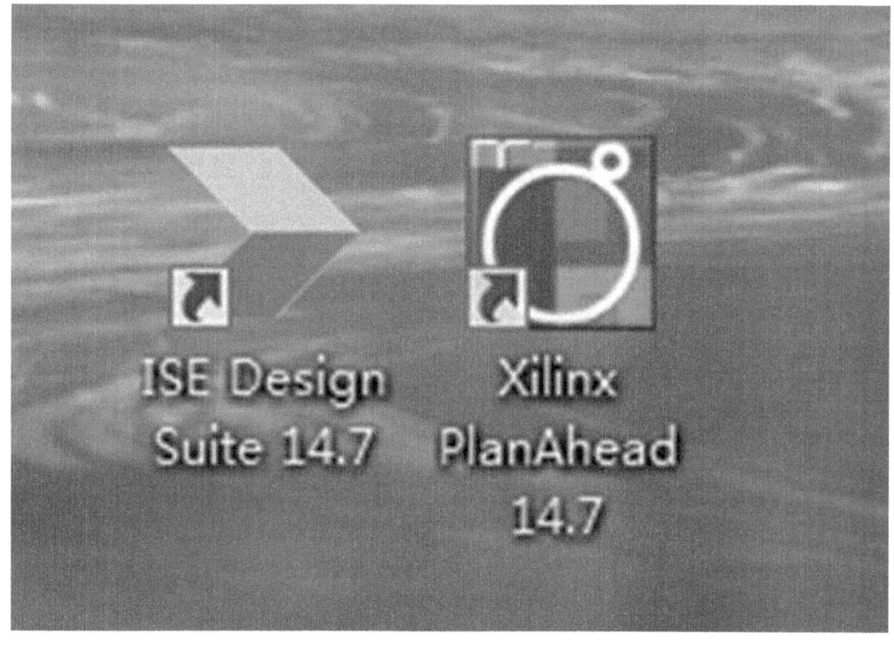

图 3-21　Xilinx ISE 14.7 快捷方式

图 3-22　Xilinx ISE 14.7 启动界面

(15) 现在就可以开始使用 Xilinx ISE 14.7 了，其交互界面如图 3-23 所示。

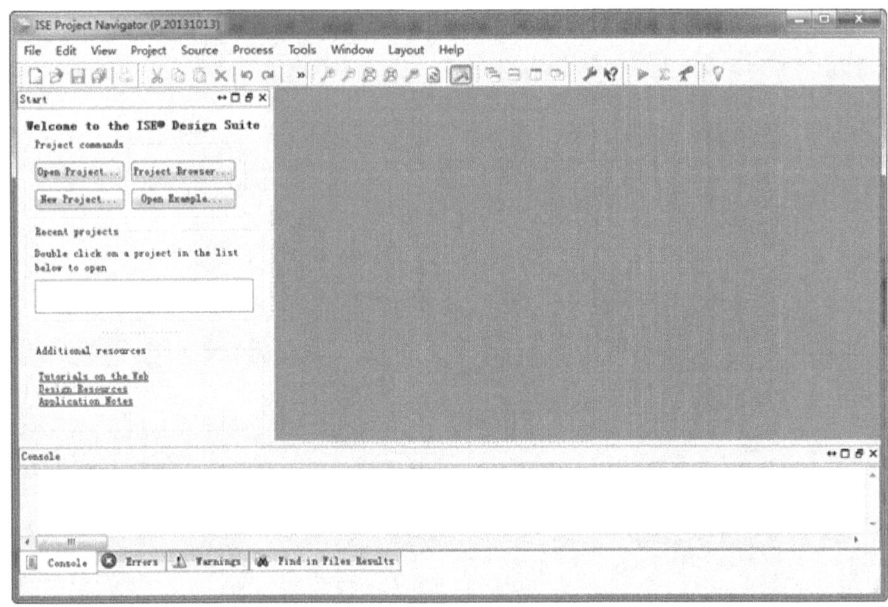

图 3-23　Xilinx ISE 14.7 的交互界面

3.3　Xilinx ISE 设计流程概述

ISE 的设计流程包括以下几个部分：新建项目工程向导、新建设计源文件(包括原理图输入、VHDL 输入、Verilog 输入等)、设计文件综合(包括语法检查、RTL 原理图查询等)、设计文件仿真(包括仿真文件新建、仿真波形设置、仿真波形查看等)、设计文件器件适配(根据 BASYS2 板的引脚封装表对设计文件分配引脚)、设计文件编程与 JTAG 下载(包括编程*.bit 文件产生，下载文件调用与运行等)、设计文件 ROM 烧写。

在本节中，我们将以一个简单的实验案例，一步一步地完成 ISE 的整个设计流程。

3.3.1　新建工程

(1) 打开 ISE Design Suite 14.7 开发工具，可通过桌面快捷方式或“开始”菜单中的 Xilinx Design Tools→ISE Design Suite 14.7→ISE Design Tools→64bit Project Navigator(注：32bit 系统为 32bit Project Navigator)命令打开软件，开启后，软件交互界面如图 3-23 所示。

(2) 单击图 3-23 中 New Project 按钮，弹出新建工程向导，如图 3-24 所示。输入工程名称，选择工程存储路径，并将 Top-level source type 一项设置为 HDL。建议为工程在指定存储路径下建立独立的文件夹\work。设置完成后，单击 Next 按钮。注意：工程名称和存储路径中不能出现中文和空格，建议工程名称由字母、数字、下划线组成。

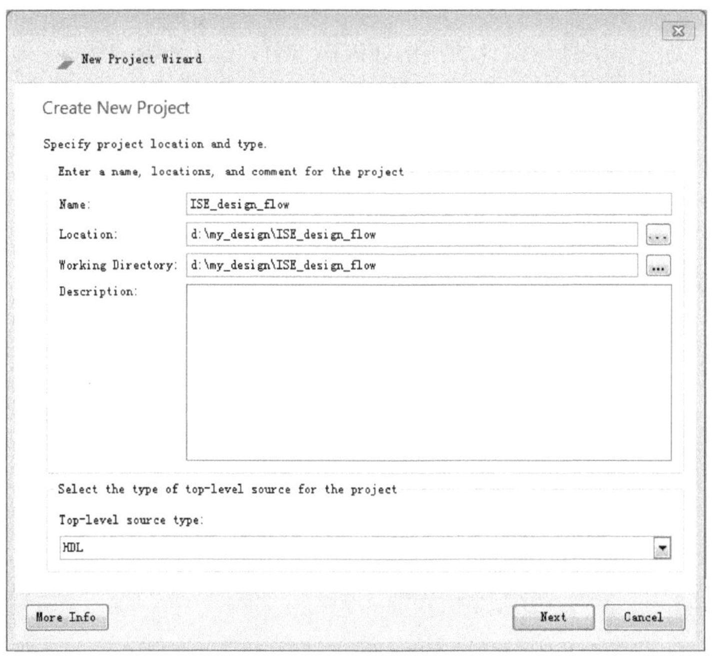

图 3-24　新建工程向导

(3) 根据使用的 FPGA 开发平台选择对应的 FPGA 目标器件，如图 3-25 所示。在本

书中以 Xilinx 开发板 Nexys2 为例，Nexys2 开发板请选择 Spartan-3E XC3S500E-FG320-4 的器件，即 Family 为 Spartan-3E，Device 选择为 XC3S500E，封装形式(Package)为 FG320，速度等级(Speed grade)为-4。单击“Next”按钮。

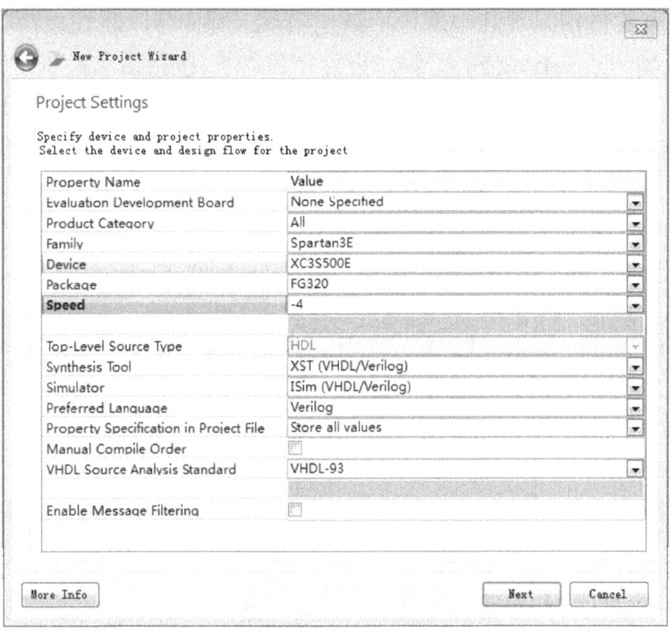

图 3-25　设置 FPGA 目标器件属性

(4) 确认相关工程信息与设计所用的 FPGA 器件信息是否一致，一致请单击 Finish 按钮，若不一致，请修改，如图 3-26 所示。

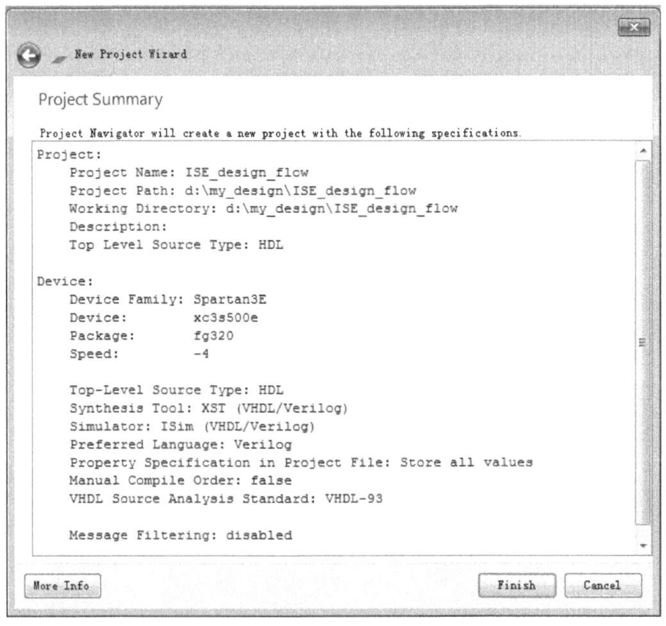

图 3-26　新建工程信息

(5) 得到的空白 ISE 工程界面如图 3-27 所示，完成空白工程的新建。

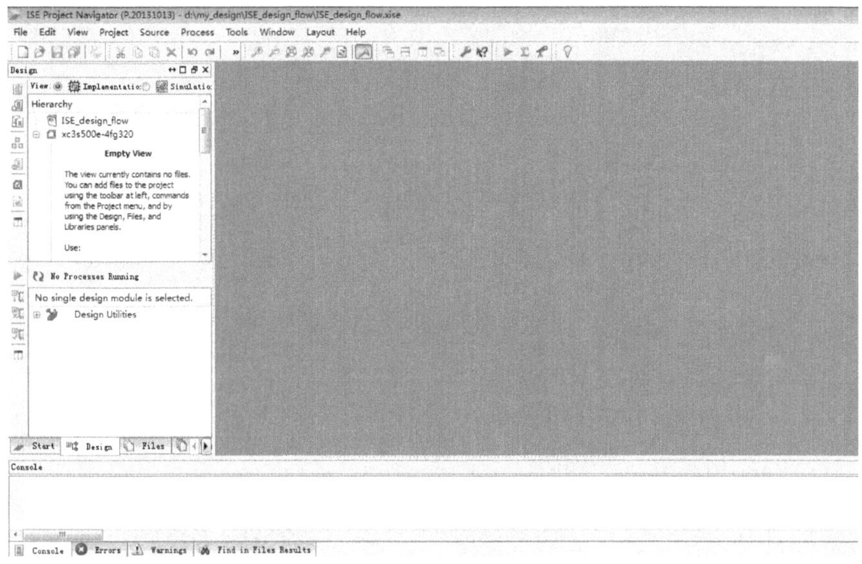

图 3-27　空白 ISE 工程界面

3.3.2　新建设计源文件

(1) 单击 New Source 快捷图标，或在空白处右击选择 New Source 命令，或执行 File →NewSource 菜单命令，打开设计文件添加向导对话框。选择 Verilog Module，并输入设计文件名称 gates2，单击 Next 按钮。

(2) 在弹出的 Define Module 中的 Port Definition 中输入设计模块所需的端口，并设置端口防线，如果端口为总线型，则选中 Bus 选项，并通过 MSB 和 LSB 确定总线宽度。完成后单击 Next 按钮，确认无误后，单击 Finish 按钮。

(3) 新建的设计文件(此处为 gates2.v)即存在于 Design 中的 Hierarchy 中。双击打开该文件，输入相应的设计代码，输入设计代码后的 ISE 工程界面如图 3-28 所示。

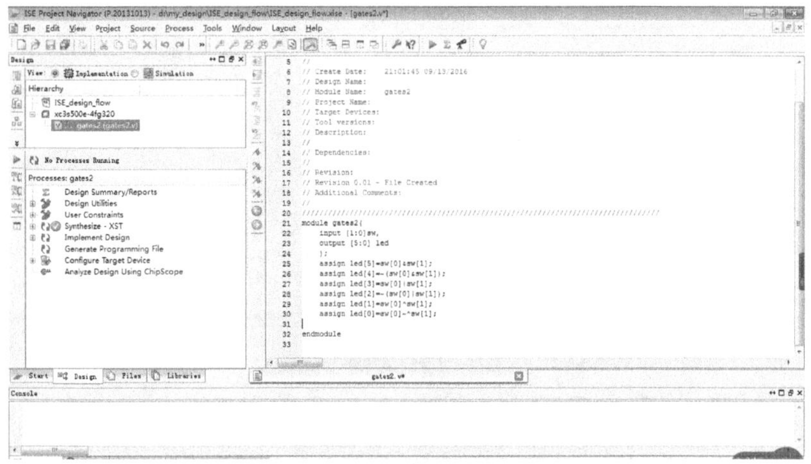

图 3-28　输入代码后的 ISE 工程界面

输入的代码如下：

```
`timescale 1ns / 1ps
module gates2(
    input [1:0]sw,
    output [5:0] led
    );
    assign led[5]=sw[0]&sw[1];
    assign led[4]=~(sw[0]&sw[1]);
    assign led[3]=sw[0]|sw[1];
    assign led[2]=~(sw[0]|sw[1]);
    assign led[1]=sw[0]^sw[1];
    assign led[0]=sw[0]~^sw[1];

endmodule
```

3.3.3 设计文件综合

有两种方法可以添加约束文件，一是调用 PlanAhead 的 I/O planning 功能，二是可以直接新建 UCF 的约束文件，手动输入约束命令。

第一种方法：利用 PlanAhead 的 I/O planning。

(1) 单击 Hierarchy 中的设计文件顶层 gates2.v，双击 Processes→User Constraints→I/O Pin Planning(PlanAhead)-Post-Synthesis 选项，如图 3-29 所示。

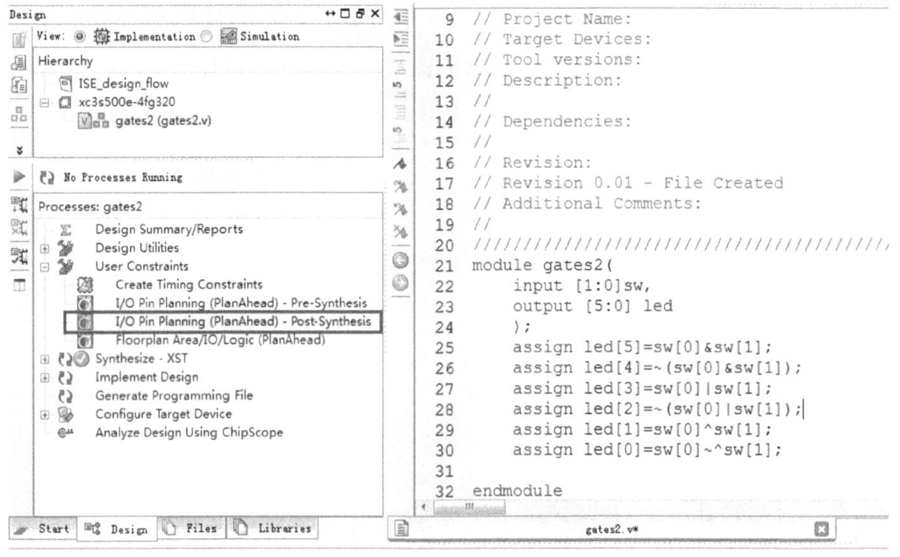

图 3-29 调用 PlanAhead 的 IO planning 功能

(2) 综合完成之后，工具自动打开 PlanAhead 并加装设计，界面如图 3-30 所示。

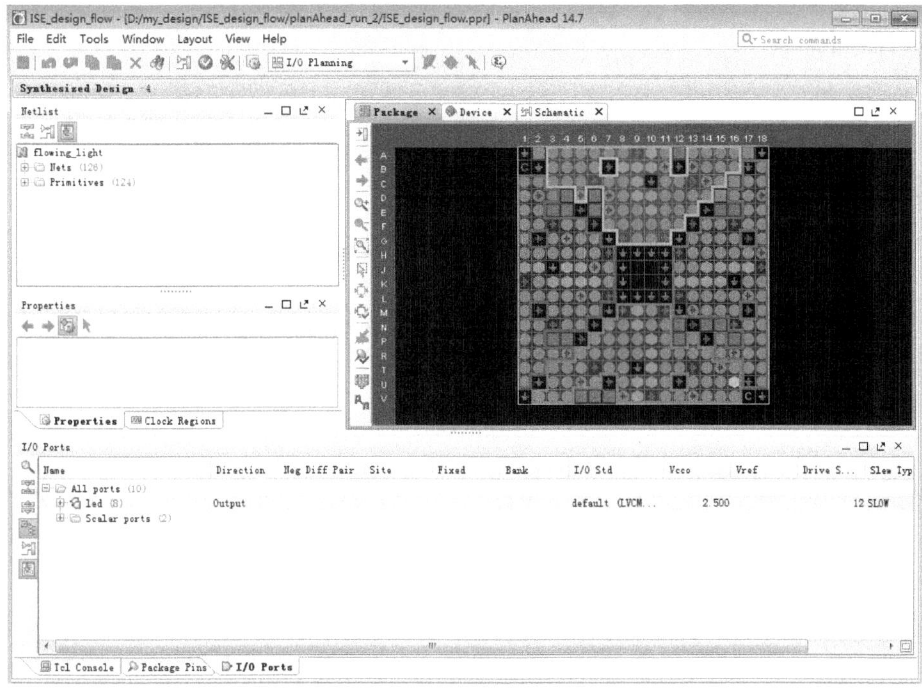

图 3-30　PlanAhead 界面

(3) 此时应在图 3-30 的下方看到 I/O 引脚设置界面，如图 3-31 所示。如果没出现此界面，则可在图示位置的 layout 中选择 I/O planning 一项。在右下方的选项卡中切换到 I/O ports 一栏，并在对应的信号后输入对应的 FPGA 引脚标号(或将信号拖拽到右上方 Package 图中对应的引脚上)，并指定 I/O std(具体的 FPGA 约束引脚和 I/O 电平标准可参考对应板卡的用户手册或原理图)。

I/O Ports

Name	Direction	Neg Diff Pair	Site	Fixed	Bank	I/O Std	Vcco	Vref	Drive S...	Slew Typ
All ports (8)										
led (6)	Output				1	default (LVCM...	2.500		12	SLOW
led[5]	Output		P15	✓	1	default (LVCM...	2.500		12	SLOW
led[4]	Output		E17	✓	1	default (LVCM...	2.500		12	SLOW
led[3]	Output		K14	✓	1	default (LVCM...	2.500		12	SLOW
led[2]	Output		K15	✓	1	default (LVCM...	2.500		12	SLOW
led[1]	Output		J15	✓	1	default (LVCM...	2.500		12	SLOW
led[0]	Output		J14	✓	1	default (LVCM...	2.500		12	SLOW
sw (2)	Input				1	default (LVCM...	2.500			
sw[1]	Input		H18	✓	1	default (LVCM...	2.500			
sw[0]	Input		G18	✓	1	default (LVCM...	2.500			
Scalar ports (0)										

图 3-31　I/O 引脚设置界面

(4) 完成之后，单击左上方工具栏中的保存按钮，ISE 工程下会自动生成 UCF 文件，如图 3-32 所示。关闭 PlanAhead，返回 ISE 工程，完成约束过程。

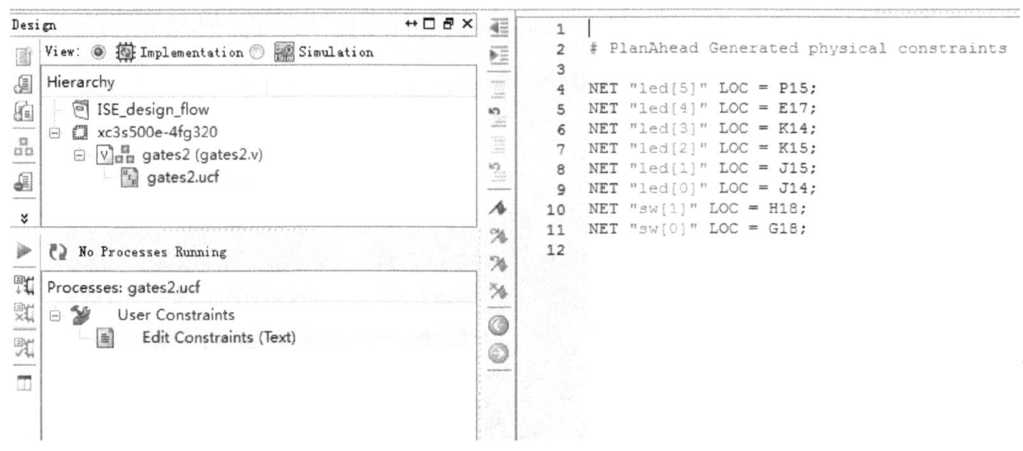

图 3-32　自动生成的 UCF 文件

第二种方法添加约束文件。

(1) 选择 New Sources→Implementation Constraints File 选项并输入文件名，单击 Next 按钮，然后单击 Finish 按钮，如图 3-33 所示。

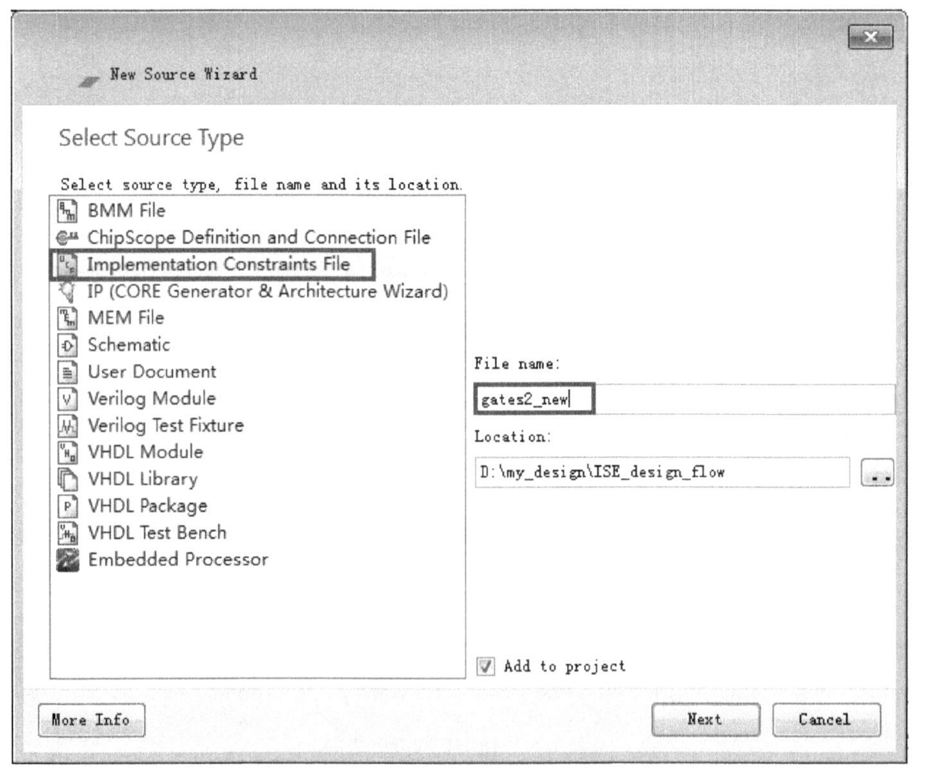

图 3-33　设置新建 UCF 文件

(2) 双击打开新建好的 UCF 文件，并按照如下规则输入相应的 FPGA 引脚约束信息

和电平标准：

```
NET "led[5]" LOC = P15 | IOSTANDARD = LVCMOS33;
NET "led[4]" LOC = E17 | IOSTANDARD = LVCMOS33;
NET "led[3]" LOC = K14 | IOSTANDARD = LVCMOS33;
NET "led[2]" LOC = K15 | IOSTANDARD = LVCMOS33;
NET "led[1]" LOC = J15 | IOSTANDARD = LVCMOS33;
NET "led[0]" LOC = J14 | IOSTANDARD = LVCMOS33;
NET "sw[1]" LOC = H18 | IOSTANDARD = LVCMOS33;
NET "sw[0]" LOC = G18 | IOSTANDARD = LVCMOS33;
```

3.3.4　设计文件仿真

(1) 先将 Design 中 View 选项卡切换至 Simulation，并选择 Behavioral 选项，如图 3-34 所示。

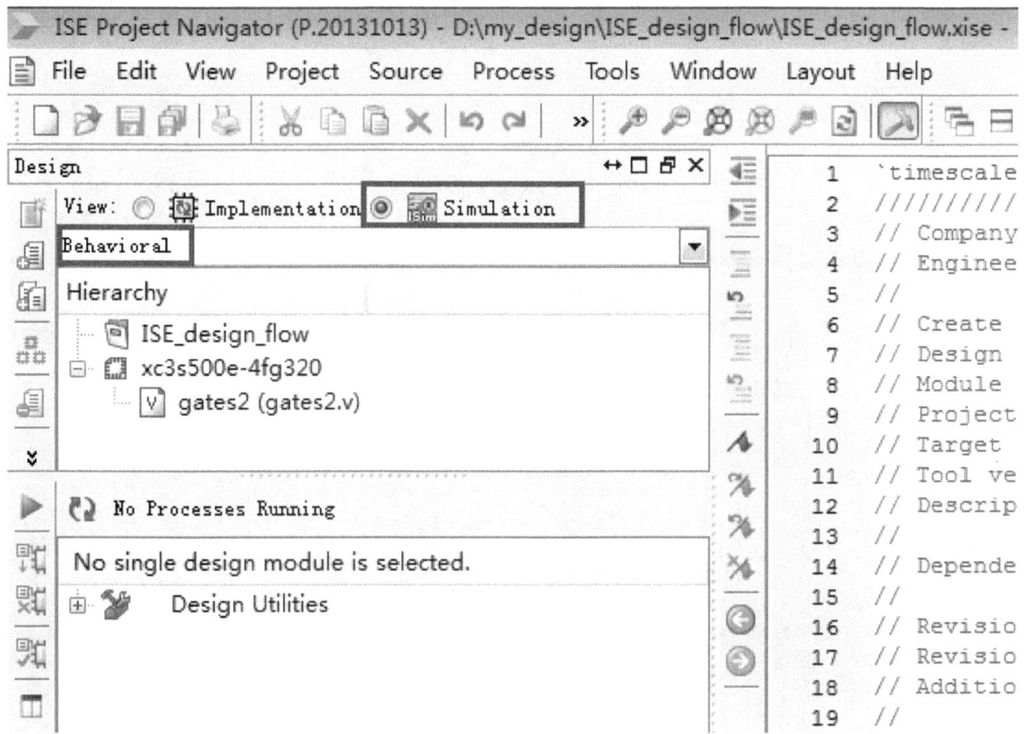

图 3-34　切换至 Simulation 选项卡，并选择 Behavioral 选项

(2) 选择 New Source→Verilog Test Fixture 选项，并输入激励测试文件名称，单击 Next 按钮，如图 3-35 所示。

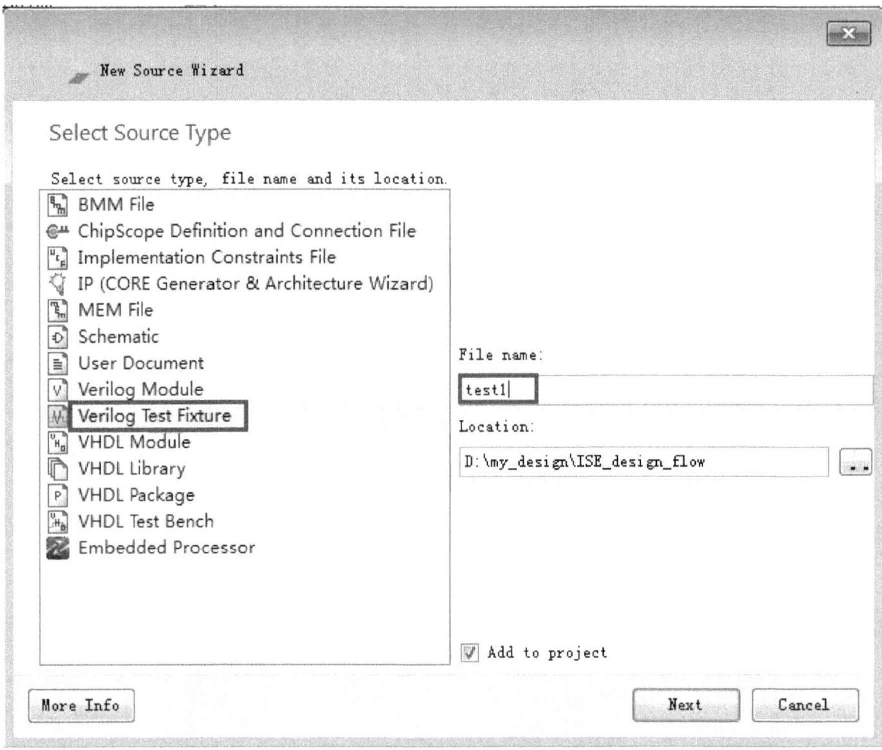

图 3-35 设置激励测试文件

(3) 选择仿真对象 gates2 模块，并单击 Next 按钮。然后单击 Finish 按钮，如图 3-36 所示。

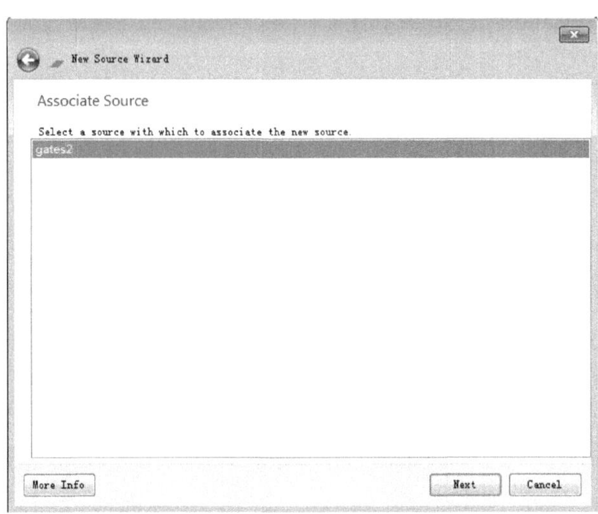

图 3-36 设置关联仿真对象 gates2 模块

(4) 此时原设计模块作为激励文件的一个子模块，工具自动生成激励测试文件实例

化代码，用户自行添加信号激励定义，如图 3-37 所示。

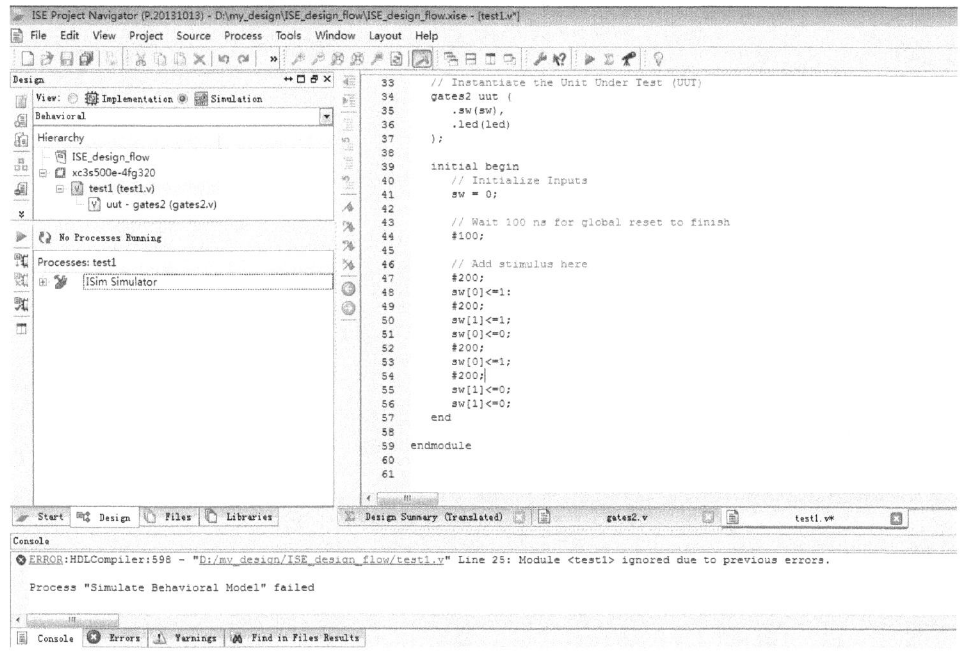

图 3-37　添加信号激励定义

(5) 参考下述代码，在“initial…end”块中的“//Add stimulus here”后面添加测试向量，完成激励定义。

```
// Add stimulus here
    #200;
    sw[0]<=1:
    #200;
    sw[1]<=1;
    sw[0]<=0;
    #200;
    sw[0]<=1;
    #200;
    sw[1]<=0;
    sw[1]<=0;
```

(6) 此时，进入仿真。选中激励测试文件顶层 test1，并选择 ISim Simulator→Simulate Behavioral Modle 选项，如图 3-38 所示，进入仿真界面。

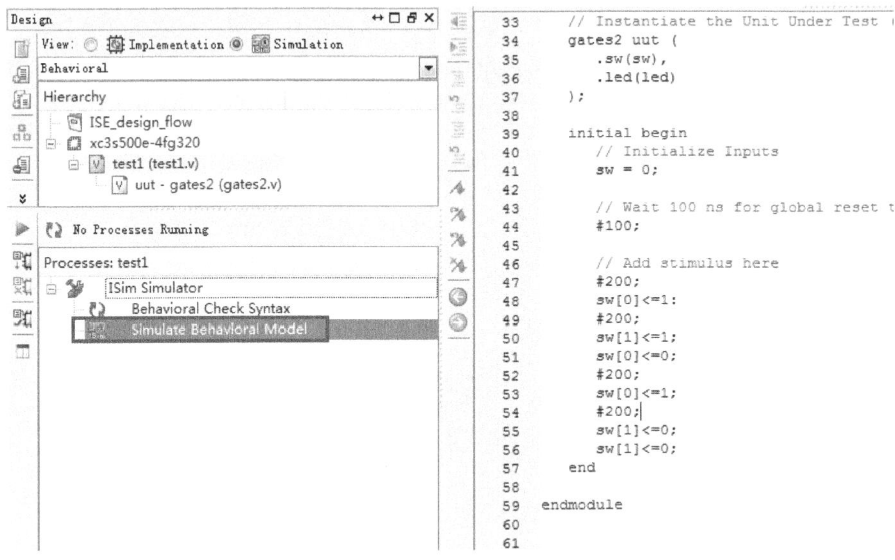

图 3-38 进行仿真

(7) 仿真结果界面如图 3-39 所示。

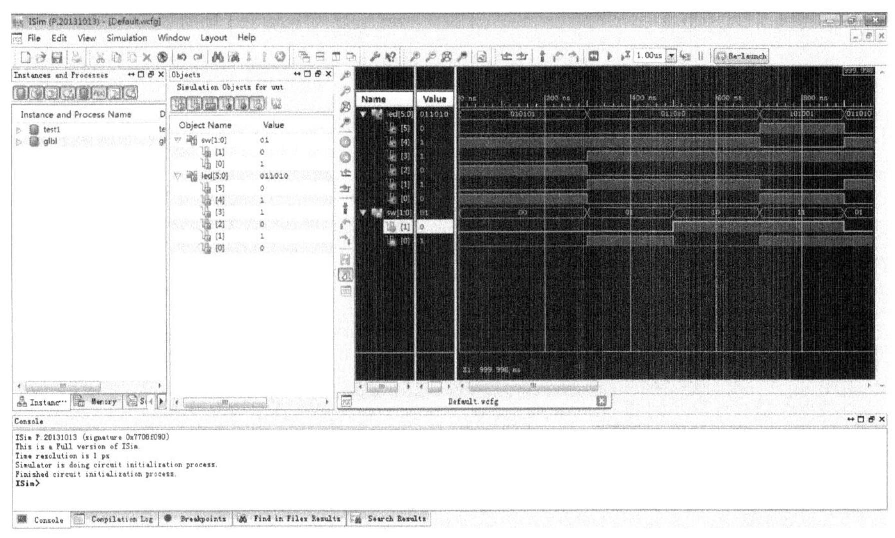

图 3-39 仿真结果界面

可通过左侧 Scope 一栏中的目录结构定位到设计者想要查看的模块内部寄存器，在 Objects 对应的信号名称上右击选择 Add To Wave Window 命令，将信号加入波形图中。可通过选择工具栏中的如下选项来进行波形的仿真时间控制，分别是复位波形(即清空现有波形)、运行仿真、运行特定时长的仿真、仿真时长设置、仿真时长单位、单步运行、暂停等。

(8) 核对波形与预设的逻辑功能是否一致。仿真完成。

3.3.5　工程实现

(1) 选择 Design Processes→Generate Programming File 选项，如图 3-40 所示。工程会自动完成综合、实现、Bit 文件生成过程。

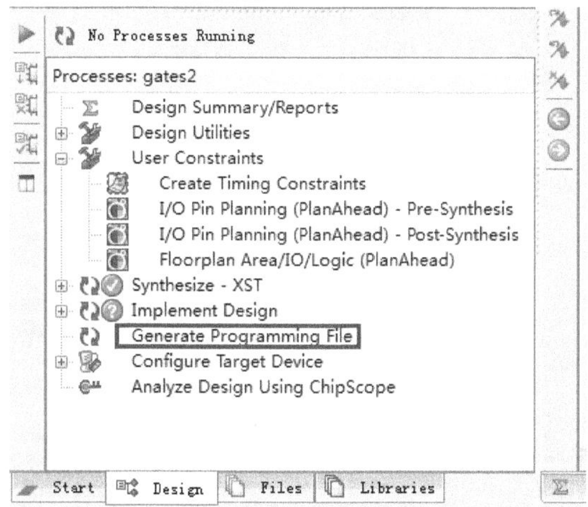

图 3-40　选择 Generate Programming File 选项

(2) 选择 Design Processes→Configure Target Device 选项(或直接在“开始”菜单中选择 Xilinx Design Tools→ISE Design Suite 14.7→ISE Design Tools→64-bit Tools→iMPACT 启动)，进入 iMPACT 编程管理界面。

(3) 将 Nexys2 板卡通过 USB 线与 PC 相连，并上电启动。依次单击 Boundary Scan→Initialize Chain 按钮，即可扫描到 FPGA JTGA 链路，如图 3-41 所示。其中一个器件为 FPGA(xc3s500e)，一个为 PROM 闪存(xcf04s)。PROM 闪存是非易失性存储器件。这里只对 FPGA 进行配置。

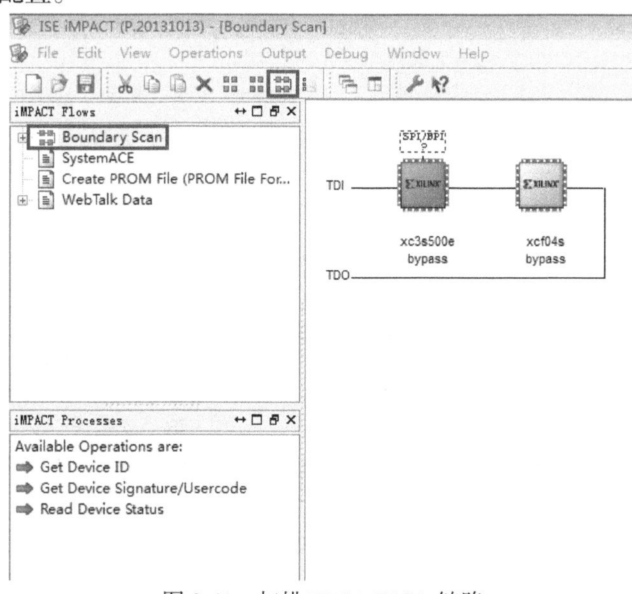

图 3-41　扫描 FPGA JTGA 链路

(4) 在 FPGA 器件图标上右击，选择 Assign New Configuration File 命令，并指定到工程生成的 bit 文件，关闭弹出的对话框，如图 3-42 所示。

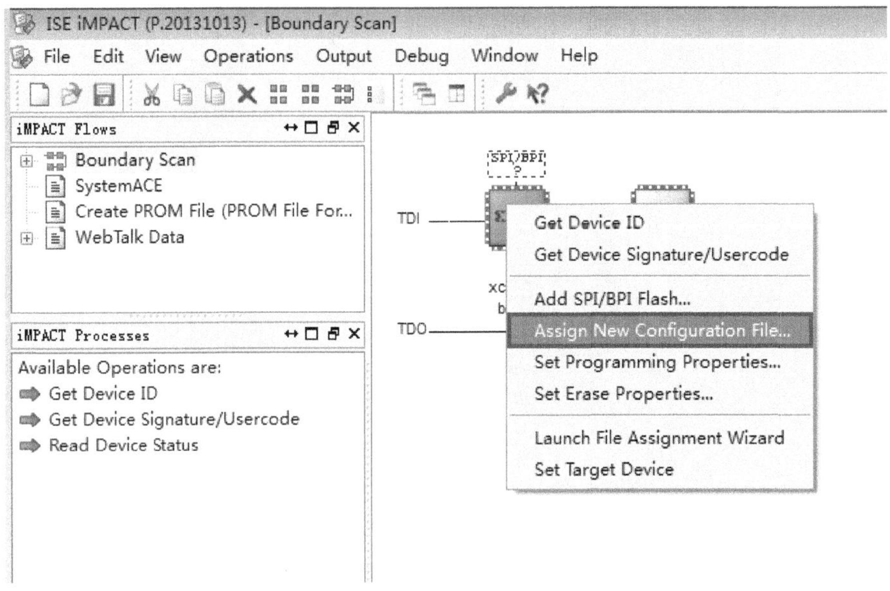

图 3-42　指定 bit 文件

(5) 在 FPGA 器件图标上右击，选择 Program 命令，如图 3-43 所示。并在弹出的对话框中单击 OK 按钮，等待配置完成，如图 3-44 所示。

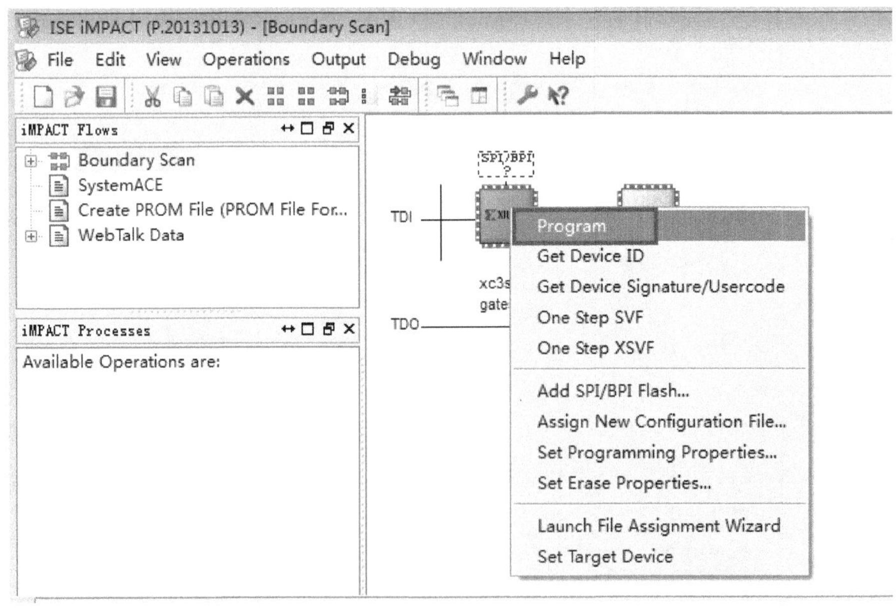

图 3-43　右击选择 Program 命令

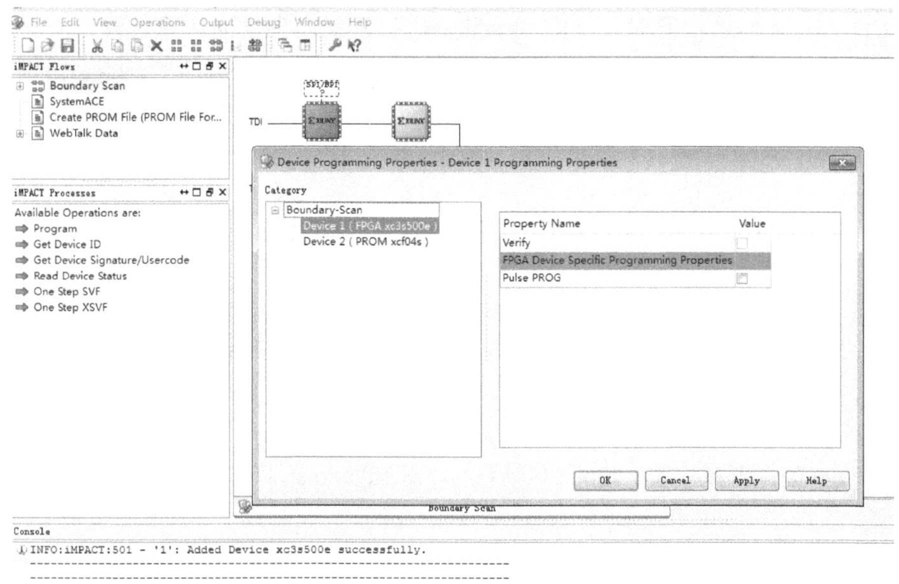

图 3-44　完成 Program 配置

(6) 观察板卡上的实现效果，设计完成。

3.4　Vivado 集成开发环境介绍

Vivado 设计套件是 FPGA 厂商赛灵思公司 2012 年发布的集成设计环境。包括高度集成的设计环境和新一代从系统到 IC 级的工具，这些均建立在共享的可扩展数据模型和通用调试环境基础上。

集成的设计环境——Vivado 设计套件包括高度集成的设计环境和新一代从系统到 IC 级的工具，这些均建立在共享的可扩展数据模型和通用调试环境的基础上。这也是一个基于 AMBA AXI4 互联规范、IP-XACT IP 封装元数据、工具命令语言(TCL)、Synopsys 系统约束(SDC)以及其他有助于根据客户需求量身定制设计流程并符合业界标准的开放式环境。赛灵思构建的 Vivado 工具把各类可编程技术结合在一起，能够扩展多达 1 亿个等效 ASIC 门的设计。

专注于集成的组件——为了解决集成的瓶颈问题，Vivado 设计套件采用了用于快速综合和验证 C 语言算法 IP 的 ESL 设计，实现重用的标准算法和 RTL IP 封装技术，标准 IP 封装和各类系统构建模块的系统集成，模块和系统验证的仿真速度提高了 3 倍，与此同时，硬件协仿真性能提升了 100 倍。

专注于实现的组件——为了解决实现的瓶颈问题，Vivado 工具采用层次化器件编辑器和布局规划器，速度提升了 3～15 倍，且为 System Verilog 提供了业界最好支持的逻辑综合工具、速度提升 4 倍且确定性更高的布局布线引擎，以及通过分析技术可最小化时序、线长、路由拥堵等多个变量的“成本”函数。此外，增量式流程能让工程变更通

知单(ECO)的任何修改只需对设计的一小部分进行重新实现就能快速处理，同时确保性能不受影响。最后，Vivado 工具通过利用最新共享的可扩展数据模型，能够估算设计流程各个阶段的功耗、时序和占用面积，从而达到预先分析，进而优化自动化时钟门等集成功能。

3.5 Vivado 软件安装

在赛灵思公司的网站 http://www.xilinx.com/support/download.html 上列出了软件不同的版本号，大家根据自己的需要选择相应的版本。中间这一列就是需要下载的软件安装包了。目前，Vivado 支持 windows 和 linux 操作系统。大家可以根据自己的操作系统选择对应的版本进行下载安装，也可以选择 All OS Vivado and SDK Full Installer(推荐)，这个软件包包含了逻辑开发和嵌入式开发所需的全部工具。同时大家可以顺便把 Documention Navigator 一块下载安装。这个软件可以帮助我们快速浏览 Xilinx 的所有文档资料。

接下来要做的就是环境搭建，整个软件的安装过程非常简单，安装步骤与 Xilinx ISE 14.7 的安装步骤相同，根据软件提示一步一步执行即可，其安装欢迎界面如图 3-45 所示。

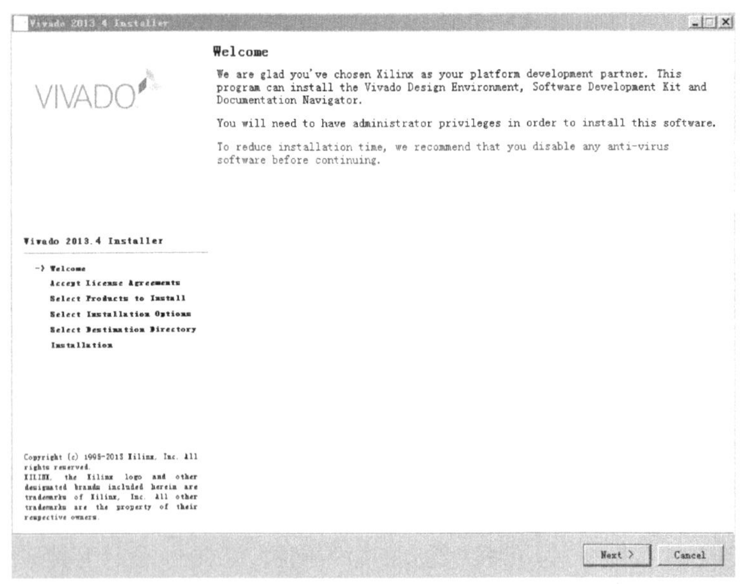

图 3-45　安装欢迎界面

整个安装过程几乎不需要人为干预。安装过程中，会跳出窗口让你选择本机已经安装的 MatLab，这是做 DSP 开发用的，大家暂时取消掉(以后使用可以重新配置))。接近尾声的时候会弹出 Xilinx 的许可管理器让你安装许可证，如果计算机里已有 License，那么选中“Locate Existing License”单选按钮，单击“Next”按钮，在接下来的页面单击“Load

License”按钮，选择已有的 License 文件，根据提示依次单击“Yes”和“Ok”按钮，加载 License。显示 License 的相关信息，如图 3-46 所示。

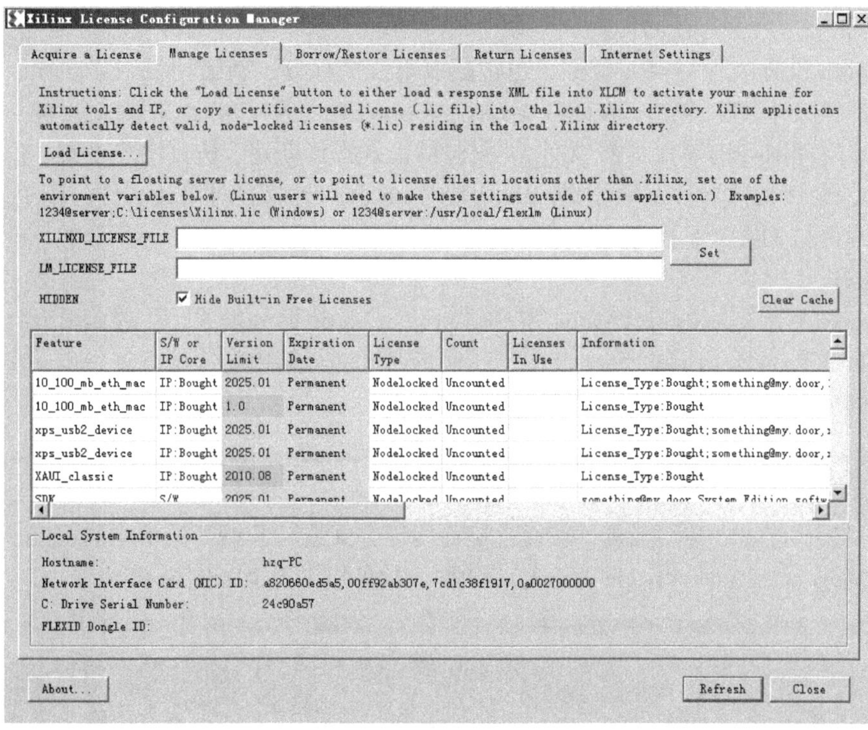

图 3-46　获取 License 界面

点击图 3-46 的“Close”按钮完成 License 的加载，然后在弹出的界面单击“Finish”按钮，完成软件的安装。此时桌面出现了五个快捷方式，如图 3-47 所示，至此安装全部结束。

图 3-47　生成 Node-Locked License 界面

3.6 Vivado设计流程概述

Vivado设计流程与ISE相似，也包括以下几个部分：新建项目工程向导、新建设计源文件(包括原理图输入、VHDL输入、Verilog输入等)、设计文件综合(包括语法检查、RTL原理图查询等)、设计文件仿真(包括仿真文件新建、仿真波形设置、仿真波形查看等)、设计文件器件适配(根据BASYS3板的引脚封装表对设计文件分配引脚)、设计文件编程与JTAG下载(包括编程*.bit文件产生、下载文件调用与运行等)、设计文件ROM烧写。

Vivado设计分为Project Mode和Non-project Mode两种模式，一般简单设计中，我们常用的是Project Mode。在本节中，我们将通过一个简单的实验案例一步一步地完成Vivado的整个设计流程。

1. 新建工程

(1) 打开Vivado开发工具，可通过桌面快捷方式或“开始”菜单中的Xilinx Design Tools→Vivado 2013.4→Vivado命令打开软件，软件启动界面如图3-48所示。

图3-48 Vivado启动界面

(2) 单击上述界面中Create New Project图标，弹出新建工程向导，单击Next按钮，如图3-49所示。

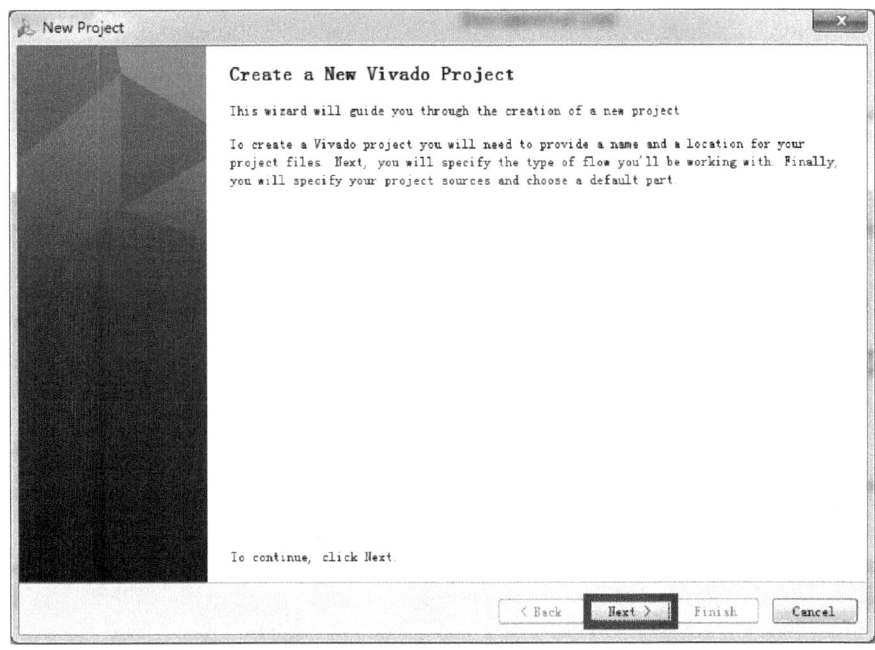

图 3-49　选择新建工程

(3) 输入工程名称，选择工程存储路径，并选中 Create project subdirectory 复选框，为工程在指定存储路径下建立独立的文件夹。设置完成后，单击 Next 按钮，如图 3-50 所示。注意：工程名称和存储路径中不能出现中文和空格，建议工程名称由字母、数字、下划线组成。

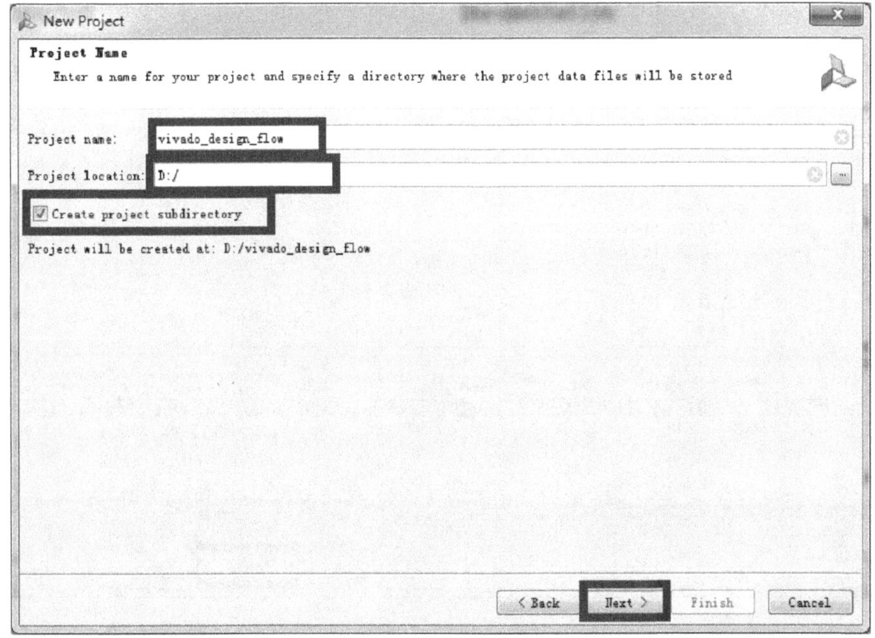

图 3-50　设置工程名称和路径

(4) 选中 RTL Project 单选按钮，并选中 Do not specify sources at this time 复选框，选中该复选框是为了跳过在新建工程的过程中添加设计源文件。单击 Next 按钮，如图 3-51 所示。

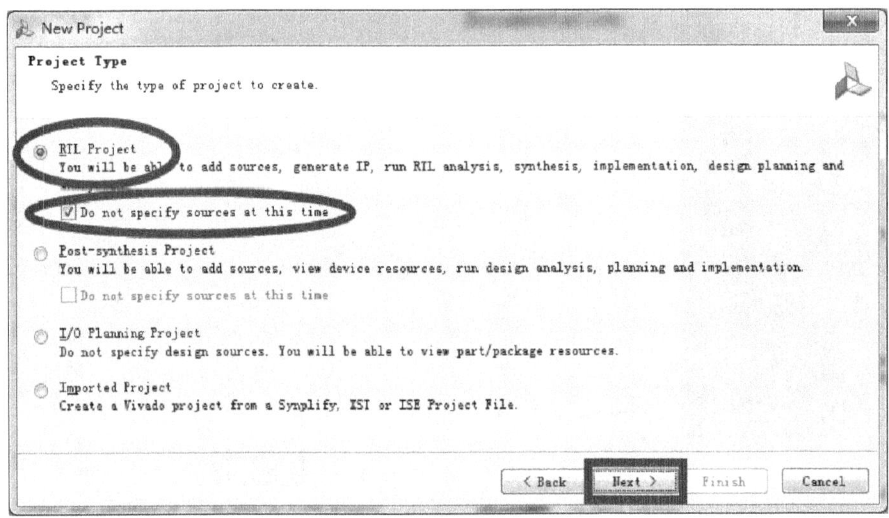

图 3-51　设置工程类型

(5) 根据使用的 FPGA 开发平台选择对应的 FPGA 目标器件。(在本章中，以 Xilinx 官方开发板 KC705 为例，Nexys4 开发板请选择 Kintex-7 XC7A100TCSG324-2 的器件，即 Family 和 Sub-Family 均为 Kintex-7，封装形式(Package)为 ffg900，速度等级(Speed grade)为−2，温度等级(Temp Grade)为 C)。单击 Next 按钮，如图 3-52 所示。

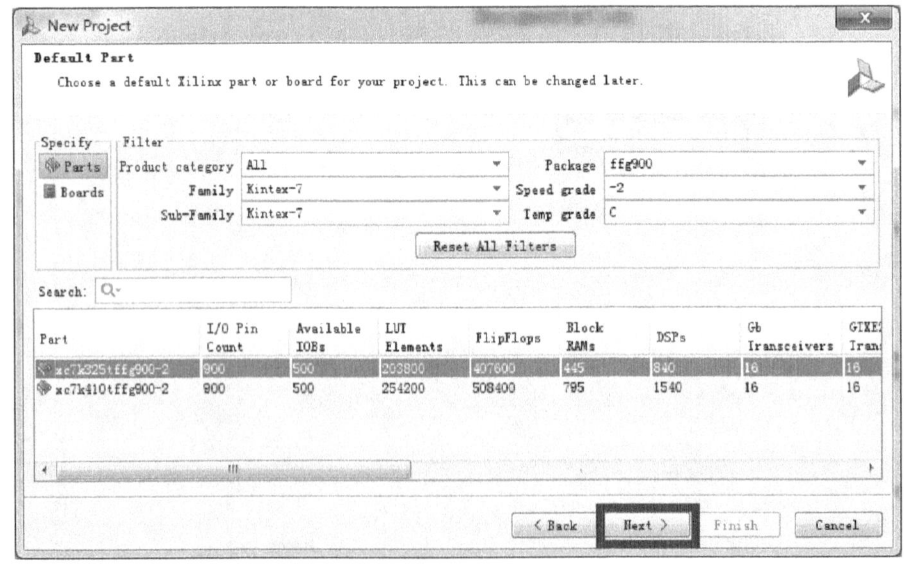

图 3-52　设置 FPGA 目标器件

(6) 图 3-53 显示的是创建新工程的信息，需确认相关信息与设计所用的 FPGA 器件信息是否一致，一致请单击 Finish 按钮，不一致，请返回上一步修改。

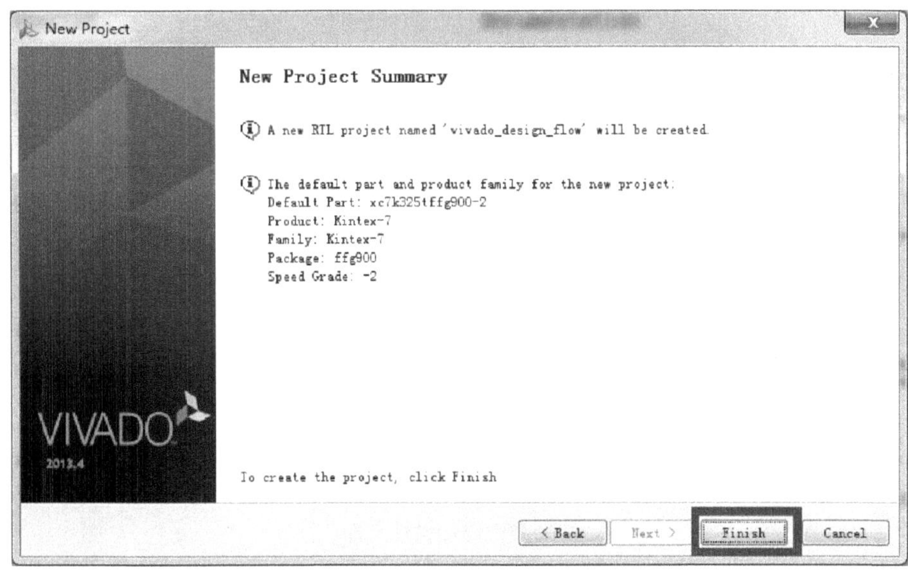

图 3-53　创建新工程的信息

(7) 得到图 3-54 所示的空白 Vivado 工程界面，完成空白工程的新建。

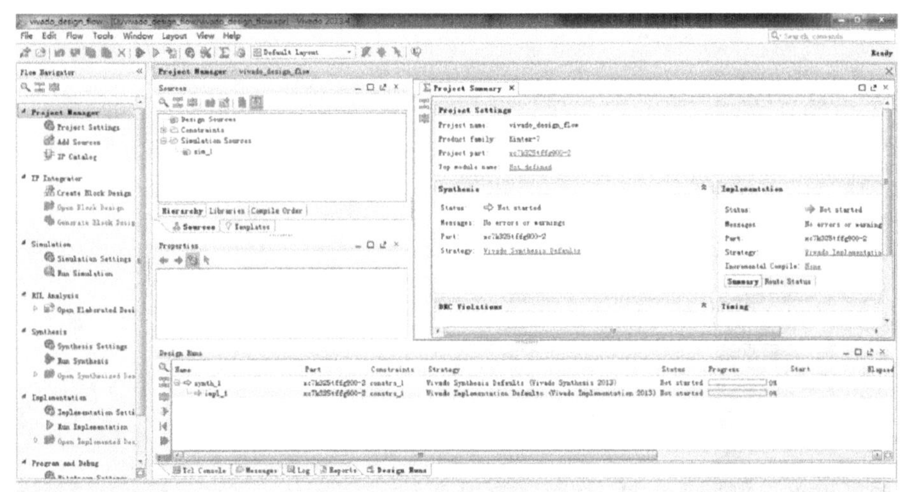

图 3-54　空白 Vivado 工程界面

2. 设计文件输入

(1) 如图 3-55 所示，单击 Flow Navigator→Project Manager→Add Sources 命令或中间 Sources 中的对话框按钮，打开设计文件添加对话框。

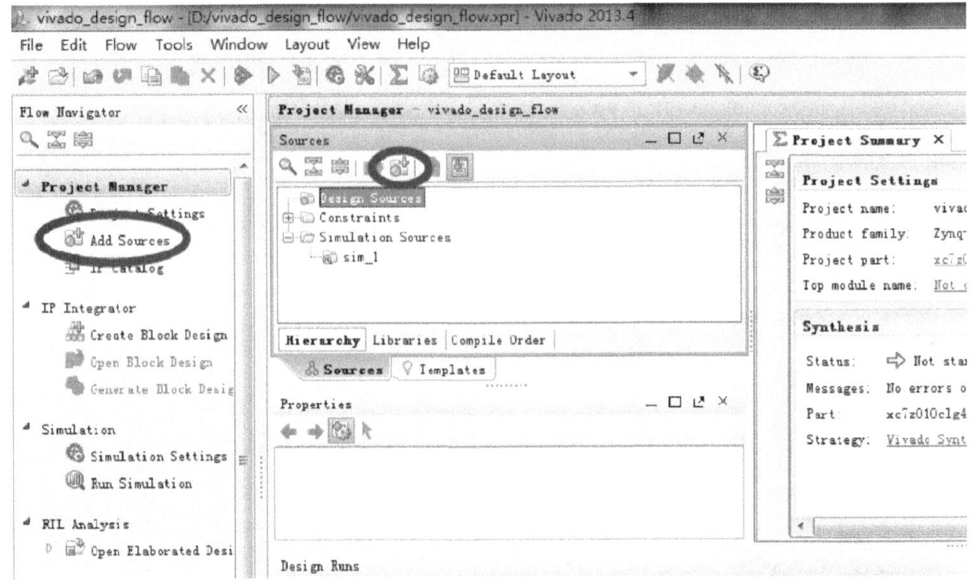

图 3-55　添加设计文件

(2) 选择第二项 Add or Create Design Sources，用来添加或新建 Verilog 或 VHDL 源文件，单击 Next 按钮，如图 3-56 所示。

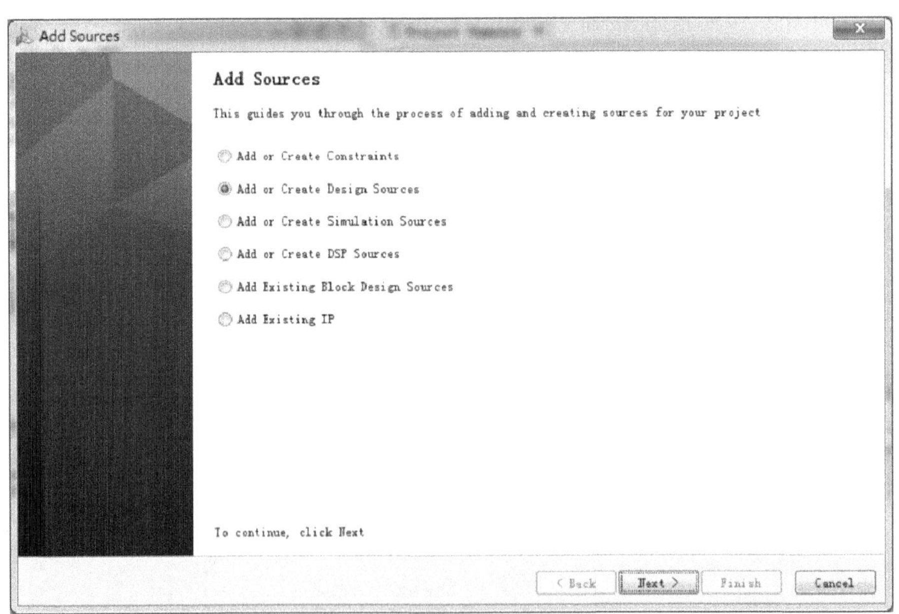

图 3-56　添加或新建 Verilog 或 VHDL 源文件

(3) 如果有现有的 Verilog/VHDL 文件，可以单击 Add Files 按钮添加。在这里，我们要新建文件，所以单击 Create File 按钮，如图 3-57 所示。

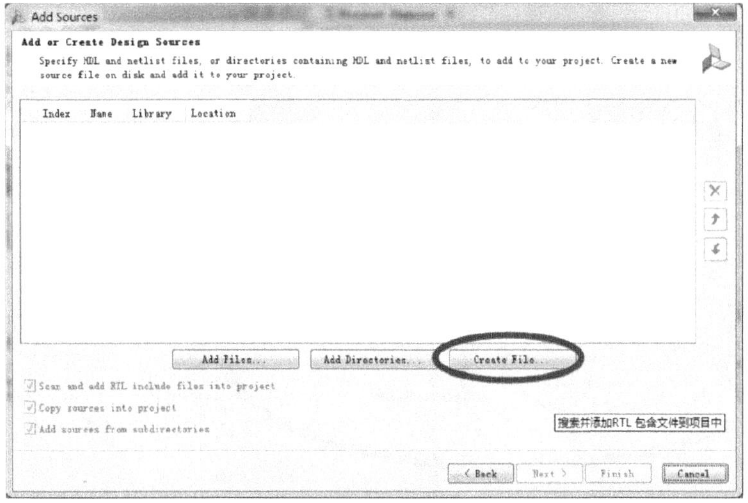

图 3-57　新建源文件

(4) 在 Create Source File 对话框中输入相应的 File Name，单击 OK 按钮，如图 3-58 所示。注意：创建的文件名称中不可出现中文和空格。

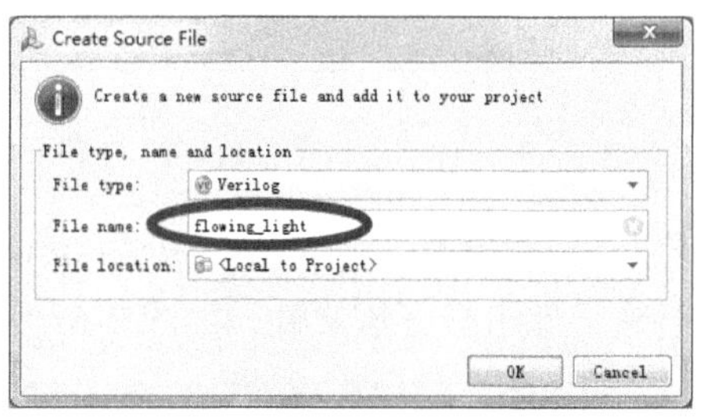

图 3-58　输入创建源文件的名称

(5) 单击 Finish 按钮完成创建新的源文件的设置，如图 3-59 所示。

(6) 在弹出的 Define Module 对话框中的 I/O Port Definitions 选项区，选择设计模块所需的端口，并设置端口防线，如果端口为总线型，则选中 Bus 复选框，并通过 MSB 和 LSB 确定总线宽度。完成后单击 OK 按钮，如图 3-60 所示。

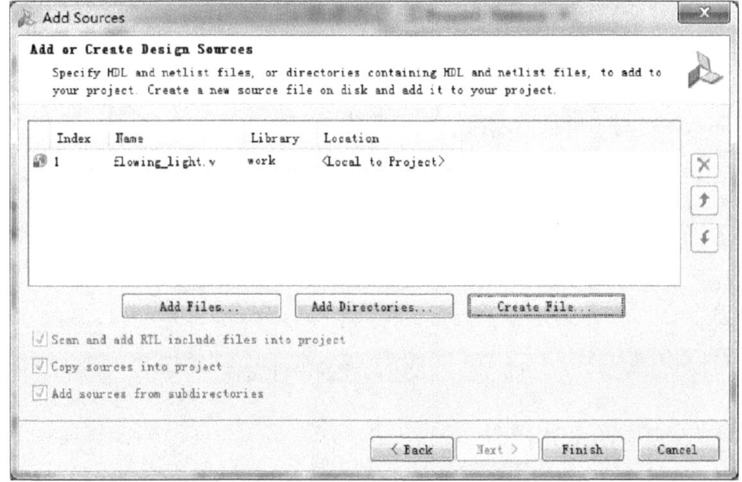

图 3-59　完成创建新的源文件的设置

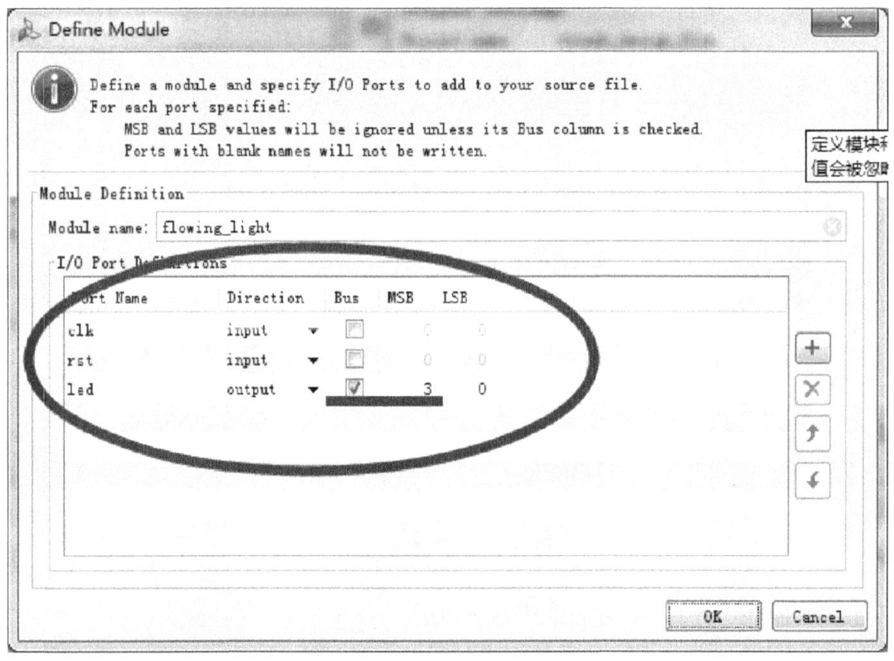

图 3-60　设置模块端口参数

(7) 新建的设计文件(此处为 flowing_light.v)即存在于 Sources 中的 Design Sources 文件中。双击打开该文件，如图 3-61 所示。

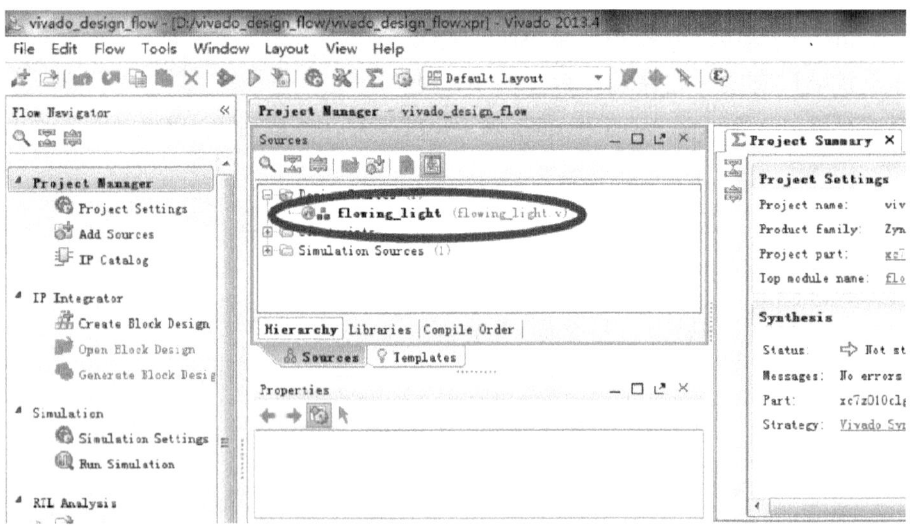

图 3-61　双击新建的设计文件

然后输入如下相应的设计代码。

```
`timescale 1ns / 1ps
module flowing_light(
input clk,
input rst,
output [3:0] led
);
reg [23 : 0] cnt_reg;
reg [ 3 : 0] light_reg;

always @ (posedge clk)
begin
    if (rst)
    cnt_reg <= 0;
else
    cnt_reg <= cnt_reg + 1;
end

always @ (posedge clk)
begin
    if (rst)
light_reg <= 4'b0001;
else if (cnt_reg == 24'hffffff)
begin
if (light_reg == 4'b1000)
light_reg <= 4'b0001;
else
light_reg <= light_reg << 1;
end
end
assign led = light_reg; endmodule
```

(8) 添加约束文件。有两种方法可以添加约束文件，一是可利用 Vivado 中的 I/O planning 功能，二是可以直接新建 XDC 的约束文件，手动输入约束命令。

第一种方法：利用 I/O planning。

① 选择 Flow Navigator→Synthesis→Run Synthesis 选项，先对工程进行综合，如图 3-62 所示。

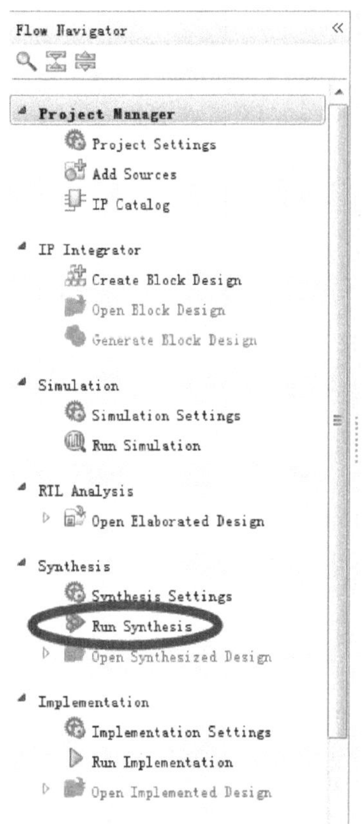

图 3-62　进行综合

图 3-63　选中 Open Synthesized Design 单选按钮

② 综合完成之后，选中 Open Synthesized Design 单选按钮，打开综合结果，如图 3-63 所示。

③ 此时应看到如图 3-64 所示界面，如果没出现如下界面，在图示位置的 Layout 中选择 I/O Planning 选项，如图 3-64 所示。

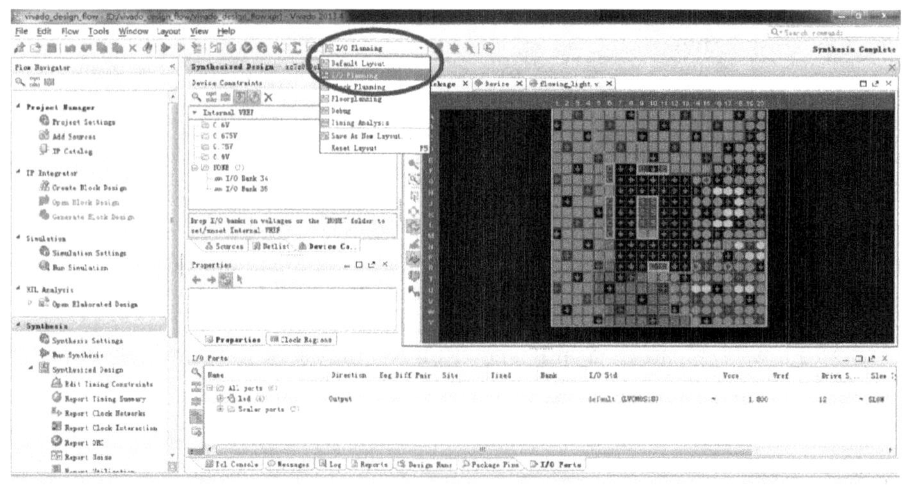

图 3-64　选择 I/O Planning 选项

④ 在右下方的选项卡中切换到 I/O Ports 选项卡，并在对应的信号后输入对应的 FPGA 引脚标号(或将信号拖拽到右上方 Package 图中对应的引脚上)，并指定 I/O std，如图 3-65 所示。具体的 FPGA 约束引脚和 I/O 电平标准，可参考对应板卡的用户手册或原理图。

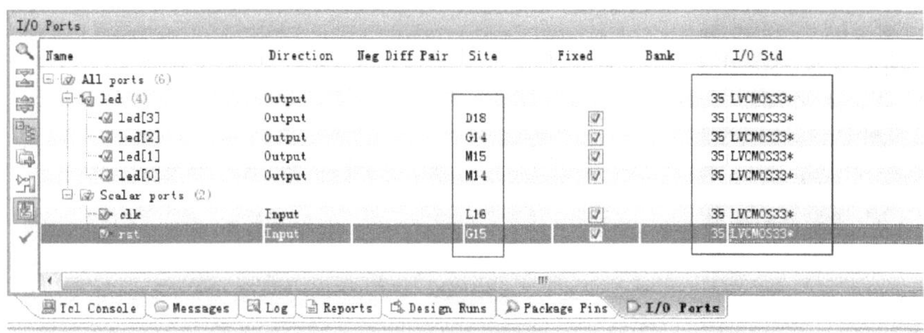

图 3-65　设置 FPGA 引脚标号和电平标准

⑤ 完成之后，单击左上方工具栏中的保存按钮，工程提示新建 XDC 文件或选择工程中已有的 XDC 文件。在这里，我们要新建一个文件，输入文件名，单击 OK 按钮完成约束过程，如图 3-66 所示。

⑥ 此时，在 Sources→Constraints 目录下会找到新建的 XDC 文件，如图 3-67 所示。

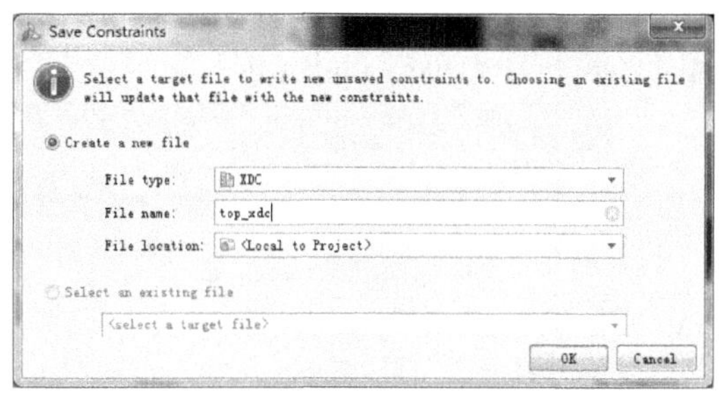

图 3-66　保存新建的 XDC 文件

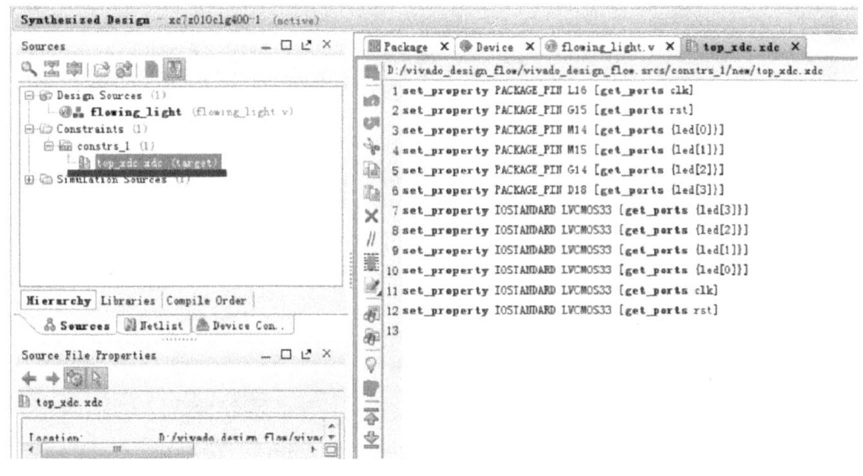

图 3-67　显示新建的 XDC 文件

利用第二种方法添加约束文件。

① 打开 Add Sources 页面，选中 Add or Create Constraints 单选按钮，单击 Next 按钮，如图 3-68 所示。

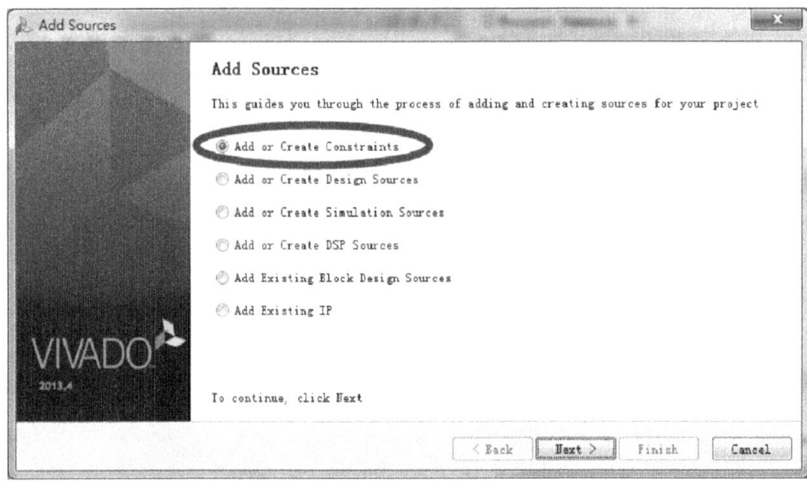

图 3-68 添加或新建 Constraints 文件

② 单击 Create File 按钮，新建一个 XDC 文件，如图 3-69 所示，输入 XDC 文件名，单击 OK 按钮。单击 Finish 按钮。

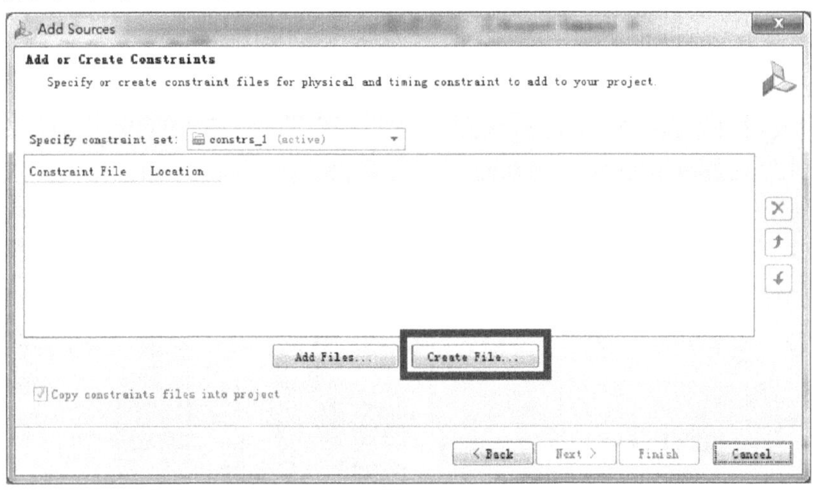

图 3-69 新建一个 XDC 文件

③ 双击打开新建的 XDC 文件，如图 3-70 所示。

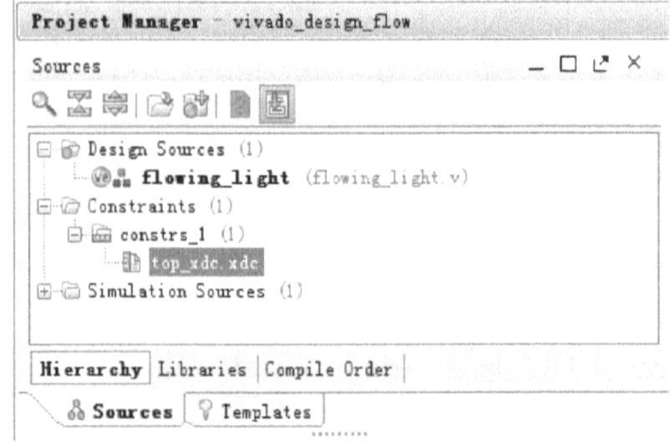

图 3-70 双击打开新建的 XDC 文件

按照如下规则输入相应的 FPGA 引脚约束信息和电平标准。

```
set_property PACKAGE_PIN L16 [get_ports clk] set_property
PACKAGE_PIN G15 [get_ports rst] set_property
PACKAGE_PIN M14 [get_ports {led[0]}] set_property
PACKAGE_PIN M15 [get_ports {led[1]}] set_property
PACKAGE_PIN G14 [get_ports {led[2]}] set_property
PACKAGE_PIN D18 [get_ports {led[3]}] set_property
IOSTANDARD LVCMOS33 [get_ports {led[3]}] set_property
IOSTANDARD LVCMOS33 [get_ports {led[2]}] set_property
IOSTANDARD LVCMOS33 [get_ports {led[1]}] set_property
IOSTANDARD LVCMOS33 [get_ports {led[0]}] set_property
IOSTANDARD LVCMOS33 [get_ports clk] set_property
IOSTANDARD LVCMOS33 [get_ports rst]
```

3. 工程实现

(1) 选择 Flow Navigator→Program and Debug→Generate Bitstream 选项，工程会自动完成综合、实现、bit 文件生成过程，如图 3-71 所示。完成之后，可选中 Open Implemented Design 单选按钮来查看工程实现结果。

(2) 选择 Program and Debug→Open Hardware Manager 选项，进入硬件编程管理界面，如图 3-72 所示。

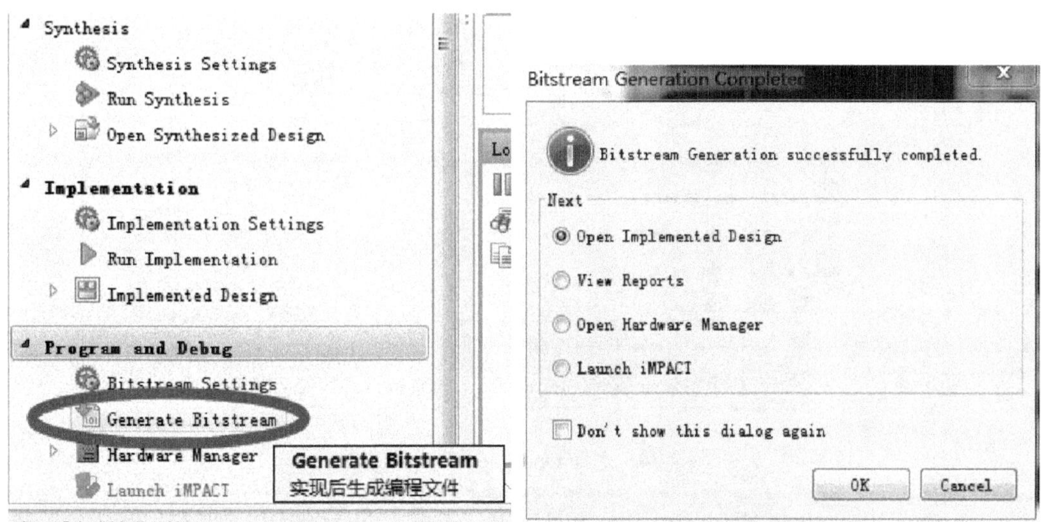

图 3-71　选中 Generate Bitstream 单选按钮

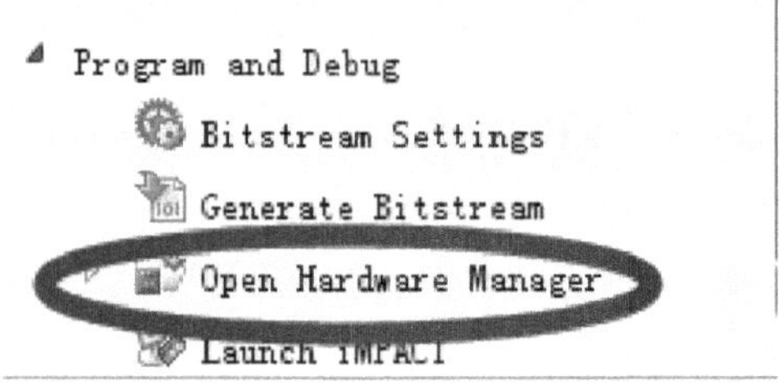

图 3-72　选择 Open Hardware Manager 选项

(3) 在提示的信息中，选择 Open a new hardware target(或选择 Flow Navigator→Hardware Manager→Open New Target 选项)，如图 3-73 和图 3-74 所示。

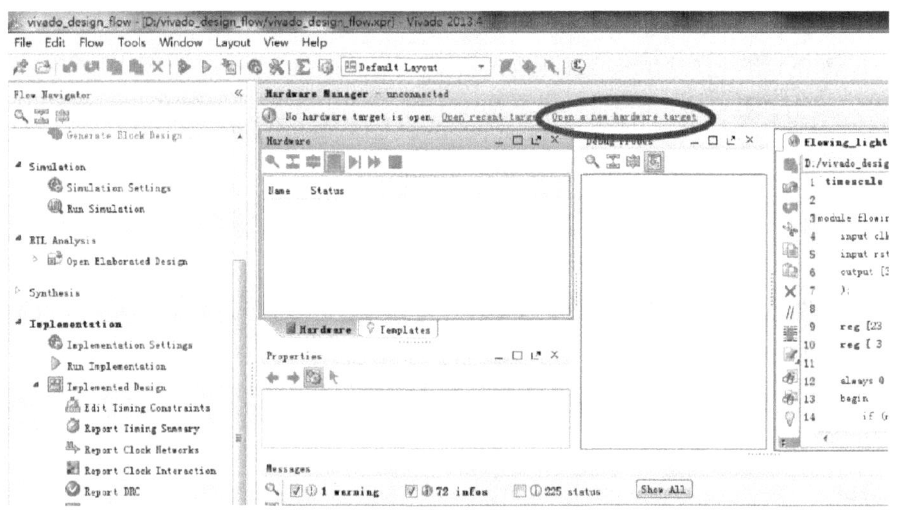

图 3-73　选择 Open a new hardware target 选项

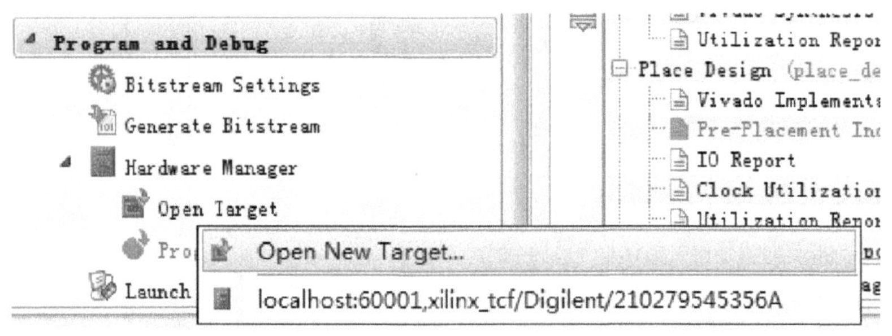

图 3-74　选择 Open New Target 选项

(4) 在弹出的 Open Hardware Target 向导中，先单击 Next 按钮，如图 3-75 所示。进入 Server 选择向导。

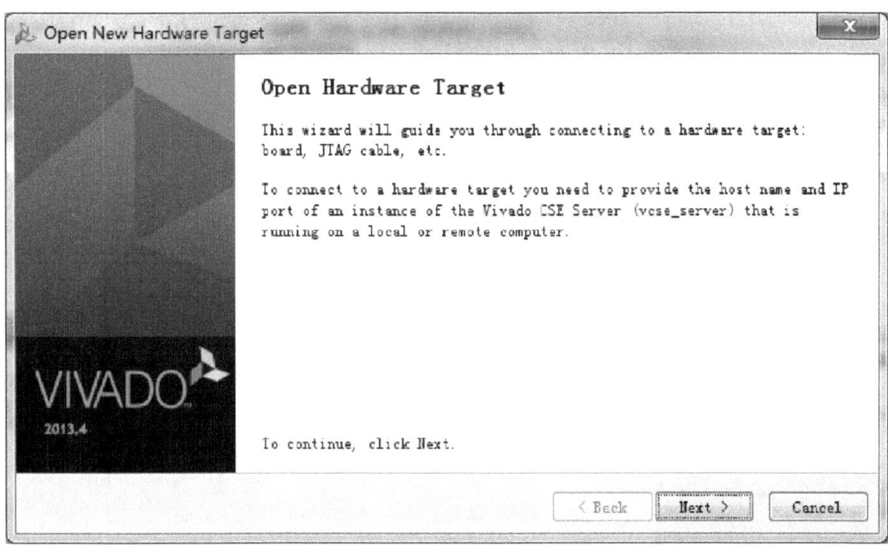

图 3-75　Open Hardware Target 向导

(5) 保持默认的 Server name 为 localhost：60001，如无默认，在下拉列表框中选择即可。连接好板卡的 PROG 端口，并上电。单击 Next 按钮，如图 3-76 所示。

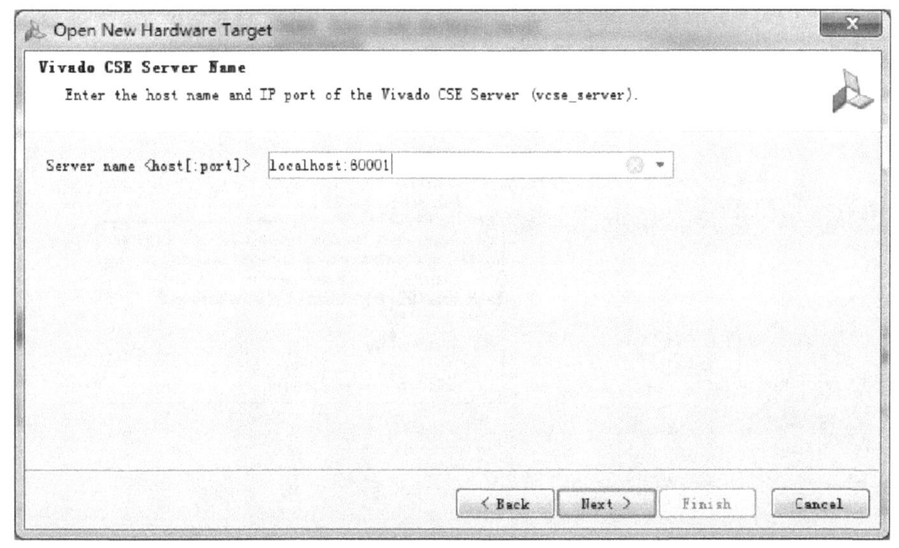

图 3-76　设置 Server name

(6) 依次单击 Next、Next、Finish 按钮完成新建 Hardware Target，如图 3-77 所示。

(7) 此时，Hardware 一栏中出现硬件平台上可编程的器件。此处以 Zynq-7000 为例，故出现两个器件，如果是纯 FPGA 的平台，该处只有一个器件。在对应的 FPGA 器件上右击，选择 Assign Programming File 命令，指定所需的.bit 文件，如图 3-78 所示(系统默认已存在该工程的.bit 文件，如不需更改，可跳过该步骤)。

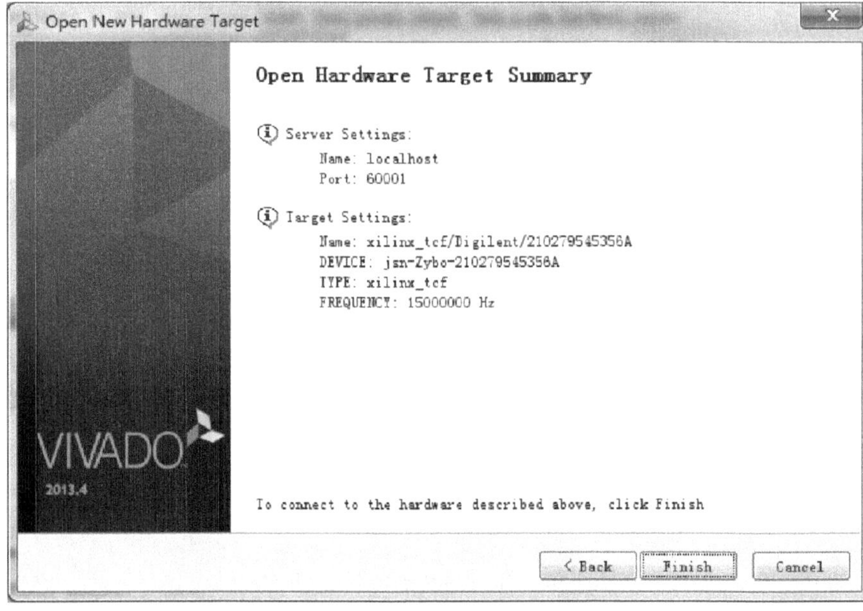

图 3-77 完成新建 Hardware Target

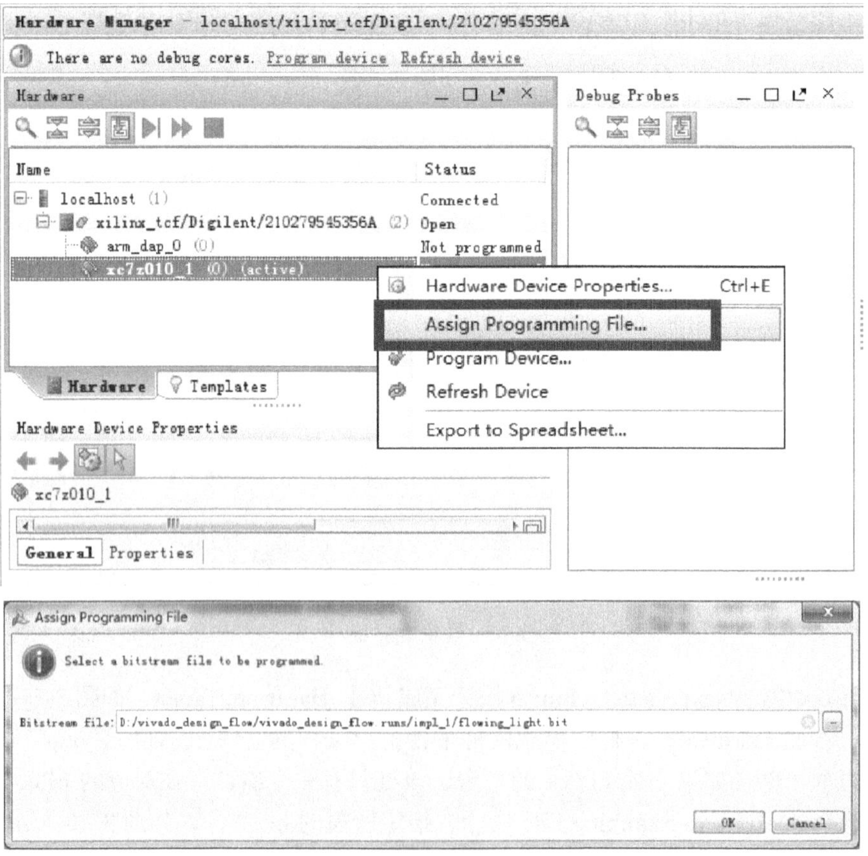

图 3-78 指定所需的.bit 文件

(8) 在 FPGA 器件上右击，选择 Program Device 命令，或选择 Flow Navigator→Hardware Manager→Program Device 选项，如图 3-79 所示。

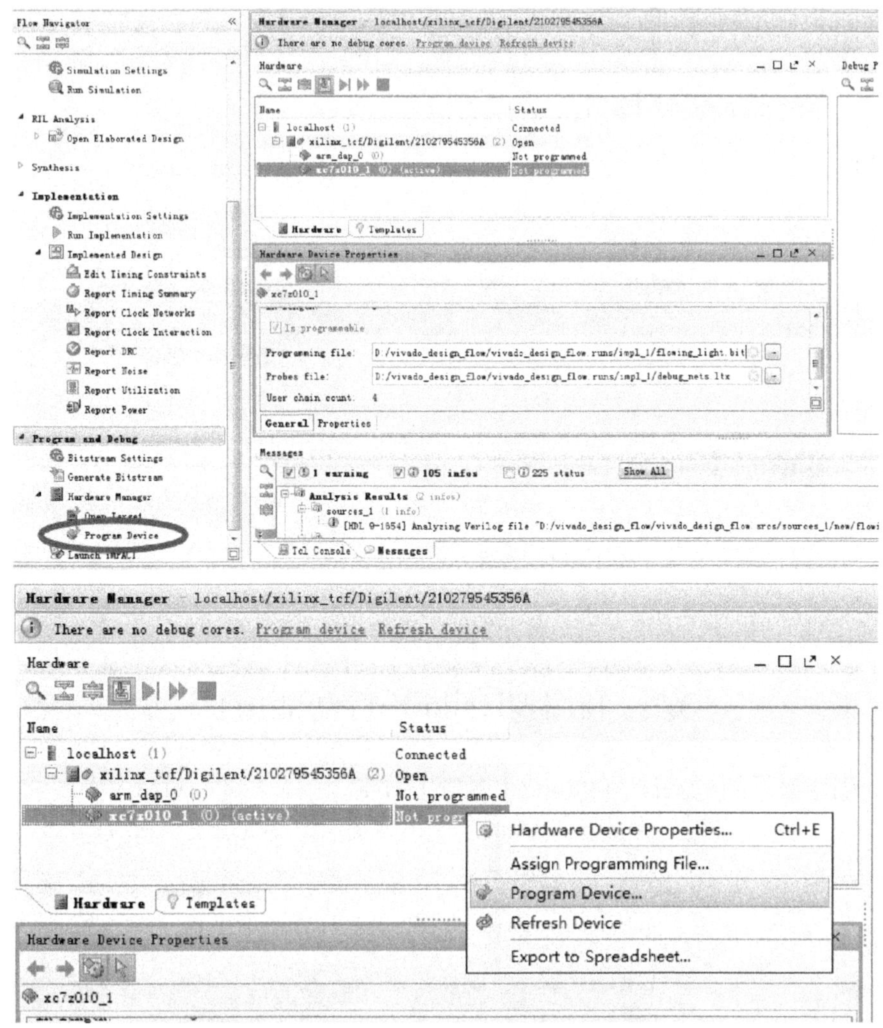

图 3-79　选择 Program Device 选项

(9) 如图 3-80 所示，单击 OK 按钮，将 bit 文件下载到板卡上的 FPGA 中，此时 Hardware 对应的 FPGA 状态即变为 Programmed，如图 3-81 所示。

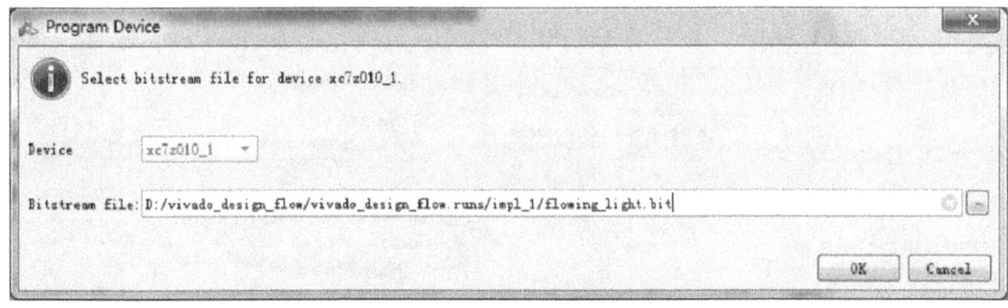

图 3-80　单击 OK 按钮进行下载

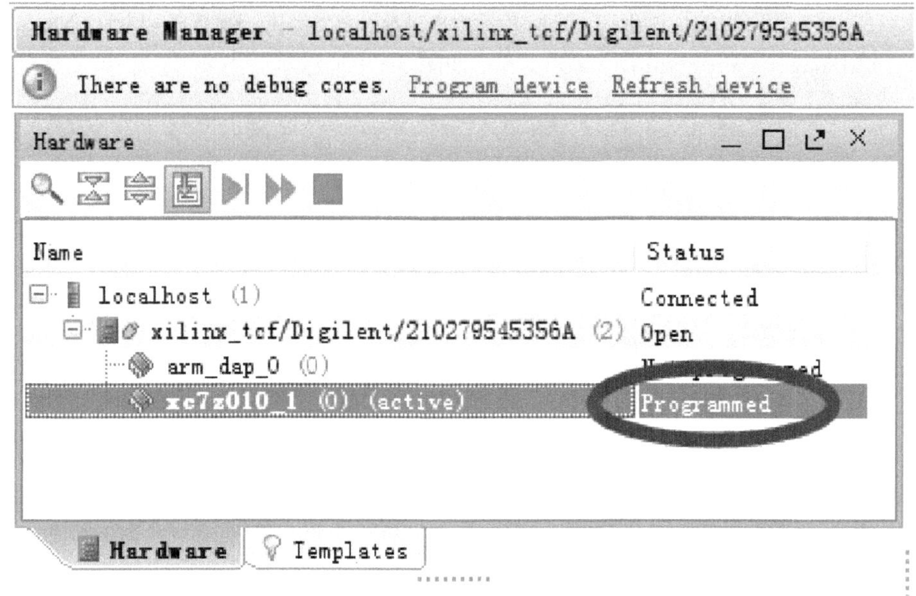

图 3-81 显示为 Programmed 状态

至此设计完成。

3.7 利用 Vivado 进行功能仿真

(1) 创建激励测试文件，在 Source 窗格中右击，选择 Add Sources 命令，如图 3-82 所示。

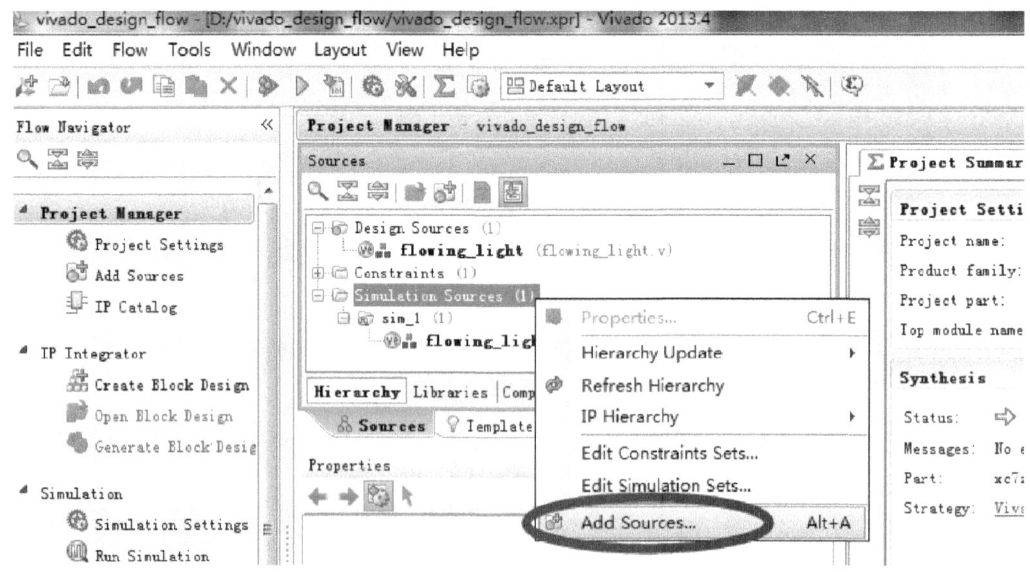

图 3-82 添加源文件选项

(2) 在 Add Sources 界面中选中 Add or Create Simulation Sources 单选按钮，单击 Next 按钮，如图 3-83 所示。

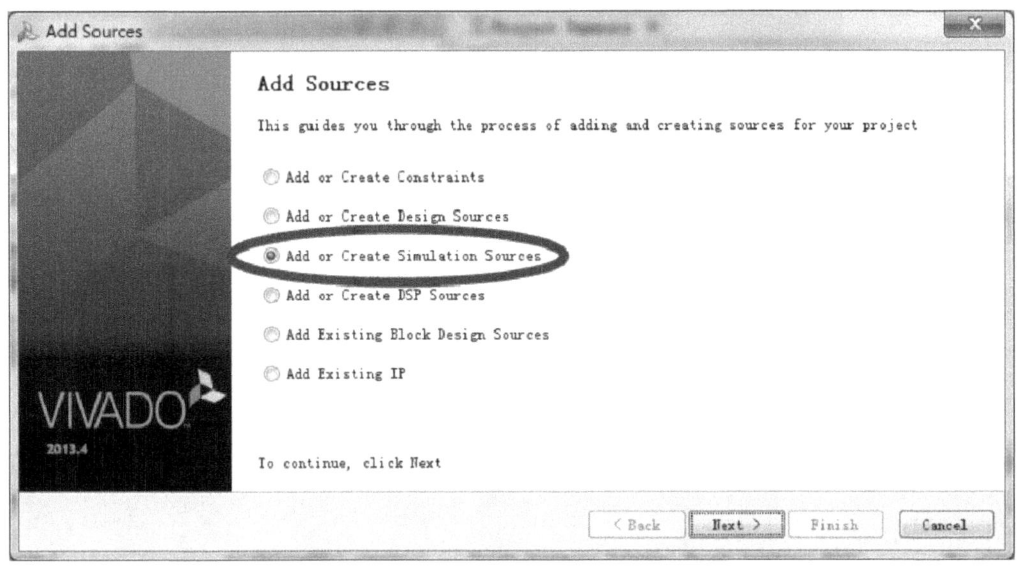

图 3-83　添加或创建激励测试文件选项

(3) 单击 Create File 按钮，创建一个新的激励测试文件，如图 3-84 所示。

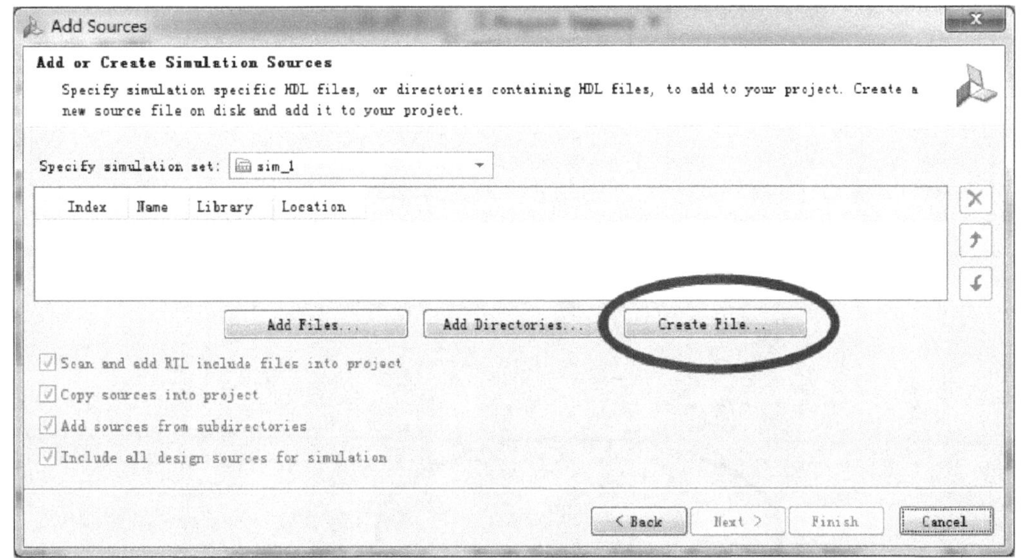

图 3-84　创建新的激励测试文件

(4) 输入激励测试文件名，单击 OK 按钮，如图 3-85 所示。然后单击 Finish 按钮，如图 3-86 所示。弹出 Module 端口定义对话框，由于此处是激励测试文件，不需要有对外的接口，所以此处为空。单击 OK 按钮，如图 3-87 所示。此时，空白的激励测

试文件就建好了。

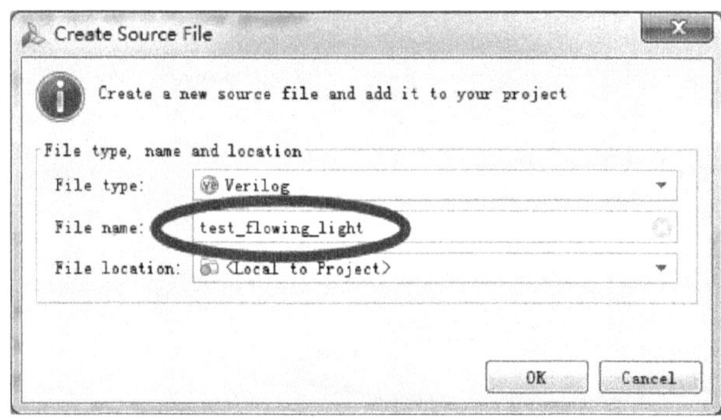

图 3-85　输入激励测试文件名

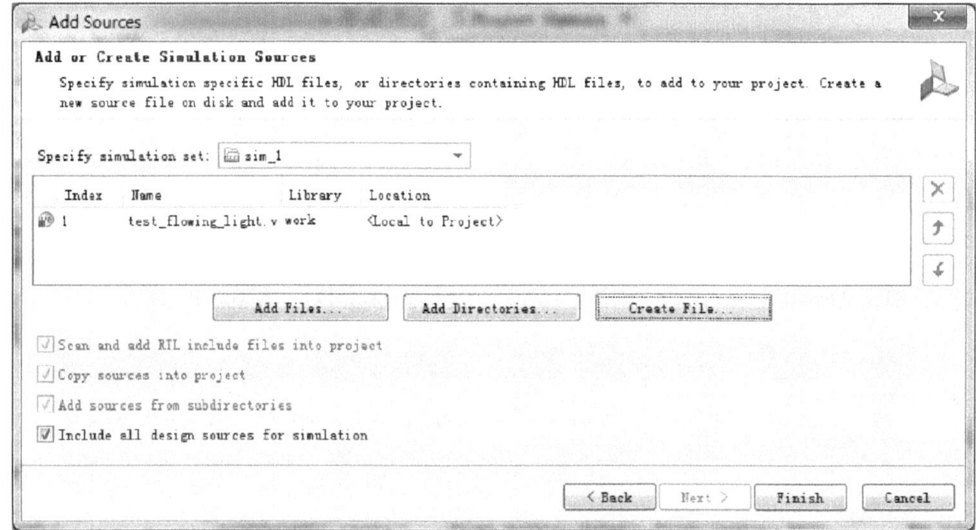

图 3-86　完成创建激励测试文件

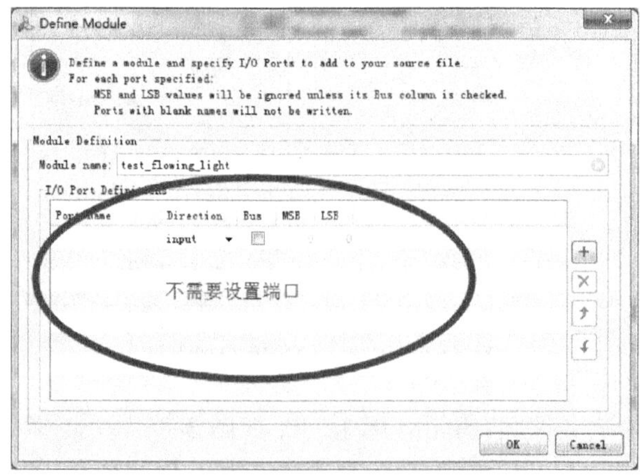

图 3-87　Module 端口定义对话框

(5) 在 Sources 窗格双击打开空白的激励测试文件，完成对将要仿真的 Module 的实例化和激励代码的编写，如图 3-88 所示。

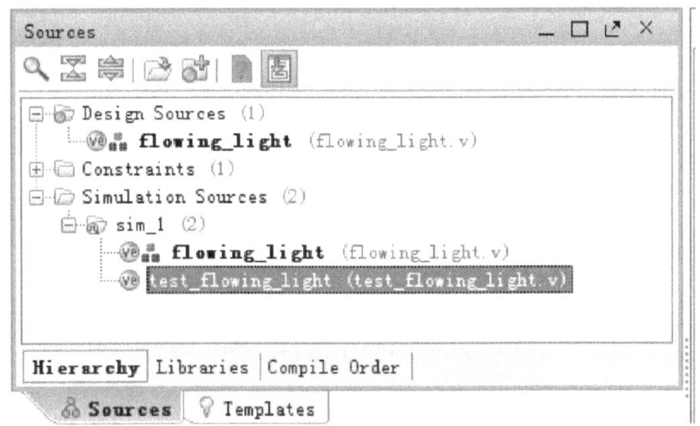

图 3-88　双击打开空白的激励测试文件

激励代码如下。

```
`timescale 1ns / 1ps module
test_flowing_light( );

        reg clk;
reg rst;
wire [3 : 0] led;
flowing_light u0(
          .clk(clk),
          .rst(rst),
          .led(led) );
parameter PERIOD = 10;
                always
begin clk = 1'b0;
#(PERIOD/2) clk = 1'b1;
#(PERIOD/2);          end
      initial begin            clk = 1'b0;
      rst = 1'b0;          #100;
      rst = 1'b1;          #100;
      rst = 1'b0;     end
      endmodule
```

激励测试文件完成之后，工程目录如图 3-89 所示。

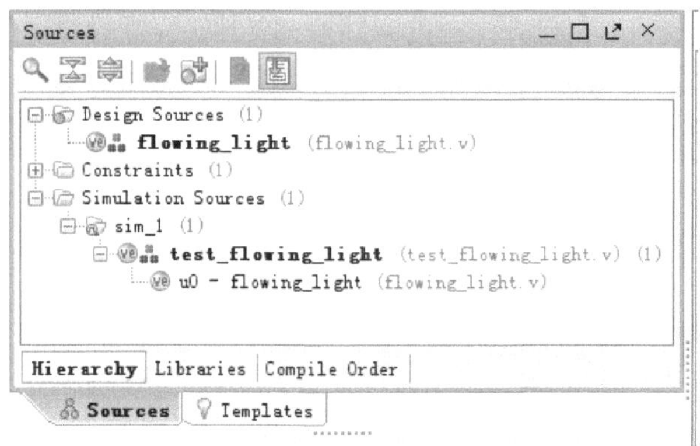

图 3-89　添加激励测试文件后的工程目录

(6) 此时进入仿真。在左侧 Flow Navigator 窗格中选择 Simulation→Run Simulation →Run Behavioral Simulation 选项，如图 3-90 所示，进入仿真界面，如图 3-91 所示。

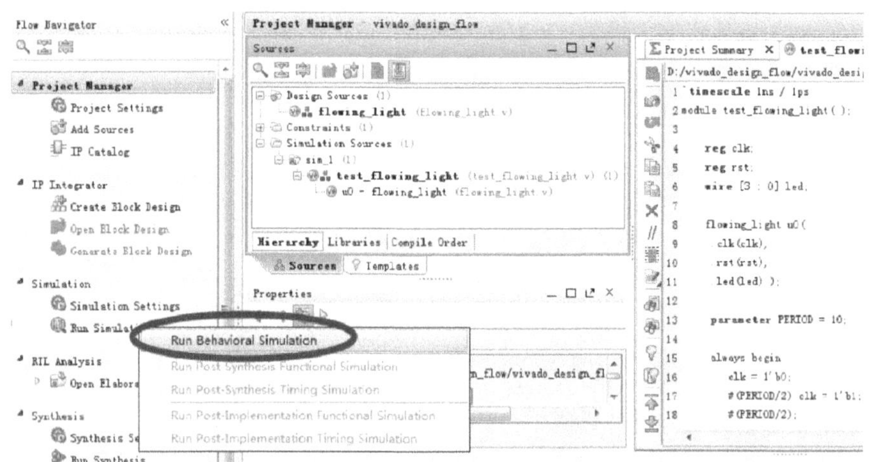

图 3-90　选择 Run Behavioral Simulation 选项

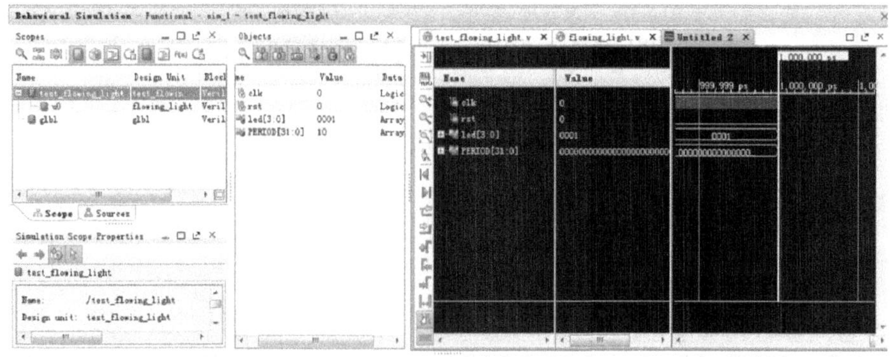

图 3-91　仿真界面

(7) 可通过左侧 Scopes 窗格中的目录结构定位到设计者想要查看的 Module 内部寄存器，在 Objects 对应的信号名称上右击，选择 Add To Wave Window 命令，将信号加入波形图中，如图 3-92 所示。

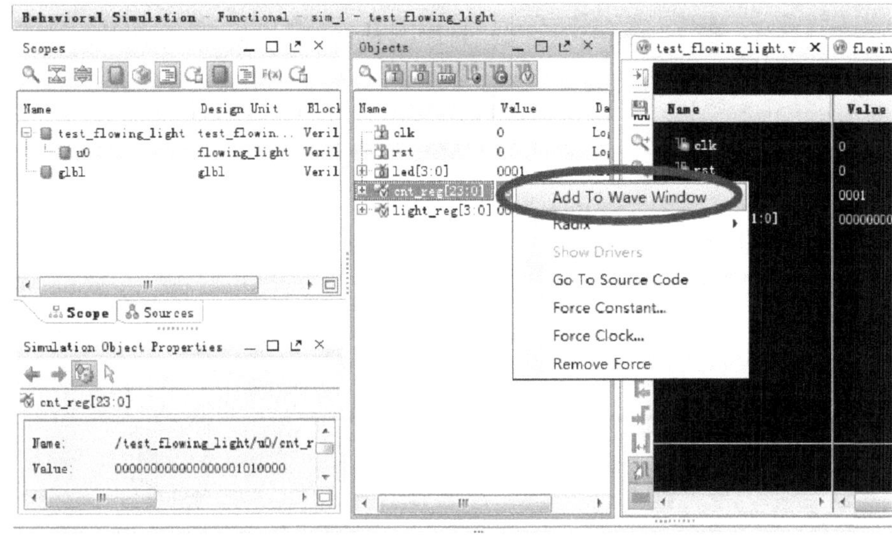

图 3-92　在仿真波形中添加信号

可通过选择工具栏中的如下选项来进行波形的仿真时间控制。工具条如图 3-93 所示，上面的图标分别表示复位波形(即清空现有波形)、运行仿真、运行特定时长的仿真、仿真时长设置、仿真时长单位、单步运行、暂停等

图 3-93　仿真时间控制工具条

(8) 最终得到的仿真效果图如图 3-94 所示。核对波形与预设的逻辑功能是否一致，仿真完成。

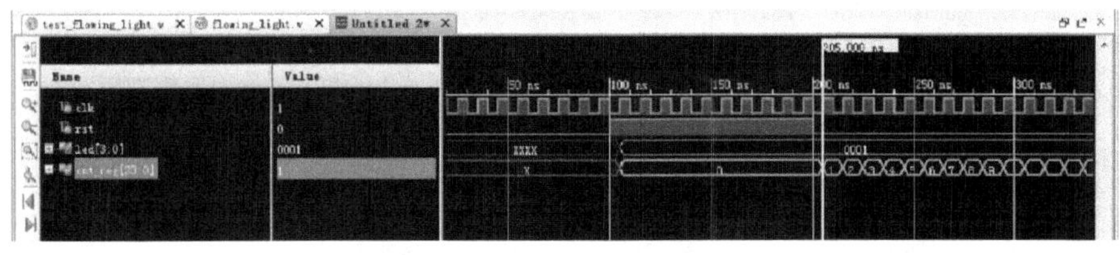

图 3-94　仿真效果图

第 4 章　数字设计 FPGA 开发语言 HDL

4.1　HDL 概述

硬件描述语言(Hardware Description Language, HDL)是一种用于设计硬件电子系统的计算机语言，它用软件编程的方式来描述电子系统的逻辑功能、电路结构和连接形式，与传统的门级描述方式相比，它更适合大规模系统的设计。目前市场主流有两种语言 VHDL 和 Verilog HDL。

4.2　VHDL

视频1

超高速集成电路硬件描述语言(Very-High-Speed Integrated Circuit Hardware Descripti on Language, VHDL)，在基于可编程芯片 CPLD/FPGA 和 ASIC 的数字系统设计中有着广泛的应用，于 1983 年美国国防部负责开发，1987 年被美国国防部和 IEEE 确认为标准的硬件描述语言。自 IEEE 公布了 VHDL 的第一个标准版本 IEEE-1076-1987 之后，各大 EDA 公司都相继推出了自己支持 VHDL 的 EDA 设计工具。VHDL 在电子设计领域得到了广泛的认同，并逐步取代了原有的非标准硬件描述语言。

1993 年 IEEE 对 VHDL 进行了修订，从更高的抽象层次和系统描述能力上扩展 VHDL 的内容，公布了新版本的 VHDL，即 IEEE 标准的 1076-1993 版本。1996 年，IEEE 将电路合成的程式标准与规格加入到 VHDL 中。现在 VHDL 和 Verilog 作为 IEEE 的工业标准硬件描述语言，又得到众多 EDA 公司的支持，在电子工程领域已成为事实上的通用硬件描述语言。有专家认为，在 21 世纪，VHDL 与 Verilog 语言将承担起几乎全部的数字系统设计任务。

4.2.1　基本结构

视频2

VHDL 主要结构由实体定义和结构体定义组成，完整结构包括：库、程序包、实体、结构体、配置等。其程序包是已有资源的调用，也是自己写好的定义放入程序包进行共享资源的调用。

VHDL 程序结构一般分为三个部分。

1) USE 声明区

说明程序包库名称和程序包名称，也可理解为元件库名称与元件包装名称。

2) ENTITY 声明区

电路外观描述，包含设计电路的实体名称、引脚定义及引脚属性说明。

3) ARCHITECTURE 声明区

电路内部功能描述，包含设计电路内部信号、变量的声明和彼此间逻辑关系及逻辑功能的描述。

有时，某些 VHDL 程序还包含配置结构的设置，主要用于某个实体有多个结构体描述其功能时，对特定结构体进行选择控制。主要用于行为仿真。

VHDL 程序基本结构如图 4-1 所示。

VHDL 基本结构案例如下。

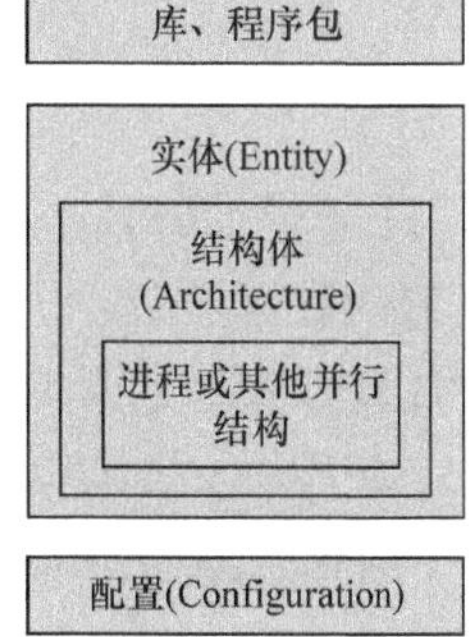

图 4-1　VHDL 程序基本结构图

```
LIBRARY IEEE;
USEIEEE.STD_LOGIC_1164.ALL;
USEIEEE.STD_LOGIC_ARITH.ALL;
USEIEEE.STD_LOGIC_UNSIGNED.ALL;
```

——USE 声明区

```
ENTITY MUX41 IS
PORT(A,B,C,D,S1,S2: IN STD_LOGIC;
        Y: OUT STD_LOGIC);
END MUX;
```

——ENTITY 声明区

```
ARCHITECTURE ART OF MUX IS
SIGNALSEL:STD_LOGIC_VECTOR(2DOWNTO1);
BEGIN
```

——ARCHITECTURE 声明区

```
PROCESS(A,B,C,D,SEL)
BEGIN
    CASE SEL IS
    WHEN "00" => Y=A;
    WHEN "01" => Y=B;
    WHEN "10" => Y=C;
    WHEN OTHERS => Y=D;
    END CASE;
END PROCESS;
```

——ARCHITECTURE 结构功能描述

```
SEL<= S2 &S1;
END ART;
```

视频3

1. 库

库(LIBRARY)是一种用来存储预先完成的程序包数据集合体和元件的仓库，如预先定义好的数据类型、子程序等设计单元的集合体程序包，或预先设计好的各种设计实体元件库程序包。通常库中放置不同数量的程序包，而程序包中又可放置不同数量的子程序，子程序中又含有函数、过程、设计实体(元件)等基础设计单元。

VHDL 语言库按应用类型分有设计库和资源库，其设计库是指具体设计项目中设定的目录所对应的 WORK 库，资源库是指常规元件和标准模块存放的库，如 IEEE 库。按显示方式可分为显式库和隐式库，显式库是指库中的程序包所定义的资源不是用 VHDL 描述的，应用该程序包的资源则必须用显示命令将对应的库表达出来，如使用 STD_LOGIC 数据类型定义信号，则必须先调用 IEEE 库，即 LIBRARY IEEE；隐式库是指库中资源信息是用 VHDL 进行定义和描述的，程序设计时可直接使用该库中的资源信息，如 STD 库中的 BIT、INTEGER 数据类型使用，不写库调用语句 LIBRARY STD。

1) 库的种类

(1) IEEE 库。IEEE 库是最常用的资源库，包含 IEEE 标准的程序包和其他一些支持工业标准的程序包。IEEE 库中的标准程序包主要包括 STD_LOGIC_1164、NUMERIC_BIT 和 NUMERIC_STD 等程序包。其中的 STD_LOGIC_1164 是最重要和最常用的程序包，大部分基于数字系统设计的程序包都是以此程序包中设定的标准为基础的。此外还有一些非 IEEE 标准的程序包，因已成事实上的工业标准而并入了 IEEE 库，最常用的是 Synopsys 公司的 STD_LOGIC_ARITH、STD_LOGIC_SIGNED 和 STD_LOGIC_UNSIGNED 等程序包。另外需要注意的是，在 IEEE 库中符合 IEEE 标准的程序包并非符合 VHDL 标准，如 STD_LOGIC_1164 程序包，因此在使用 VHDL 设计实体的前面必须显式表达出来，即在对应的库中采用 USE 语句调用需求的程序包。

(2) STD 库。STD 库内包含了两个标准程序包：STANDARD 和 TEXTIO 程序包(文件输入/输出程序包)。由于 STD 库符合 VHDL 标准，在应用中不必如 IEEE 库那样以显式表示和调用，只要在 VHDL 应用环境中即可随时调用这两个程序包中的所有内容，即在编译和综合过程中 VHDL 的每一项设计都自动地将其包含进去了。

(3) WORK 库。WORK 库是用户 VHDL 设计的现行工作库，用于存放用户设计和定义的一些设计单元和程序包，因而是用户的临时仓库。用户设计项目的成品、半成品模块，以及先期已设计好的元件都放在 WORK 库中。因库中设计时自动满足 VHDL 标准，所以实际应用中，也不必显式调用。

2) 库的调用

如果要在一项 VHDL 设计中用到某一程序包就必须在这项设计中预先打开这个程序包，打开的方式是，先打开存放程序包的库，再打开对应的程序包。其语句和格式如下：

```
LIBRARY  IEEE;
USE  IEEE.STD_LOGIC_1164.ALL;
USE  IEEE.STD_LOGIC_UNSIGNED.CONV_INTEGER;
```

上例表明，要使用 IEEE 库中 STD_LOGIC_1164 包集合中的所有过程和函数，这里项目名为 ALL，表示包集合中的所有项目都要用。项目名为 CONV_INTEGER，表明 UNSIGNED 程序包中只有 CONV_INTEGER 函数才对实体开放。

LIBRARY 指明所使用的库名，USE 语句指明库中的程序包。USE 语句的使用将使所说明的程序包对本设计实体部分或全部开放，有两种表达格式：

USE 库名.程序包名.项目名

USE 库名.程序包名.ALL

在 VHDL 中，库的说明语句总是放在实体单元前面。这样，在设计实体内的语句时就可以使用库中的数据和文件。由此可见，库的用处在于使设计者可以共享已经编译过的设计成果。VHDL 允许在一个设计实体中同时打开多个不同的库，但库之间必须是相互独立的。

2. 程序包

程序包(PACKAGE)是将已定义的常数、数据类型、元件语句、子程序等收集起来组成一个集合，以便被更多的 VHDL 设计实体进行访问和共享。

程序包结构：由程序包的说明(程序包首)和程序包的内容(程序包体)两部分组成，一个完整的程序包中包首的程序包名与包体的程序包名是同一个名字。

1) 程序包说明(包首)

语法结构如下：

```
PACKAGE 程序包名 IS
    { 包说明项 }
END 程序包名;
```

程序包首的说明部分可收集多个不同的 VHDL 设计所需的公共信息，其中包括数据类型说明、子数据类型说明、常量说明、信号说明、子程序说明、元件说明等。所有这些信息虽然也可以在每一个设计实体中进行单独的定义和说明，但如果将这些经常用到的并具有一般性的说明定义放在程序包中供随时调用，显然可以提高设计的效率和程序的可读性。

程序包结构中，程序包体并非总是必需的，程序包首也可以独立定义和使用。

包首说明参见示例程序 4-1。

【程序 4-1】

```
PACKAGE EXAMP IS                                          --- 程序包首开始
   TYPE BYTE IS RANGE 0 TO 255;                           --- 定义数据类型 BYTE
   SUBTYPE NIBBLE IS BYTE RANGE 0 TO 15;                  --- 定义子类型 NIBBLE
   CONSTANT BYTE_FF : BYTE := 255;                        --- 定义常数 BYTE_FF
   SIGNAL ADDEND : NIBBLE;                                --- 定义信号 ADDEND
   COMPONENT BYTE_ADDER                                   --- 定义元件
       PORT( A, B : IN BYTE;
              C : OUT BYTE;
              OVERFLOW : OUT BOOLEAN );
       END COMPONENT;
   FUNCTION MY_FUNCTION (A : IN BYTE) RETURN BYTE;        --- 定义函数
END EXAMP;                                                --- 程序包首结束
```

利用 USE 语句，按如下方式获得访问此程序包的方法：

```
LIBRARY WORK
USE WORK.EXAMP.ALL;
ENTITY  …
ARCHITHCYURE …
…
```

由于 WORK 库是默认打开的，所以可省去 LIBRARY WORK 语句，只要加入相应的 USE 语句即可。下面是一个具体的程序包在现行 WORK 库中的定义与调用，见示例程序 4-2。

【程序 4-2】

```
PACKAGE SEVEN IS
     SUBTYPE SEGMENTS IS BIT_VECTOR(0 TO 6);
     TYPE BCD IS RANGE 0 TO 9;
END SEVEN;
USE WORK.SEVEN.ALL;
ENTITY DECODER IS
      PORT(INPUT: IN BCD;
              DRIVE: OUT SEGMENTS);
END DECODER;
ARCHITECTURE ART OF DECODER IS
BEGIN
```

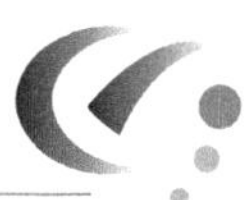

```
WITH INPUT SELECT
    DRIVE<= B"0000001" WHEN 0,
             B"1001111" WHEN 1,
             B"0010010" WHEN 2,
             B"0000110" WHEN 3,
             B"1001100" WHEN 4,
             B"0100100" WHEN 5,
             B"0100000" WHEN 6,
             B"0001111" WHEN 7,
             B"0000000" WHEN 8,
             B"00000100" WHEN 9,
             B"1111111" WHEN OTHERS;
END   ART;
```

程序 4-2 是一个可以直接综合的 4 位 BCD 码向七段数码显示器转换的 VHDL。该程序在程序包 seven 中定义了两个新的数据类型 SEGMENTS 和 BCD。在七段数码显示器 DECODER 的实体描述中使用了这两个数据类型。由于 WORK 库默认是打开的，程序中只加入了 USE 语句。

2) 程序包体

程序包体将包括在程序包首中已定义的子程序的子程序体，其内容是子程序体的实现算法。程序包体语法结构如下。

```
PACKAGE BODY 程序包名 IS
    { 包体说明项 }
END 程序包名;
```

程序包体说明部分的组成内容可以是 USE 语句、子程序定义、子程序体、数据类型说明、子类型说明和常数说明等。对于没有具体子程序说明的程序包体可以省去。

包首与包体关系：程序包体并非必需的，只有在程序包中要说明子程序时，程序包体才是必需的；程序包首可以独立定义和使用。

常用的预定义的程序包如下。

(1) STD_LOGIC_1164 程序包。

STD_LOGIC_1164 程序包是 IEEE 库中最常用的程序包，包含了一些预定义好的数据类型、子类型和函数，包中定义了两个非常有用的数据类型 STD_LOGIC 和 STD_LOGIC_VECTOR，定义了这两个数据类型的所有逻辑运算。

(2) STD_LOGIC_ARITH 程序包。

STD_LOGIC_ARITH 是 Synopsys 公司的程序包，纳入 IEEE 库，此程序包在 STD_LOGIC_1164 程序包的基础上扩展了三个数据类型 UNSIGNED、SIGNED 和 SMALL_INT，并为其定义了相关的算术运算符和转换函数。

(3) STD_LOGIC_UNSIGNED 和 STD_LOGIC_SIGNED 程序包。

STD_LOGIC_UNSIGNED 和 STD_LOGIC_SIGNED 程序包都是 Synopsys 公司的程

序包，都预先编译在 IEEE 库中，这些程序包重载了可用于 INTEGER 型及 STD_LOGIC 和 STD_LOGIC_VECTOR 型混合运算的运算符,并定义了一个由 STD_LOGIC_VECTOR 型到 INTEGER 型的转换函数。这两个程序包的区别是，STD_LOGIC_SIGNED 中定义的运算符考虑到了符号，是有符号数的运算。

程序包 STD_LOGIC_ARITH、STD_LOGIC_UNSIGNED 和 STD_LOGIC_SIGNED 虽然未成为 IEEE 标准，但已经成为事实上的工业标准，绝大多数的 VHDL 综合器和 VHDL 仿真器都支持它们。

(4) STANDARD 和 TEXTIO。

STANDARD 和 TEXTIO 程序包是 STD 库中的预编译程序包。

STANDARD 程序包中定义了许多基本数据类型、子类型和函数。定义的最基本数据类型有 Bit、bit_vector、Boolean、Integer、Real、Time，并支持这些数据类型的所有运算符函数。

TEXTIO 程序包定义了支持文本文件操作的许多类型和子程序，在使用本程序包之前需加语句 USE STD.TEXTIO.ALL。TEXTIO 程序包主要仅供仿真器使用，可以用文本编辑器建立一个数据文件，文件中包含仿真时需要的数据，然后仿真时用 TEXTIO 程序包中的子程序存取这些数据。在 VHDL 综合器中此程序包被忽略。

视频4

3. 实体

实体描述的是设计电路对外接口进行的说明，由实体定义和端口描述两部分组成，是电路集成于芯片对外的可视化描述，是语言必须具有的组成部分。

设计实体可以拥有一个或多个结构体,用于描述此设计实体的逻辑结构和逻辑功能。对于外界来说结构体是不可见的。

1) 实体语法结构

实体说明必须按照这一结构来编写，实体应以语句“ENTITY 实体名 IS”开始，以语句“END ENTITY 实体名；”结束。其中的实体名可以由设计者自己添加。中间在方括号内的语句描述，在特定的情况下并非是必需的。例如，构建一个 VHDL 仿真测试等情况中可以省去方括号中的语句。

```
ENTITY 实体名 IS
[GENERIC(类属表)；]
[PORT(端口表)；]
END ENTITY 实体名；
```

2) 实体名

一个设计实体无论多大和多复杂,在实体中定义的实体名即为这个设计实体的名称，代表电路名称或器件封装名称。实体名称定义规则最好由“A～Z”字符、“0～9”数字和下划线“_”组成，实体名开头字符最好用“A～Z”，不要用数字符号和下划线，名字结尾最好不用下划线。实体命名一般大小写符号是不加区分的。

3) GENERIC 类属声明

类属 GENERIC 参量是一种端口界面常数，常以一种说明的形式放在实体或块结构体前的说明部分。类属为所说明的环境提供了一种静态信息通道。类属与常数不同，常

数只能从设计实体的内部得到赋值，且不能再改变，而类属的值可以由设计实体外部提供。因此，设计者可以从外面通过类属参量的重新设定而容易地改变一个设计实体或一个元件的内部电路结构和规模。

类属声明基本格式如下：

```
GENERIC(常数名：数据类型[：=设定值]
   {常数名：数据类型[：=设定值]})
```

类属参量以关键词 GENERIC 引导一个类属参量表，在表中提供时间参数或总线宽度等静态信息。类属表说明用于设计实体和其外部环境通信的参数，传递静态的信息。类属在所定义的环境中的地位与常数十分接近，却能从环境(如设计实体)外部动态地接受赋值，其行为又有点类似于端口。因此常用类属说明实体定义部分，且放在端口说明语句的前面。

在一个实体中定义的来自外部赋入的类属值，可以在实体内部或与之相应的结构体中读到。对于同一个设计实体，可以通过 GENERIC 参数类属的说明，为它创建多个行为不同的逻辑结构。比较常见的情况是利用类属来动态规定一个实体的端口的大小，或设计实体的物理特性，或结构体中的总线宽度，或设计实体中底层同种元件的例化数量等。

类属声明中的数据类型通常取 INTEGER 或 TIME 等类型，设定值即为常数名所代表的数值。但需注意，VHDL 综合器仅支持数据类型为整数的类属值。

程序 4-3～程序 4-6 为 GENERIC 声明的应用。

【程序 4-3】

```
ENTITY ADDER IS
    GENERIC(WIDTH: INTEGER:=8);
    PORT(DATA_A,DATA_B:IN STD_LOGIC_VECTOR (WIDTH-1 DOWNTO 0));
     …
END ADDER;
```

程序 4-3 中，实体的类属声明为端口输入数据宽度。

【程序 4-4】

```
ENTITY AND2 IS
     GENERIC(RISEWIDTH: TIME:= 1 NS; FALLWIDTH: TIME:= 1 NS);
     PORT(A1, A0: IN STD_LOGIC;
            Z0: OUT STD_LOIGC);
END ENTITY AND2;
```

程序 4-4 中，实体的类属声明的是信号上升沿、下降沿时间。但数据类型 TIME 仅用于仿真设计。综合器不支持时间数据类型。

【程序 4-5】

```
LIBRARY IEEE;
USE IEEE.STD_LOGIC_1164.ALL;
```

```
ENTITY ANDN IS
      GENERIC ( N : INTEGER );
      PORT(A : IN STD_LOGIC_VECTOR(N-1 DOWNTO 0);
              C : OUT STD_LOGIC);
END ANDN;
ARCHITECTURE ART OF ANDN IS
BEGIN
PROCESS (A)
      VARIABLE INT : STD_LOGIC;
BEGIN
    INT := '1';
      FOR I IN A'LENGTH -1 DOWNTO 0 LOOP
         IF A(I)='0' THEN
                  INT := '0';
      END IF;
       END LOOP;
    C <=INT ;
END PROCESS;
END ART;
```

程序 4-5 中，实体的类属声明改变的是电路的规模。

【程序 4-6】

```
LIBRARY IEEE;
USE IEEE.STD_LOGIC_1164.ALL;
ENTITY EXAM IS
         PORT(D1,D2,D3,D4,D5,D6,D7 : IN STD_LOGIC;
              Q1,Q2 : OUT STD_LOGIC);
END;
ARCHITECTURE EXN_BEHAV OF EXN IS
      COMPONENT ANDN
            GENERIC ( N : INTEGER);
            PORT(A: IN STD_LOGIC_VECTOR(N-1 DOWNTO 0);
               C: OUT STD_LOGIC);
END COMPONENT ;
BEGIN
U1: ANDN GENERIC MAP (N =>2)
PORT MAP (A(0)=>D1,A(1)=>D2,C=>Q1);
U2: ANDN GENERIC MAP (N =>5)
PORT MAP (A(0)=>D3,A(1)=>D4,A(2)=>D5,A(3)=>D6,A(4)=>D7, C=>Q2);
```

```
END;
```

程序 4-6 中，GENERIC MAP(*)是元件例化的类属声明，其类属值由上层的调用所给，仅仅通过上层类属值的设定就可改变下层电路的规模，但并不改变下层电路的 VHDL 程序。

4) PORT 端口声明

定义设计实体对外连接的输入/输出信号的名称、工作模式及数据类型。

基本格式如下：

```
PORT (端口名: 端口模式　数据类型;
  {端口名: 端口模式　数据类型} );
```

其中，端口名是指设计实体对外连接通道的名称；端口模式是指这些通道上数据流动的方式，如输入或输出；数据类型是指端口上流动的数据的表达格式或取值类型。

VHDL 是一种强数据类型语言，对语句中所有的端口信号及内部信号和操作数的数据类型有严格的规定，只有相同数据类型的端口信号和操作数才能相互作用。

一个实体通常有一个或多个端口，类似于原理图部件符号上的引脚，实体与外界交流的信息必须通过端口通道流入或流出。

图 4-2 所示为一个二输入的与非门，其实体描述见程序 4-7。

【程序 4-7】

```
LIBRARY IEEE;
USE IEEE.STD_LOGIC_1164.ALL ;
ENTITY NAND2 IS
    PORT(A : IN STD_LOGIC ;
        B : IN STD_LOGIC ;
        C : OUT STD_LOGIC ) ;
END NAND2 ;
...
```

图 4-2 中，实体名称为 NAND2；两个输入信号定义为 A 和 B；一个输出信号定义为 C；输入/输出信号的数据类型均为 STD_LOGIC。

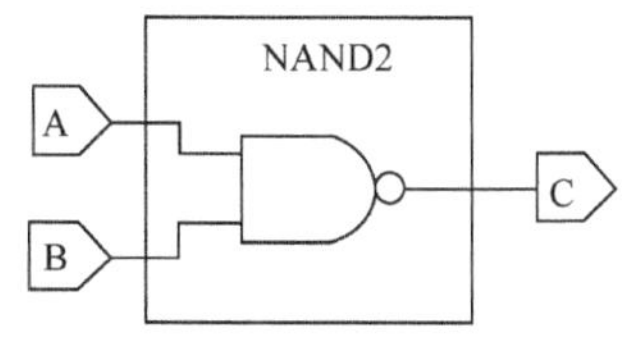

图 4-2　二输入与非门

在基于 VHDL 描述的硬件电路图中，端口对应于器件符号的外部引脚，端口名作为外部引脚的名称，端口模式用来定义外部引脚的信号流向，IEEE 1076 标准程序包中定义了以下常用端口模式。

IN：输入模式，此端口把外部信息读入设计实体，单向只读型，声明的对象只能作为赋值数据源或判断控制源。

OUT：输出模式，此端口是将电路内部处理好的数据送出设计实体，单向只写型，声明的对象只能放在赋值语句的左端，是被赋值对象，不能作为赋值源放在赋值语句

的右端。

INOUT：输入/输出模式，信号既可从该端口读入，也可从该端口输出，双向可读可写型。

BUFFER：反馈输出模式，与 INOUT 相似，可读可写，但读入的数据来自实体的内部。读写信号是同一个数据。

端口模式 IN、OUT、INOUT 与 BUFFER 的应用如图 4-3 所示。

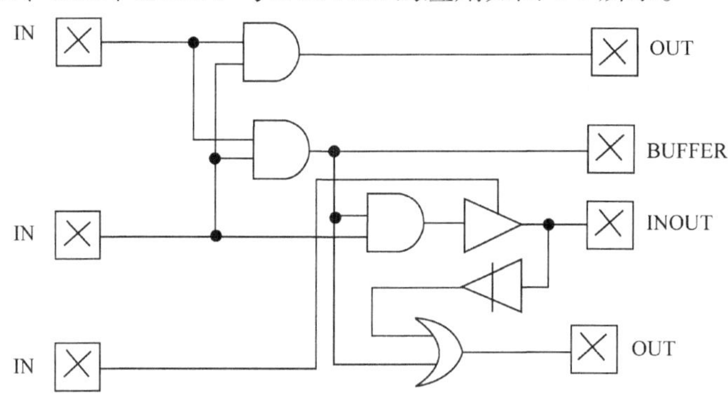

图 4-3　IN、OUT、INOUT、BUFFER 的应用

INOUT 与 BUFFER 的区别：两个端口工作模式均可读写，但是 INOUT 的输入数据来自实体外部，输入与输出不能同时进行；BUFFER 是一个带缓冲模式的输出端口，只是在内部结构中将输出至外端口的信号同时反馈回读到结构体内部，即读写信号均来自结构体内部，且是同一个驱动源，并能同时实现读写功能。

通常实现内部反馈有两种方式，即利用 BUFFER 建立一个缓冲模式的端口，或在结构体内定义一个缓冲节点信号 SIGNAL。BUFFER 应用设计如程序 4-8 和程序 4-9 所示。

【程序 4-8】

```
LIBRARY IEEE;
USE IEEE.STD_LOGIC_1164.ALL ;
ENTITY EXP IS
     PORT (CLK, RST, DIN : IN STD_LOGIC ;
               DOUT1 : BUFFER STD_LOGIC ;
               DOUT2 : OUT STD_LOGIC) ;
END EXP ;
ARCHITECTURE ART1 OF EXP IS
BEGIN
  PROCESS(CLK, RST)
  BEGIN
     IF RST ='0' THEN
       DOUT1 <= '0' ; DOUT2 <= '0' ;
     ELSIF CLK'EVENT AND CLK = '1' THEN
       DOUT1<= DIN ;                ----将由 DIN 读入的数据向 DOUT1 输出
```

```
            DOUT2 <= DOUT1              ----将向 DOUT1 输出的数据回读，并向
                                        ----DOUT2 赋值
        END IF;
    END PROCESS;
    END;
```

综合时 BUFFER 的端口常常被更改为 OUT 模式，一般情况下尽量不定义端口为 BUFFER 模式。处理方法是，将执行 BUFFER 功能的端口定义为 OUT，声明中间信号 SIGNAL，程序对声明的 SIGNAL 信号进行处理，然后将声明处理好的 SIGNAL 信号赋值给该 OUT 端口。操作方法见程序 4-9。

【程序 4-9】

```
LIBRARY IEEE;
USE IEEE.STD_LOGIC_1164.ALL ;
ENTITY EXP IS
    PORT (CLK,RST,DIN : IN STD_LOGIC ;
            DOUT1 : OUT STD_LOGIC ;
            DOUT2 : OUT STD_LOGIC ) ;
END EXP ;
ARCHITECTURE BEHAV1 OF EXP IS
    SIGNAL TMP : STD_LOGIC;      ----定义数据暂存缓冲信号 TMP
BEGIN
PROCESS(CLK,RST)
BEGIN
    IF RST ='0' THEN
     TMP <= '0' ;
       DOUT2 <= '0' ;
     ELSIF CLK'EVENT AND CLK = '1' THEN
       TMP <= DIN ;                ----将由 DIN 读入的数据暂存于 TMP
       DOUT2<= TMP ;     ----将缓冲信号 TMP 中的数据向 DOUT2 赋值
    END IF;
   DOUT1 <= TMP----将缓冲信号 TMP 中的数据向 DOUT1 赋值, 并由此输出
END PROCESS;
END;
```

5) 数据类型

数据类型是指端口上流动的数据的表达格式，一般取程序中预先义好的数据类型。

在实际应用中，端口描述的数据类型主要有 BIT 和位矢量 BIT_VECTOR 两类。若端口的数据类型定义为 BIT，则其信号值是 1 位的二进制数，取值只能是 0 或 1；若端口的数据类型定义为 BIT_VECTOR，则其信号值是一组二进制数，相当于数据总线。IEEE 库 STD_LOGIC_1164 程序包中定义的 STD_LOGIC、STD_LOGIC_VECTOR 是完整的 BIT、BIT_VECTOR 数据类型，除 0 和 1 之外，还有其他的数字逻辑取值，大量使用于端口的数据类型描述。

视频6

4. 结构体

结构体(ARCHITECTURE)是实体所定义的设计实体中的一个组成部分，结构体描述设计实体的内部结构及实体端口间的逻辑关系。结构体由以下两大部分组成。

结构体说明部分：对数据类型、常数、信号、子程序和元件等元素的说明。

结构体功能描述部分：以各种不同的描述风格对设计实体的逻辑功能进行描述。一般描述方法有：采用顺序语句和并行语句描述电路功能的行为描述法；采用元件例化语句、实现实体端口连接关系的结构描述法。结构体组成见图 4-4。

结构体与实体间的关系：一个实体可以有多个结构体，每个结构体对应着实体不同的结构和算法，但同一结构体必须从属于唯一的实体与之对应。对于具有多个结构体的实体，必须用 CONFIGURATION 配置语句指明用于综合的结构体和用于仿真的结构体，即在综合后的可映射于硬件电路的设计实体中，一个实体只能对应一个结构体。在电路中，如果实体代表一个器件符号，则结构体描述了这个符号的内部行为。当把这个符号例化成一个实际的器件安装到电路上时，则需配置语句为这个例化的器件指定一个结构体(即指定一种实现方案)，或由编译器自动选一个结构体。实体与结构体间的关系可参见图 4-5。

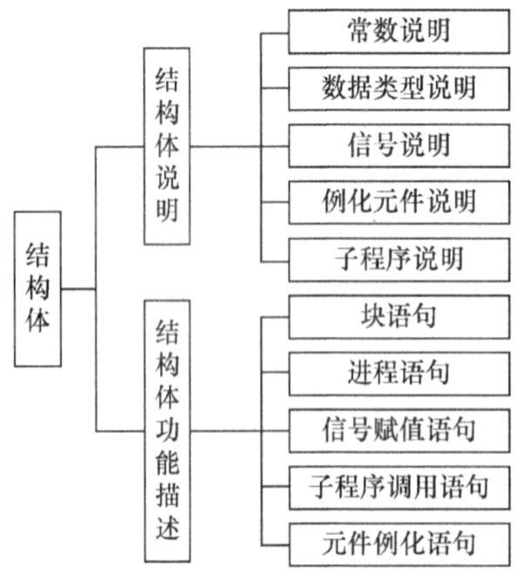

图 4-4　结构体组成

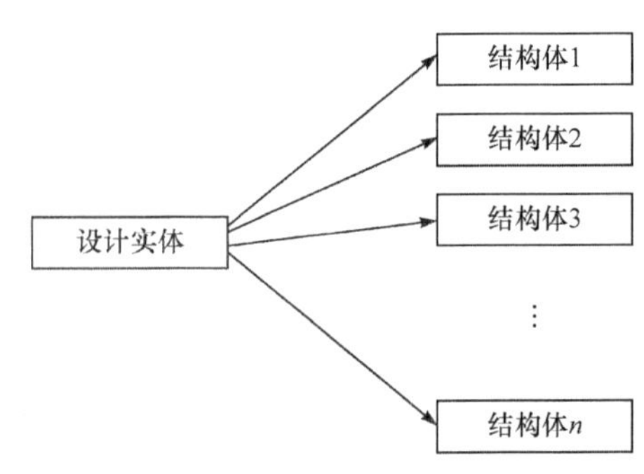

图 4-5　实体与结构体关系图

1) 结构体语法结构

书写格式上，实体名必须是设计实体的名字，而结构体名可以由设计者自己选择，

```
ARCHITECTURE 结构体名 OF 实体名 IS
      [说明语句]
BEGIN
      [功能描述语句]
END ARCHITECTURE 结构体名;
```

但当一个实体具有多个结构体时，结构体的取名不可重复。结构体的说明语句部分必须放在关键词“ARCHITECTURE”和“BEGIN”之间，结构体必须以“END ARCHITECTURE 结构体名”作为结束句。定义语句中的常数、信号不能与实体中的端口同名。

2) 结构体说明语句

结构体中的说明语句用于对结构体的功能描述语句中将要用到的信号(SIGNAL)、数据类型(TYPE)、常数(CONSTANT)、元件(COMPONENT)、函数(FUNCTION) 和过程(PROCEDURE)等加以说明。在一个结构体中说明和定义的数据类型、常数、元件、函数和过程只能用于这个结构体中。如果希望这些定义也能用于其他实体或结构体中，则需要将其作为程序包来处理。

3) 结构体功能描述语句

如图 4-4 所示，功能描述语句含五种不同类型的以并行方式工作的语句结构。每一语句结构的内部可能含有并行运行的逻辑描述语句或顺序运行的逻辑描述语句。五种语句结构本身是并行语句，但它们内部所包含的语句并不一定是并行语句，如进程语句内所包含的是顺序语句。图 4-4 中五种语句结构的基本组成及功能如下。

(1) 块语句：是由一系列并行执行语句构成的组合体，它的功能是将结构体中的并行语句组成一个或多个子模块。

(2) 进程语句：定义顺序语句模块，将外部获得的信号值或内部的运算数据向其他信号进行赋值。

(3) 信号赋值语句：将设计实体内的处理结果向定义的信号或界面端口进行赋值。

(4) 子程序调用语句：用以调用过程或函数，并将获得的结果赋值于信号。

(5) 元件例化语句：对其他设计实体作元件调用说明，并将此元件的端口与其他元件、信号或高层次实体的界面端口进行连接。

结构体描述说明见示例程序 4-10。

【程序 4-10】

```
ENTITY COUNTER3 IS
    PORT(CLK,RST: IN BIE;
            COUNT: OUT STD_LOGIC_VECTOR(2 DOWNTO 0));
END COUNTER3;
```

```
ARCHITECTURE ART OF COUNTER IS
    SIGNAL Q: STD_LOGIC_VECTOR(2 DOWNTO 0):= "000";
BEGIN
    PROCESS(RST,CLK)
    BEGIN
        IF RST='0' OR Q=7 THEN
            Q<="000";
        ELSIF CLK'EVENT AND CLK='1' THEN
            Q<=Q+1;
        END IF;
END PROCESS;
END ART;
```

程序 4-10 中，它的实体名是 COUNTER3，结构体名是 ART，结构体内有一个进程语句，进程内用顺序语句描述了三位计数器的计数方法。中间累加信号 Q 放在结构体名称定义“ARCHITECTURE ART OF…”与结构体功能描述开始“BEGIN”之间进行声明。

5. 配置

一个实体有多个结构体实现，选用某个结构体实现实体称为配置。

配置语句语法结构如下：

```
CONFIGURATION 配置名 OF 实体名 IS
        FOR 选配结构体名
        END FOR;
END 配置名;
```

配置语句在程序结构中是可选项，用于多个结构体以不同形式描述实体功能时，选配某一结构体表达实体。主要用于仿真，分析哪个结构体性能最佳。配置放在程序的最后。

配置语句案例参见示例程序 4-11。

【程序 4-11】

```
LIBRARY IEEE;
USE IEEE.STD_LOGIC_1164.ALL;
ENTITY NAND IS
        PORT(A,B: IN STD_LOGIC;
                C: OUT STD_LOGIC);
END NAND;
ARCHITECTURE ART1 OF NAND IS
BEGIN
        C<=NOT (A AND B);
END ARCHITECTURE ART1;
```

```
ARCHITECTURE ART2 OF NAND IS
BEGIN
          C<='1' WHEN (A='0') AND (B='0') ELSE
              '1' WHEN (A='0') AND (B='1') ELSE
              '1' WHEN (A='1') AND (B='0') ELSE
              '0' WHEN (A='1') AND (B='1') ELSE
              '0';
END ARCHITECTURE ART2;
CONFIGURATION FIRST OF NAND IS
         FOR ART1;
END FOR;
END FIRST;
CONFIGURATION SECOND OF NAND IS
         FOR ART2
END FOR;
END   SECOND;
```

程序 4-11，是一个与非门的不同实现方式的配置。

视频7

4.2.2　语言要素

VHDL 具有计算机编程语言的一般特性，其语言要素是编程语句的基本单元，是 VHDL 作为硬件描述语言的基本结构元素，反映了 VHDL 重要的语言特征。准确无误地理解和掌握 VHDL 的语言要素的含义和用法，对于编写 VHDL 程序设计十分重要。

VHDL 的语言要素主要有数据对象(DATA OBJECT)、数据类型(DATA TYPE)、各类操作数(OPERANDS)及运算操作符(OPERATOR)。数据对象包括变量(VARIABLE)、信号(SIGNAL)和常数(CONSTANT)等。

1. VHDL 文字规则

与其他计算机高级语言一样，VHDL 也有自己的文字规则，在编程中需认真遵循。除了具有类似于计算机高级语言编程的一般文字规则外，VHDL 还包含特有的文字规则和表达方式，VHDL 文字主要包括数值和标识符。数值型文字所描述的值主要有数字型、字符串型、位串型。

1) 数字型文字

(1) 整数文字：整数文字都是十进制数。

(2) 实数文字：带小数的十进制数。

(3) 以数制基数表示的文字。

格式：

```
基数 # 数字文字 #E 指数
```

数字型文字表达示例如下：

```
…
SIGNAL D1,D2,D3,D4,D5, : INTEGER RANGE 0 TO 255;
D1 <= 10#170# ;            ---- (十进制表示等于 170)
D2 <= 16#FE# ;             ---- (十六进制表示等于 254)
D3 <= 2#1111_1110#;        ---- (二进制表示等于 254)
D4 <= 8#376# ;             ---- (八进制表示等于 254)
D5 <= 16#E#E1 ;            ---- (十六进制表示等于 2#1110000#,等于 224)
…
```

(4) 物理量文字，如 60s、100m、177mA。

注：整数可综合实现；实数一般不可综合实现；物理量不可综合实现。

2) 字符串型文字(文字串和数字串)

字符是用单引号引起来的 ASCII 码字符，可以是数值，也可以是符号或字母，如'R'，'A'，'*'，'Z'，'U'，'0'，'11'，'-'，'L'。可用字符来定义一个新的数据类型，例如：

```
TYPE STD_ULOGIC IS('U', 'X', '0', '1', 'W', 'L', 'H', '-')
```

字符串则是一维字符数组，需放在双引号中，有两种类型的字符串：数位字符串和文字字符串。

(1) 文字字符串。文字字符串是用双引号引起来的一串文字，如"ERROR"，"BOTH S AND Q EQUAL TO 1"，"X"，"BB$CC"。

(2) 数位字符串。数位字符串称为位矢量，代表二进制、八进制、十六进制的数组。其位矢量的长度为等值的二进制数的位数。

格式：

其中基数符号有以下三种。

```
基数符号 "数值"
```

B：二进制基数符号。

O：八进制基数符号，每一个八进制数代表一个 3 位的二进制数。

X：十六进制基数符号，每一个十六进制数代表一个 4 位的二进制数。

例如：

```
DATA1 <= B"1_1101_1110"          ---- 二进制数数组，位矢数组长度是 9
DATA2 <= O"15"                   ---- 八进制数数组，位矢数组长度是 6
DATA3 <= X"AD0"                  ---- 十六进制数数组，位矢数组长度是 12
DATA5 <= "101_010_101_010"       ---- 表达错误，缺 B
DATA6 <= "0AD0"                  ---- 表达错误，缺 X
```

3) 标识符

标识符是最常用的操作符，标识符可以是常数、变量、信号、端口、子程序或参数的名字。VHDL 基本标识符的书写遵守如下规则。

(1) 由 26 个大小写英文字母、数字 0～9 及下划线“_”组成的字符串。

(2) 任何标识符必须以英文字母开头。

(3) 不连续使用下划线“_”；不以下划线“_”结尾。

(4) 标识符中的英语字母不区分大小写。

VHDL—1993 标准还支持扩展标识符。

(1) 扩展标识符以反斜杠来界定，可以以数字开头，如\74LS373\、\Hello World\都是合法的标识符。

(2) 允许包含图形符号(如回车符、换行符等)，也允许包含空格符，如\IRDY#\、\C/BE\ \A or B\ 等都是合法的标识符。

(3) 两个反斜杠之前允许有多个下划线相邻，扩展标识符要区分大小写。扩展标识符与短标识符不同，扩展标识符如果含有一个反斜杠，则用两个反斜杠来代替它。

(4) 支持扩展标识符的目的是免受 VHDL-1987 标准中的短标识符的限制，描述起来更为直观和方便，但是目前仍有许多 VHDL 工具不支持扩展标识符。

VHDL 的保留字不能作为标识符使用。以下是标识符举例：

合法标识符	不合法标识符
my_counter	_Decoder_1
Decoder_1	2FFT
FFT	Sig_#N
Sig_N	Not-Ack
Not_Ack	ALL_RST_
State0	data__BUS
entity1	return
	entity

4) 下标名及下标段名

下标名：用于指示数组型变量或信号的某一个元素。下标段名：用于指示数组型变量或信号的某一段元素。

下标名格式：　标识符(表达式)

下标段名格式：　标识符(表达式 TO/ DOWNTO 表达式)

例如：

```
A : STD_LOGIC_VECTOR(7 DOWNTO 0)
A(7), A(6)···  A(0)
A(7 DOWNTO 0), A(7 DOWNTO 4), A(5 DOWNTO 3)···
```

2. VHDL 数据对象

视频8

在 VHDL 中，数据对象(Data Object)类似于一种容器，它接受不同数据类型的赋值。数据对象有三类，即变量、常量和信号。前两种可以从传统的计算机高级语言中找到对应的数据类型，其语言行为与高级语言中的变量和常量十分相似。但信号这一数据对象比较特殊，它具有更多的硬件特征，是 VHDL 中最有特色的语言要素之一。

从硬件电路系统来看，变量和信号相当于组合电路系统中门与门间的连线及其连线上的信号值；常量相当于电路中的恒定电平，如 GND 或 VCC。从行为仿真和 VHDL 语句功能上看，信号与变量具有比较明显的区别，其差异主要表现在接受和保持信息的方式、传递的区域范围的大小上。例如，信号可以设置传输延迟量，而变量则不能；变量只能作为局部的信息载体，如只能在所定义的进程中有效，而信号则可作为模块间的信息载体，如在结构体中各进程间传递信息。变量的设置有时只是一种过渡，最后的信息传输和界面间的通信都靠信号来完成。综合后的 VHDL 文件中信号将对应更多的硬件结构。但事实上在许多情况下，综合后所对应的硬件电路结构中信号和变量并没有什么区别，例如，在满足一定条件的进程中，VHDL 综合器并不理会变量和信号在接受赋值时存在的延时特性。只有 VHDL 行为仿真器才会考虑延迟这一特性差异。

此外还应注意，尽管 VHDL 仿真器允许变量和信号设置初始值，但在实际应用中 VHDL 综合器并不会把这些信息综合进去。这是因为实际的 FPGA/CPLD 芯片在上电后，并不能确保其初始状态的取向。因此对于时序仿真来说，设置的初始值在综合时是没有实际意义的。

1) 变量

变量是一个局部量，一般来说是一个虚拟的载体，只能在进程和子程序中定义和使用变量。不能将信息带出对它做出定义的当前设计单元。变量的赋值是理想化的数据传输，立即发生，不存在任何延时。变量常用于实现某种算法的赋值语句中。

变量定义语法格式：

```
VARIABLE 变量名：数据类型 := 初始值
```

例如，变量定义语句：

```
VARIABLE A, B : INTEGER := 2 ;
VARIABLE D : STD_LOGIC ;
```

分别定义 A、B 为整数型变量，初始值为 2；D 为标准位变量。

变量定义语句中的初始值可以是一个与变量具有相同数据类型的常数值，此初始值在综合过程中将被略去，即综合不支持。

变量赋值语句的语法格式：

```
目标变量名:= 表达式
```

变量赋值的符号是“:=”，赋值语句右方的表达式必须是一个与目标变量具有相同数据类型的数值，这个表达

式可以是一个运算表达式，也可以是一个数值。通过赋值操作，新的变量值的获得是立刻发生的。

变量的赋值举例参见示例程序 4-12。

【程序 4-12】

```
VARIABLE X , Y : INTEGER ;
VARIABLE A, B : BIT_VECTOR( 0 TO 7 ) ;
X := 100 ;
Y := 1+X ;
A := "1010101" ;                    ---- 位矢量赋值(A 的数据类型是位矢量)
B := A ;
A (3 TO 6) := ( '1' '1' '0' '1') ;  ---- 段赋值(注意赋值格式)
A (0 TO 5) := B (2 TO 7) ;
A (7) := '0' ;                      ---- 位赋值
```

视频9

2) 信号

信号代表硬件电路中的连接导线，与“端口”概念相似。信号在传输过程中具有延时特性、多驱动源的总线特性、时序电路中触发器的记忆特性等。

信号定义语法格式：

```
SIGNAL 信号名：数据类型 := 初始值
```

与变量声明一样，信号的初值仅用于仿真，综合时初值被忽略。与变量相比，信号的硬件特征更为明显，它具有全局性特征。例如，在程序包中定义的信号，对于所有调用此程序包的设计实体都是可见、可直接调用的；在实体中定义的信号，在其对应的结构体中都是可见的。事实上除了没有方向说明以外，信号与实体的端口(Port)概念是一致的。信号可以看成实体内部模块的端口，在实体内部信号既可作为源被读，又可作为对象被写。信号可在程序包、实体、结构体、块中声明和使用信号，在进程和子程序中只能使用信号，不能声明。

变量赋值语句的语法格式：

```
目标信号名 <= 表达式
```

信号的赋值存在延时，因此符号“<=”两边的数值并不总是一致的。这与实际器件的传播延迟特性十分接近，显然与变量的赋值过程有很大差别。所以赋值符号用“<=”而非“：=”。但必须注意，信号的初始赋值符号仍是“：=”，这是因为仿真的时间坐标是从初始赋值开始的，在此之前无所谓延时。对下面三个赋值语句加以说明。

```
X <= 8 ;
Y <= X ;
Z <= X   AFTER 5NS ;
```

第三个语句信号的赋值是在 5ns 后将 X 赋予 Z，关键词“AFTER”后是延迟时间，这一点与变量的赋值很不相同。尽管如前所述，综合器在综合过程中将略去所设的延迟时间，但是即使没有利用“AFTER”设置信号的赋值延迟时间，任何信号赋值都是存在延时的。在综合后的功能仿真中，信号或变量间的延时被看成零延时，但为了给信息传输的先后作出符合逻辑的排序，将自动设置一个小的延时量，即所谓的δ延时量。δ延时量在仿真中即为一个 VHDL 模拟器的最小分辨时间。信号的赋值可以出现在一个进程中，也可以直接出现在结构体的并行语句结构中，但它们运行的含义是不一样的。前者属于顺序语句，信号赋值操作要视进程是否已被启动，同时所赋信号值的更新要在进程“PROCESS”结束时才被更新；后者属于并行信号赋值，其赋值操作各自独立并行地发生，对同一信号不能在不同并行语句中进行赋值，否则出现多驱动源，相当于把多个器件的输出连接在一起，将会出现逻辑错误。在进程中，同一信号可以被多次赋值，其结果是只有最后的赋值语句被启动，并进行赋值操作。

信号声明及赋值示例可参见程序 4-13 和程序 4-14。

【程序 4-13】

```
ARCHITECTURE ART OF EXP IS
     SIGNAL A , B, C , Y , Z : INTEGER
…
PROCESS (A , B , C)
BEGIN
Y <= A * B ;
Z <= C  –  X ;
Y <= B
END PROCESS ;
…
```

程序 4-13 中，信号 A、B、C、Y、Z 声明放在“ARCHITECTURE…”与“BEGIN”之间。在进程“PROCESS”内使用，其中 A、B、C 为进程的输入，Y、Z 为进程的输出，Y 的输出等于最后的赋值源 B。

【程序 4-14】

```
ENTITY EXP IS
PORT(A,B,C : IN STD_LOGIC;
             F : OUT STD_LOGIC );
END EXP;
ARCHITECTURE A OF EXP IS
       SIGNAL D,E: STD_LOGIC;
BEGIN
        D <= A AND B;
```

```
        E <= NOT C;
        F <= D OR E;
    END A;
```

程序 4-14 的 VHDL 描述的是图 4-6 所示电路的逻辑功能，从图 4-6 可以看出，A、B、C、F 为端口信号，D、E 为中间信号，与程序的表达完全一致。设计实体中，端口信号有方向性，中间信号无方向性，可作为源也可作为对象。除此之外，端口与信号完全一致。

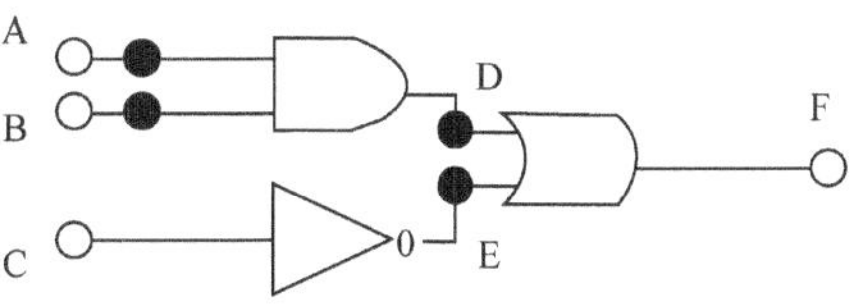

图 4-6　基本门构成的处理电路

3) 常量

常量的定义和设置主要是为了使设计实体中的常数更容易阅读和修改。例如，将位矢量的宽度定义为一个常量，只要修改这个常量就能很容易地改变宽度，从而改变硬件结构。在程序中常量是一个恒定不变的值，一旦作了数据类型和赋值定义后，在程序中不能再改变，因而具有全局性意义。常量的定义形式与变量十分相似，其形式如下：

```
CONSTANT 常数名：数据类型 := 表达式
```

VHDL 要求所定义的常量数据类型必须与表达式的数据类型一致。常量的数据类型可以是标量类型或复合类型，但不能是文件类型(File)或存取类型(Access)。

常量可以在实体、结构体、程序包、块、进程和子程序中定义，在程序包中定义的常量可以暂不设定具体数值，它可以在程序包体中设定。

常量的可视性即常量的使用范围，取决于它被定义的位置。在程序包中定义的常量具有最大的全局化特征，可以用在调用此程序包的所有设计实体；在设计实体中定义的常量，其有效范围为这个实体定义的所有的结构体；在某一结构体中定义的常量则只能用于此结构体；在结构体的某一单元(如一个进程)中定义的常量只能用在这一进程。这就是常数的可视性规则，这一规则与信号的可视性规则完全一致。

3. VHDL 数据类型

视频10

在数据对象的定义中，必不可少的一项说明就是设定所定义的数据对象的数据类型(TYPE)，并且要求此对象的赋值源也必须是相同的数据类型。这是因为 VHDL 是一种强类型的语言，对运算关系与赋值关系中各量(操作数)的数据类型有严格要求，VHDL 要求设计实体中的每一个常数、信号、变量、函数以及设定的各种参量都必须具有确定的数据类型，并且相同数据类型的量才能互相传递和作用。VHDL 作为强类型语言的好处是，使 VHDL 编译或综合工具很容易地找出设计中的各种常见错误。VHDL 中的各种预定义数据类型，大多数体现了硬件电路的不同特性，因此也为其他大多数硬件描述语言所采纳。例如，BIT 可以描述电路中的开关信号。

VHDL 中的数据类型可以分成四大类。

(1) 标量类型(SCALAR TYPE)，属于单元素的最基本数据类型，即不可能再有更细小、更基本的数据类型，它们通常用于描述一个单值数据对象。标量类型包括：实数类型、整数类型、枚举类型、时间类型。

(2) 复合类型(COMPOSITE TYPE)，由细小的数据类型复合而成，如可由标量型复合而成。复合类型主要有数组型(Array)和记录型(Record)。

(3) 存取类型(ACCESS TYPE)，为给定的数据类型的数据对象提供存取方式。

(4) 文件类型(FILES TYPE)，用于提供多值存取类型。

四大数据类型又分为预定义数据类型和用户自定义数据类型。

预定义的 VHDL 数据类型是 VHDL 最常用最基本的数据类型。这些数据类型在 VHDL 标准程序包 STANDARD 和 STD_LOGIC_1164 及其他的标准程序包中作了定义，并可在设计中随时调用。

用户自定义数据类型以及子类型，其基本元素一般仍属 VHDL 的预定义数据类型。尽管 VHDL 仿真器支持所有的数据类型，但 VHDL 综合器并不支持所有的预定义数据类型和用户自定义数据类型，如 REAL、TIME、FILE、ACCESS 等数据类型。在综合中，它们被忽略或宣布为不支持。这意味着不是所有的数据类型都能在目前的数字系统硬件中实现，由于在综合后，所有进入综合的数据类型都转换成二进制类型和高阻态类型(只有部分芯片支持内部高阻态)，即电路网表中的二进制信号，综合器通常忽略不能综合的数据类型，并给出警告信息。

1) 预定义数据类型

(1) STD 库内预定义数据类型如下。

① 布尔量(BOOLEAN)。在 STANDARD 程序包中定义，源代码为“TYPE BOOLEAN IS(FALES，TRUE)；”常用于逻辑函数作比较。

例如，当 A 大于 B 时，在 IF 语句中的关系运算表达式(A>B)的结果是布尔量 TRUE，反之为 FALSE。综合器将其变为 1 或 0 信号值，对应于硬件系统中的一根线。布尔数据与位数据类型可以通过转换函数相互转换。

② 位(BIT)。位数据类型也属于枚举类型，取值只能是 1 或者 0，定义为位数据类型的数据对象，如变量、信号等，可以参与逻辑运算，结果仍是位的数据类型。其值放在单引号中，如'0'或'1'。在程序包 STANDARD 中定义的源代码是“TYPE BIT IS ('0', '1');”。

③ 位矢量(BIT_VECTOR)。位矢量是基于 BIT 数据类型的数组，其值是用双引号括起来的一组位数据，如："001100"、X"00B10B"。在程序包 STANDARD 中定义的源代码如下：

```
TYPE BIT_VETOR IS ARRAY(NATURAL RANGE<>)OF BIT;
```

④ 字符(CHARACTER)。字符类型通常用单引号引起来，区分大小写，如'B'不同于

'b'。字符类型也在 STANDARD 中定义。

⑤ 整数(INTEGER)。整数类型的数代表正整数、负整数和零。整数类型与算术整数相似，可以使用预定义的运算操作符进行算术运算，硬件实现时，利用 32 位的位矢量来表示。可实现的整数范围为$-(2^{31}-1)$～$(2^{31}-1)$。在实际应用中，VHDL 仿真器通常将 INTEGER 类型作为有符号数处理，而 VHDL 综合器则将 INTEGER 作为无符号数处理。在使用整数时 VHDL 综合器要求用 RANGE 子句为所定义的数限定范围，从而决定该整数对象所具有的二进制位宽。例如：SIGNAL　S : INTEGER RANGE 0 TO 15；含义：信号 S 的取值范围是 0～15，可用 4 位二进制数表示，因此 S 将被综合成由四条信号线构成的信号。

⑥ 自然数(NATURAL)和正整数(POSITIVE)。NATURAL 是 INTEGER 的子类型，表示非负整数。POSITIVE 是 INTEGER 的子类型，表示正整数。

定义如下：

```
    SUBTYPE NATURAL IS INTEGER RANGE 0 TO    INTEGER'HIGH;
    SUBTYPE POSITIVE IS INTEGER RANGE 1 TO    INTEGER'HIGH;
```

⑦ 实数(REAL)。实数也称浮点数，取值范围是-1.0E38～+1.0E38。硬件电路运算实数太复杂，因此实数类型仅能用于 VHDL 仿真器，一般综合器不支持。

⑧ 字符串(STRING)。字符串 STRING 是字符 CHARACTER 数据类型的一个非约束型数组，或称为字符串数组。字符串必须用双引号标明。例如：

```
VARIABLE    STRING_VAR : STRING(1 TO 7);
        …
STRING_VAR := "ROSEBUD";
```

⑨ 时间(TIME)。由整数和物理单位组成,完整的时间类型包括整数和物理量单位两部分，整数和单位之间至少留一个空格。一般仅用于仿真，综合器不支持。

VHDL 中唯一的预定义物理类型是时间，由整数和单位构成，中间加空格。

定义如下：

```
TYPE    TIME    IS    RANGE -2147483647    TO    2147483647
units
    fs;                                  --飞秒，VHDL 中的最小时间单位
    ps = 1000 fs;                        --皮秒
    ns = 1000 ps;                        --纳秒
    us = 1000 ns;                        --微秒
    ms = 1000 us;                        --毫秒
    sec = 1000 ms;                       --秒
    min = 60 sec;                        --分
    hr = 60 min;                         --时
```

```
end untis;
```

⑩ 错误等级(SEVERITY_LEVEL)。在VHDL仿真器中错误等级用来指示设计系统的工作状态，共有四种可能的状态值，即NOTE(注意)、WARNING(警告)、ERROR(出错)、FAILURE(失败)。在仿真过程中，可输出这四种值来提示被仿真系统当前的工作情况。其定义如下：

```
TYPE   SEVERITY_LEVEL   IS (NOTE, WARNING, ERROR, FAILURE);
```

⑪ 综合器不支持的数据类型。

a. 物理类型，综合器不支持物理类型的数据，如具有量纲型的数据，包括时间类。

b. 浮点型，如REAL型。

c. ACCESS型，综合器不支持存取型结构，因为不存在这样对应的硬件结构。

d. FILE型，综合器不支持磁盘文件型，硬件对应的文件仅为RAM和ROM。

(2)IEEE库内预定义数据类型如下。

① STD_LOGIC标准逻辑数据类型。由IEEE库中的STD_LOGIC_1164 程序包定义，STD_LOGIC也称标准逻辑位，为九值逻辑，定义如下：

```
TYPE STD_LOGIC IS ('U', 'X', '0', '1', 'Z', 'W', 'L', 'H', '−');
```

其中，'U'：未初始化的；'X'：强未知的；'0'：强 0；'1'：强 1；'Z'：高阻态；'W'：弱未知的；'L'：弱 0；'H'：弱 1；'−'：忽略。

目前在设计中，一般只使用IEEE的STD_LOGIC标准逻辑位数据类型，BIT型则很少使用。由于标准逻辑位数据类型的多值性，在编程时应当特别注意。因为在条件语句中，如果未考虑到STD_LOGIC的所有可能的取值情况，综合器可能会插入不希望的锁存器。

程序包STD_LOGIC_1164中还定义了STD_LOGIC型逻辑运算符AND、NAND、OR、NOR、XOR和NOT的重载函数，以及两个转换函数，用于BIT与STD_LOGIC的相互转换。

在仿真和综合中，STD_LOGIC 值是非常重要的，它可以使设计者精确地模拟一些未知的和高阻态的线路情况。对于综合器，高阻态“Z”和忽略态“−”可用于三态的描述。但就综合而言，STD_LOGIC 型数据能够在数字器件中实现的只有其中的四种值，即−、0、1、Z，当然这并不表明其余的五种值不存在，这九种值对于VHDL的行为仿真都有重要意义。

② STD_LOGIC_VECTOR类型。由STD_LOGIC构成的数组定义如下：

```
TYPE STD_LOGIC_VECTOR IS ARRAY(NATURAL RANGE<>) OF STD_LOGIC;
```

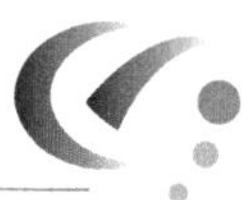

该数据类型相当于电路的总线，赋值的原则：相同位宽，相同数据类型。

③ 无符号数据类型(UNSIGNED TYPE)。UNSIGNED 数据类型代表一个无符号的数值，在综合器中，这个数值被解释为一个二进制数，这个二进制数的最左位是其最高位。例如，十进制 8 可表示为：UNSIGNED '("1000")。

UNSIGNED 用于无符号数的运算，放在 IEEE.STD_LOIGC_ARITH.ALL 程序包中，不能用 UNSIGNED 定义负数。定义格式如下：

```
TYPE UNSIGNED IS ARRAY(NATURAL RANGE<>)OF STD_LOGIC;
```

该数据类型在综合器中，被解释为最高位是最左位的二进制数。以下是两个无符号数据定义的示例：

```
VARIABLE VAR : UNSIGNED(0 TO 10) ;
SIGNAL SIG : UNSIGNED(5 TO 0) ;
```

其中，变量 VAR 有 11 位数值，最高位是 VAR(0)，而非 VAR(10)；信号 SIG 有 6 位，数值最高位是 SIG(5)。

④ 有符号数据类型(SIGNED TYPE)。有符号数据类型同无符号数据类型的含义相似，代表的是有符号的数字。综合器将其解释为补码，此数的最高位是符号位。例如，SIGNED'("0101")代表+5；SIGNED'("1011") 代表−5。

若将上例的 VAR 定义为 SIGNED 数据类型，则数值意义就不同了。例如：

```
VARIABLE VAR SIGNED(0 TO 10) ;
```

其中，变量 VAR 有 11 位，最左位 VAR(0)是符号位。

2) 用户自定义类型

除了上述一些标准的预定义数据类型外，VHDL 还允许用户自行定义新的数据类型。由用户定义的数据类型可以有多种，如枚举类型(ENUMERATION TYPES)、整数类型(INTEGER TYPES)、数组类型(ARRAY TYPES)、记录类型(RECORD TYPES)、时间类型(TIME TYPES)、实数类型(REAL TYPES) 等。

用户自定义数据类型用类型定义语句 TYPE 和子类型定义语句 SUBTYPE 实现。

TYPE 语句格式如下：

```
TYPE 数据类型名  IS  数据类型定义  [ OF 基本数据类型];
```

TYPE 语句格式中，数据类型定义部分用来描述所定义的数据类型的表达方式和表达内容。关键词 OF 后的基本数据类型一般都是取已有的预定义数据类型，如 BIT、STD_LOGIC 或 INTEGER 等。例如：

```
TYPE BYTE IS ARRAY(7 DOWNTO 0) OF BIT;
TYPE WEEK IS (SUN, MON, TUE, WED, THU, FRI, SAT);
TYPE BYT IS STD_LOGIC(15 TO 0);                  ----错误，因为 STD_LOGIC 已定义过
VARIABLE   ADDEND : BYTE;
```

子类型 SUBTYPE 是由 TYPE 所定义的原数据类型的一个子集，它满足原数据类型的所有约束条件，原数据类型称为基本数据类型。子类型 SUBTYPE 的语句格式如下：

```
SUBTYPE 子类型名   IS   基本数据类型   RANGE   约束范围;
```

子类型的定义是在基本数据类型上作一些约束，并没有定义新的数据类型，这是与 TYPE 最大的不同之处。子类型定义中的基本数据类型必须在前面已有过 TYPE 定义的类型，包括已在 VHDL 预定义程序包中用 TYPE 定义过的类型。例如：

```
SUBTYPE DIGITS IS INTEGER RANGE 0 TO 9;
SUBTYPE DIG1 IS STD_LOGIC_VECTOR(7 DOWNTO 0);
SUBTYPE DIG3 IS ARRAY(7 DOWNTO 0) OF STD_LOGIC;
                                        ----错误，因 DIG3 不能是新数据类型
```

(1) 枚举类型。用文字符号代表一组实际的二进制数，格式如下：

```
TYPE 类型名称   IS   RANGE (枚举文字 {, 枚举文字});
```

例如：

```
TYPE STD_LOGIC IS('U', 'X', '0', '1', 'Z', 'W', 'L', 'H', '-')
TYPE COLOR IS(BLUE,GREEN,YELLOW, RED);
TYPE   MY_LOGIC   IS ('0', '1', 'U', 'Z');
VARIABLE   HUE : COLOR;
SIGNAL   SIG : MY_LOGIC;
HUE := BLUE;          SIG <= 'Z';
```

枚举类型的编码：综合器自动实现枚举类型元素的编码，一般将第一个枚举量(最左边)编码为 0，以后的依次加 1。编码用位矢量表示，位矢量的长度将取所需表达的所有枚举元素的最小值。例如：

```
TYPE COLOR IS(BLUE, GREEN, YELLOW, RED);
```

编码为：

```
BLUE= "00"; GREEN= "01"; YELLOW= "10"; RED= "11"
```

(2) 整数类型。用户定义的整数类型是标准包中整数类型的子范围，格式如下：

```
TYPE 类型名称  IS  RANGE  整数范围
```

实际应用中，VHDL 仿真器通常将整数作为有符号数处理，VHDL 综合器对整数的编码方法如下：

① 对用户已定义的数据类型和子类型中的负数，编码为二进制补码；

② 对用户已定义的数据类型和子类型中的正数，编码为二进制原码。

编码的位数即综合后信号线的数目只取决于用户定义的数值的最大值。使用整数时 VHDL 综合器要求使用数值限定关键词“RANGE”，对整数的使用范围作明确的限制。例如：TYPE PERCENT IS RANGE -100 TO 100；这是一种隐含的整数类型，仿真中用 8 位位矢量表示，其中，1 位符号位，7 位数据位。其综合后为 8 位二进制补码。

(3) 数组类型。数组类型属复合类型，是将一组具有相同数据类型的元素集合在一起，作为一个数据对象来处理的数据类型。数组可以是一维数组(每个元素只有一个下标)，或多维数组(每个元素有多个下标)，VHDL 仿真器支持多维数组，但 VHDL 综合器只支持一维数组。

数组的元素可以是任何一种数据类型，用以定义数组元素的下标范围子句决定了数组中元素的个数，以及元素的排序方向。即下标数是由低到高用“TO”，由高到低用“DOWNTO”。

VHDL 允许定义两种不同类型的数组，即限定性数组和非限定性数组。它们的区别是，限定性数组下标的取值范围在数组定义时就被确定了，而非限定性数组下标的取值范围需留待随后确定。

限定性数组定义语句格式：

```
TYPE 数组名 IS ARRAY  (数组范围)  OF  数据类型
```

其中，数组名是新定义的限定性数组类型的名称，可以是任何标识符；数据类型与数组元素的数据类型相同；数组范围明确指出数组元素的定义数量和排序方式，以整数来表示其数组的下标。

以下是两个限定性数组定义示例：

```
TYPE STB IS ARRAY (7 DOWNTO 0) OF STD_LOGIC ;
```

这个数组类型的名称是 STB，它有 8 个元素，它的下标排序是 7，6，5，4，3，2，1，0。各元素的排序是 STB(7), STB(6), …, STB(0)。

```
TYPE X IS (LOW , HIGH) ;
TYPE DATA_BUS IS ARRAY (0 TO 7, X) OF BIT ;
```

首先定义 X 为两个元素的枚举数据类型，然后将 DATA_BUS 定义为一个有 9 个元

素的数组类型，其中每一元素的数据类型是BIT。

非限定数组定义语句格式：

```
TYPE 数组名 IS ARRAY (数组下标名  RANGE<>) OF  数据类型
```

其中，数组名是定义的非限制性数组类型的取名，数组下标名是以整数类型设定的一个数组下标名称，其中符号“<>”是下标范围待定符号，用到该数组类型时再填入具体的数值范围，注意符号“<>”间不能有空格，例如，“< >”的书写方式是错误的。数据类型是数组中每一元素的数据类型。示例程序4-15是非限制性数组类型的一个完整使用实例。

【程序4-15】

```
LIBRARY IEEE;
USE IEEE.STD_LOGIC_1164.ALL;
USE IEEE.STD_LOGIC_UNSIGNED.ALL;
ENTITY REG_RAM IS
        PORT (WE, CLK : IN STD_LOGIC;
                ADDR : IN STD_LOGIC_VECTOR (3 DOWNTO 0);
                D : IN STD_LOGIC_VECTOR (7 DOWNTO 0);
                Q : OUT STD_LOGIC_VECTOR(7 DOWNTO 0));
END REG_RAM;
ARCHITECTURE ART OF REG_RAM IS
    TYPE    SBYTE    IS    ARRAY    (NATURAL    RANGE    <>)    OF
STD_LOGIC_VECTOR(7 DOWNTO 0);
    SIGNAL DATA : SBYTE (15 DOWNTO 0);
BEGIN
PROCESS (CLK)
BEGIN
    IF RISING_EDGE(CLK) THEN
     IF WE = '1' THEN
       DATA(CONV_INTEGER(ADDR)) <= D;
     END IF;
    END IF;
END PROCESS;
Q <= DATA(CONV_INTEGER(ADDR));
END ART;
```

这是一个4 位地址，8 位数据，深度为16的RAM。

(4) 记录类型。

将已定义的不同数据类型的对象构成数组的集合。定义记录类型的语法格式如下：

```
TYPE 记录类型名 IS RECORD
    元素名 : 元素数据类型 ;
    元素名 : 元素数据类型 ;
         …
END RECORD [记录类型名];
```

对记录类型的数据对象赋值的方式可以是整体赋值或对其中的单个元素进行赋值,在使用整体赋值方式时，有位置关联方式或名字关联方式两种表达方式。如果使用位置关联则默认为元素赋值的顺序与记录类型声明时的顺序相同。如果使用了“OTHERS”选项，则至少应有一个元素被赋值,如果有两个或更多的元素由 OTHERS 选项来赋值,则这些元素必须具有相同的类型。此外，如果有两个或两个以上的元素具有相同的子类型，就可以以记录类型的方式放在一起定义。示例程序 4-16 利用记录类型定义了一个微处理器的命令信息表。

【程序 4-16】

```
TYPE REGNAME IS (AX, BX, CX, DX) ;
TYPE OPERATION IS RECORD
        MNEMONIC : STRING (1 TO 10) ;
        OPCODE : BIT_VECTOR(3 DOWNTO 0) ;
        OP1, OP2, RES : REGNAME ;
END RECORD ;
VARIABLE INSTR1, INSTR2: OPERATION ;
...
INSTR1 := ("ADD AX, BX", "0001", AX, BX, AX) ;
INSTR2 := ("ADD AX, BX", "0010", OTHERS => BX) ;
VARIABLE INSTR3 : OPERATION ;
INSTR3.MNEMONIC := "MUL AX, BX" ;
INSTR3.OP1 := AX ;
```

程序中定义的记录类型 OPERATION 共有五个元素，一个是加法指令码的字符 MNEMONIC，一个是 4 位操作码 OPCODE，以及三个枚举型数组 OP1、OP2、RES，其中，OP1 和 OP2 是操作数，RES 是目标码。程序中定义的变量 INSTR1 的数据类型是记录型 OPERATION，它的第一个元素是加法指令字符串"ADD AX, BX"，第二个元素是此指令的 4 位命令代码"0001"，第三、第四个元素为操作数 AX 和 BX，AX 和 BX 相加后的结果送入第五个元素 AX，因此这里的 AX 是目标码。

程序中语句 INSTR3.MNEMONIC := "MUL AX, BX"表示将字符串"MUL AX, BX"赋给 INSTR3 中的元素 MNEMONIC，一般地，对记录类型的数据对象进行单元素赋值时，就在记录类型对象名后加点(.)再加赋值元素的元素名。

记录类型中的每一个元素仅为标量型数据类型构成称为线性记录类型，否则为非线性记录类型。只有线性记录类型的数据对象才是可综合的。

视频11

3) 数据类型转换

VHDL 是一种强类型语言，不同类型的数据对象必须经过类型转换，才能相互操作。

(1) 类型转换函数方式。

通过调用类型转换函数，使属于某种数据类型的数据对象转换成属于另一种数据类型的数据对象。使其相互操作的对象数据类型一致，从而完成相互操作。类型转换函数示例参见程序 4-17。

【程序 4-17】

```
LIBRARY IEEE;
LIBRARY DATAIO;
USE IEEE.STD_LOGIC_1164.ALL;
USE DATAIO.STD_LOGIC_OPS.ALL;
ENTITY CNT4 IS
     PORT (CLK: IN STD_LOGIC;
              P: INOUT STD_LOGIC_VECTOR(3 DOWNTO 0);
END CNT4;
     ARCHITECTURE ART OF CNT4 IS
BEGIN
    PROCESS(CLK)
    BEGIN
        IF CLK'EVENT AND CLK='1' THEN
           P<=TO_VECTOR(2, TO_INTEGER(P)+1);
        END IF;
    END PROCESS;
END ART;
```

此例中利用了 DATAIO 库(这是 DATAIO 公司的函数库)中的程序包 STD_LOGIC_OPS 中的两个数据类型转换函数：TO_VECTOR(将 INTEGER 转换成 STD_LOGIC_VECTOR) 和 TO_INTEGER(将 STD_LOGIC_VECTOR 转成 INTEGER)。通过这两个转换函数就可以使用“+”运算符进行直接加 1 操作了，同时能保证最后的加法结果是 STD_LOGIC_VECTOR 数据类型。

数据类型转换函数见表 4-1。

表 4-1 数据类型转换函数

函数	说明
STD_LOGIC_1164 包： TO_STDLOGICVECTOR(A) TO_BITVECTOR(A) TO_LOGIC(A) TO_BIT(A)	STD_LOGIC_1164 包： 由 BIT_VECTOR 转换成 STD_LOGIC_VECTOR 由 STD_LOGIC_VECTOR 转换成 BIT_VECTOR 由 BIT 转换成 STD_LOGIC 由 STD_LOGIC 转换成 BIT

续表

函数	说明
STD_LOGIC_ARITH 包： CONV_STD_LOGIC_VECTOR(A,位长) CONV_INTEGER(A)	STD_LOGIC_ARITH 包： 由 INTEGER、UNSIGNED 和 SIGNED 转换成 STD_LOGIC_VECTOR 由 UNSIGNED 和 SIGNED 转换成 INTEGER
STD_LOGIC_UNSIGNED 包： CONV_INTEGER	STD_LOGIC_UNSIGNED 包： STD_LOGIC_VECTOR 转换成 INTEGER

利用 STD_LOGIC_ARITH 程序包，由 INTEGER 转换成 STD_LOGIC_VECTOR 示例程序 4-18 如下：

【程序 4-18】

```
LIBRARY IEEE;
USE IEEE.STD_LOGIC_1164.ALL;
USE IEEE.STD_LOGIC_ARITH.ALL;
USEIEEE.STD_LOGIC_UNSIGNED.ALL;
ENTITY CNT IS
     PORT ( CLK, RST: : IN   STD_LOGIC;
             S : OUT   STD_LOGIC_VECTOR(3 DOWNTO 0));
END CNT;
ARCHITECTURE art OF CNT IS
     SIGNAL COUNT: INTEGER RANGE 0 TO 10:=0;
BEGIN
T2: PROCESS(CLK,RST)
   BEGIN
      IF RST='0' THEN   COUNT<=9;
      ELSIF CLK1'EVENT AND CLK1='1' THEN
         IF COUNT=0 THEN
           COUNT<=COUNT;
         ELSE
           COUNT<=COUNT-1;
         END IF;
      END IF;
  END PROCESS;
S<=CONV_STD_LOGIC_VECTOR(COUNT,4);
END art;
```

(2) 直接类型转换方式。

对相互间关联密切的数据类型(如整型、浮点型)，可进行直接类型转换，格式如右：

```
数据类型标识符(表达式)
```

例如：

```
VARIABLE A, B : REAL;
VARIABLE C, D : INTEGER;
        …
A:= REAL(C);
D:= INTEGER(B);
```

视频12

4. VHDL中的表达式

表达式由操作符和操作数构成，完成算术或逻辑运算。其操作数就是数据对象定义的数据类型值，操作符有以下四种说明，如表4-2所示。即逻辑操作符(LOGICAL OPERATOR)、关系操作符(RELATIONAL OPERATOR)、算术操作符(ARITHMETIC OPERATOR)和符号操作符(SIGN OPERATOR)。此外还有重载操作符(OVERLOADING OPERATOR)。前三类操作符是完成逻辑和算术运算的最基本的操作符，重载操作符是对基本操作符作了重新定义的函数型操作符。

表4-2 VHDL操作符列表

类型	操作符	功能	操作数数据类型
算术操作符	+	加	整数
	–	减	整数
	&	并置	一维数组
	*	乘	整数和实数(包括浮点数)
	/	除	整数和实数(包括浮点数)
	MOD	取模	整数
	REM	取余	整数
	SLL	逻辑左移	BIT或布尔型一维数组
	SRL	逻辑右移	BIT或布尔型一维数组
	SLA	算术左移	BIT或布尔型一维数组
	SRA	算术右移	BIT或布尔型一维数组
	ROL	逻辑循环左移	BIT或布尔型一维数组
	ROR	逻辑循环右移	BIT或布尔型一维数组
	**	乘方	整数
	ABS	取绝对值	整数
关系操作符	=	等于	任何整数类型
	/=	不等于	任何整数类型
	<	小于	枚举与整数类型，及对应的一维数组

续表

类型	操作符	功能	操作数数据类型
关系操作符	>	大于	枚举与整数类型，及对应的一维数组
	<=	小于等于	枚举与整数类型，及对应的一维数组
	>=	大于等于	枚举与整数类型，及对应的一维数组
逻辑操作符	AND	与	BIT，BOOLEAN，STD_LOGIC
	OR	或	BIT，BOOLEAN，STD_LOGIC
	NAND	与非	BIT，BOOLEAN，STD_LOGIC
	NOR	或非	BIT，BOOLEAN，STD_LOGIC
	XOR	异或	BIT，BOOLEAN，STD_LOGIC
	XNOR	异或非	BIT，BOOLEAN，STD_LOGIC
	NOT	非	BIT，BOOLEAN，STD_LOGIC
符号操作符	+	正	整数
	–	负	整数

1) 逻辑操作符

逻辑操作符包括 AND、OR、NAND、NOR、XOR、XNOR 及 NOT，对 BIT 或 BOOLEAN 型的值进行运算。由于 STD_LOGIC_1164 程序包中重载了这些算符，因此这些算符也可用于 STD_LOGIC 型数值。逻辑操作符左右两边的类型为数组，则这两个数组的尺寸即位宽要相等。

通常在一个表达式中有两个以上的算符时，需要使用括号将这些运算分组。如果一串运算中的算符相同，且是 AND、OR、XOR 这三个算符中的一种，则不需使用括号。如果一串运算中的算符不同，或有除这三种算符之外的算符，则必须使用括号。

2) 关系操作符

关系操作符的作用是将相同数据类型的数据对象进行数值比较或关系排序判断，并将结果以布尔类型(BOOLEAN)的数据表示出来，即 TRUE 或 FALSE 两种。VHDL 提供了如表 4-2 所示的六种关系运算操作符："="(等于)、"/="(不等于)、">"(大于)、"<"(小于)、">="(大于等于)和"<="(小于等于)。

VHDL 规定等于和不等于操作符的操作对象可以是 VHDL 中的任何数据类型构成的操作数，对于数组或记录类型(复合型或称非标量型)的操作数，VHDL 编译器将逐位比较对应位置各位数值的大小。余下的关系操作符 <、<=、> 和 >= 称为排序操作符，它们的操作对象的数据类型有一定限制，允许的数据类型包括所有枚举数据类型、整数数据类型以及由枚举型或整数型数据类型元素构成的一维数组。不同长度的数组也可进行排序。

3) 算术操作符

算术操作符种类参见表 4-2。其中，加减操作符的操作数的数据类型是整数；并置符"&"的操作数的数据类型是一维数组，目的是将普通操作数或数组组合起来形成各

种新的数组，例如，'0'&'1'的结果为“01”；*(乘)、/(除)、MOD(取模)和RED(取余)四种操作符综合支持整数的数据类型。

尽管综合器对“*”“/”“MOD”“REM”的逻辑实现可以做些优化处理，但其电路实现所耗费的硬件资源却是巨大的。乘方运算符的逻辑实现要求它的操作数是常数或是 2 的乘方时才能被综合，对于除法，除数必须是底数为 2 的幂(综合中可以通过右移来实现除法)。因此，从优化综合、节省芯片资源的角度出发，最好不要轻易使用“*”“/”“MOD”“REM”操作符。一般采用其他变通的方法来实现，如用移位相加方式等，该方式的好处是设计的求积操作所耗费的芯片资源非常小。

开发平台对“*”“/”“MOD”“REM”的综合限制：MAX+PLUS Ⅱ限制“*”“/”号右边操作数必须为 2 的乘方，如果使用 MAX+PLUS Ⅱ的 LPM 库中的子程序则无此限制；ISE 则限制/、MOD、REM 运算符右边的操作数必须为 2 的乘方，对“*”无此限制。此外，MAX+PLUS Ⅱ不支持 MOD 和 REM 运算。

4) 移位操作符

六种移位操作符 SLL、SRL、SLA、SRA、ROL 和 ROR 都是 VHDL-1993 标准新增的运算符，在 1987 标准中没有。VHDL-1993 标准规定移位操作符作用的操作数的数据类型应是一维数组，并要求数组中的元素必须是 BIT 或 BOOLEAN 数据类型，移位的位数是整数。在 EDA 工具所附的程序包中重载了移位操作符以支持 STD_LOGIC_VECTOR 及 INTEGER 等类型。移位操作符左边可以是支持的类型，右边则必定是 INTEGER 型。

其中 SLL 是将位矢向左移，右边跟进的位补零；SRL 的功能恰好与 SLL 相反；ROL 和 ROR 的不同之处在于移出的位将用于依次填补移空的位，执行的是自循环式；移位方式 SLA 和 SRA 是算术移位操作符，其移空位用最初的首位来填补。

移位操作符的语句格式如右：

标识符 移位操作符 移位位数

移位操作举例参见示例程序 4-19。

【程序 4-19】

```
LIBRARY IEEE
USE IEEE.STD_LOGIC_1164.ALL ;
ENTITY SHIFT_REG IS
     PORT ( A, B : IN STD_LOGIC_VECTOR (7 DOWNTO 0) ;
              OUT1 , OUT2 : OUT STD_LOGIC_VECTOR (7 DOWNTO 0) ) ;
END SHIFT_REG ;
ARCHITECTURE ART OF SHIFT_REG IS
BEGIN
OUT1 <= A SLL 2 ;
OUT2 <= B ROL 2
END ART ;
```

5) 重载操作符

如果将以上介绍的操作符称为基本操作符，那么重载操作符可以认为是用户自定义的操作符，基本操作符存在的问题是所作用的操作数必须是相同的数据类型，且对数据类型作了各种限制，如加法操作符不能直接用于位数据类型的操作数。为了方便各种不同数据类型间的运算操作，VHDL 新定义了一种重载操作符，定义这种操作符的函数称为重载函数。事实上，在程序包 STD_LOGIC_UNSIGNED 中已定义了多种可供不同数据类型间操作的算符重载函数，SYNOPSYS 程序包 STD_LOGIC_ARITH、STD_LOGIC_UNSIGNED 和 STD_LOGIC_SIGNED 中已经为许多类型的运算重载了算术运算符和关系运算符，因此只要引用这些程序包，SIGNED、UNSIGNED、STD_LOGIC 和 INTEGER 之间即可以混合运算；INTEGER、STD_LOGIC 和 STD_LOGIC_VECTOR 之间也可以混合运算。

4.2.3　基本语句

VHDL 结构体逻辑功能的描述可分两种类型的描述语句：并行描述语句(Concurrent Statements)和顺序描述语句(Sequence Statements)。VHDL 结构体相当于硬件电路的原理图，因此内部其实是由若干并发工作的模块(或器件)组成的。这些并发工作的模块内部，可由并行运行的逻辑描述语句或顺序运行的逻辑描述语句实现。并发工作的模块本身也是并行语句，如块、进程、信号赋值、子程序并行调用、元件例化等模块，它们本身代表并行描述语句。只有在进程模块内部、子程序内部才用顺序描述语句。

1. 并行描述语句

视频13

所有并行描述语句都是并发执行、独立存在的，不能在进程语句 PROCESS 中使用。并行描述语句在 VHDL 结构体中出现的先后顺序并不影响结构体的功能与行为，通常表示一种信号流程。以下就并行信号赋值语句、进程描述语句、元件例化语句等并行描述语句的性能进行说明。

1) 并行信号赋值语句

视频14

并行信号赋值语句包含简单并行信号赋值、条件信号赋值和选择信号赋值三种结构。

(1) 简单并行信号赋值语句。格式如右：

```
信号 <= 表达式
```

简单信号赋值语句相当于器件间的连线或一个驱动器，也是一个进程的缩写。图 4-7 描述了两种方式的等价性。

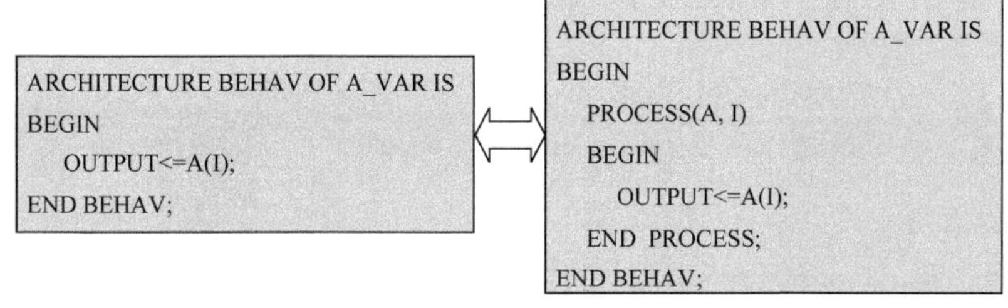

图 4-7　简单并行语句与进程语句描述的等价性

(2) 条件信号赋值语句(又名多条件输入，单指令输出)。格式如右：

WHEN-ELSE

视频15

具体参见示例程序 4-20。

【程序 4-20】

```
ARCHITECTURE ART OF EXP IS
BEGIN
     Q <= A WHEN SELA = '1' ELSE
          B WHEN SELB = '1' ELSE
          C;
END ART;
```

程序 4-20 是一个多条件选择器，从程序中可以看到条件的执行是有先后顺序的，最后一个条件执行完后，结尾才加分号“；”，中间其他条件不加符号。

WHEN-ELSE 语句是并行语句，不能放在进程 PROCESS 内，它与后面介绍的 PROCESS 内的顺序语句 IF-THEN 是等价的。

(3) 选择信号赋值语句(单条件输入，单指令输出)。格式如右：

WITH- SELECT- WHEN

视频16

举例参见示例程序 4-21。

【程序 4-21】

```
ARCHITECTURE ART OF EXP IS
BEGIN
  WITH SEL SELECT
       Q<=I0 WHEN SEL = "00" ,
          I1 WHEN SEL = "01" ,
          I2 WHEN SEL = "10" ,
          I3 WHEN SEL = "10" ,
          'Z' WHEN OTHERS;
END ART;
```

程序 4-21 是四选一的多路选择器，程序中的条件展示没有先后顺序，但必须把所有可能的条件分支列举完整。当程序不能列举完所有条件时，最后必须用“WHEN OTHERS”结尾。在程序编写过程中，最后一个条件分支结尾才加分号“;”，中间其他条件用逗号“,”隔开。

WITH-SELECT-WHEN 语句也是并行语句，不能放在进程 PROCESS 内，它与后面介绍的 PROCESS 内的顺序语句 CASE 语句是等价的。

视频17

2) 进程语句

进程语句 PROCESS 是在 VHDL 设计中用得最多和最具 VHDL 特色的语句，提供了一种用算法描述硬件行为的方法。进程语句具有以下特点。

(1) 进程语句本身是一个并行语句，相当于电路中的一个模块或器件，因此它与其他进程语句及其他并行语句在电路中并发执行。

(2) 进程内部由顺序语句组成，这种顺序性为时序逻辑和算法逻辑描述提供了极大方便。

(3) 进程存在启动与挂起。启动与挂起由进程后紧跟的敏感量信号表中的信号值变化否决定。进程 PROCESS( )括号中的敏感信号表一般用于启动进程执行的所有输入信号。一个进程可理解成一个器件，其输入信号的变化会引起器件内部底层二极管、MOS 管的工作状态变化，从而产生新的输出，其敏感量列表代表的输入信号，列表内输入信号的改变，都将启动进程，从 PROCESS 后的 BEGIN 开始执行进程内相应的顺序语句，当进程中最后一条语句执行完毕后，返回进程的第一条语句，以等待下一次敏感信号变化，如此无限循环。如果敏感量列表没有信号发生变化，则进程挂起，表示进程 BEGIN 不执行操作，没有新的输出产生。

但是，当 PROCESS 的敏感量信号表中没有列出任何敏感信号时，进程只能通过 WAIT 语句进行启动与挂起。WAIT 语句后的条件成立，即运行程序，否则挂起。WAIT 语句可以看成一种隐式的敏感信号表。PROCESS 的敏感量列表和 WAIT 语句两者必有或仅有其中之一。

事实上，对于某些 VHDL 综合器，不论在源程序中是否把所有的进程输入信号都列入敏感量列表，综合后都自动将对应进程的所有输入信号列入敏感量列表。为了使 VHDL 的软件仿真与综合实际结果对应，最好将进程中的所有输入信号都列入敏感量列表中。

进程语句格式如右：

```
[ 进程标号：]   PROCESS[(敏感信号参数表)] [IS]
                 { 进程说明项 }
                 BEGIN
                  顺序语句;
                 END PROCESS [ 进程标号 ];
```

注：[...]是可选项。进程应用参见示例程序 4-22 和程序 4-23。

【程序 4-22】

```
PROCESS(CLK，RESET)
BEGIN
        IF RESET ='1'THEN
           Q<= '0';
        ELSIF(CLK'EVENT AND CLK = '1') THEN
           Q <= D
        END   IF;
END   PROCESS;
```

程序 4-22 是带异步复位的 D 触发器，PROCESS 敏感信号为 CLK 和 RESET，放入敏感量列表中。

【程序 4-23】

```
P1 : PROCESS
     BEGIN
         WAIT UNTIL CLOCK ;                              --等待 CLOCK 激活进程
             IF (EN = '1' ) THEN
                 CASE OUTPUT IS
                         WHEN S1 => OUTPUT <= S2 ;
                         WHEN S2 => OUTPUT <= S3 ;
                         WHEN S3 => OUTPUT <= S4 ;
                         WHEN S4 => OUTPUT <= S1 ;
                 END CASE;
             END IF;
     END PROCESS P1;
```

程序 4-23 是一个进程标号是 P1(标号不是必需的)的进程描述。进程的敏感信号参数表中未列出敏感信号，所以进程的启动需靠 WAIT 语句。在此，信号 CLOCK 即为该进程的敏感信号。每当出现一个时钟脉冲 CLOCK 时，即进入 WAIT 语句以下的顺序语句执行进程中，且当 EN 为高电平时进入 CASE 语句结构。

视频18

3) 元件例化语句

元件例化语句主要针对上层原理图与下层器件之间的描述，是电路原理图用语言结构化表达的一种形式。原理图由器件和导线组成，同样元件例化语句也是由器件和信号构成的。其中，调用的器件由更低层次的设计实体实现。因此，元件例化语句主要由元件定义(或叫调用)和元件例化(或叫连接)两部分组成，其组成格式如下：

```
COMPONENT   元件名   [is]
    GENERIC (类属表)                              -- 元件定义语句
    PORT (端口名表)
END COMPONENT  文件名;
例化名：元件名  PORT MAP(                          -- 元件例化语句
        [端口名  =>]  连接端口名，…);
```

上述格式中，元件定义放在结构体的说明部分，元件例化是结构体功能描述开始的并行语句。其元件定义部分的表达及相关参数与更低层次实现该元件功能的设计实体的实体定义相同。例化，语句中的例化名相当于原理图中的器件标号(或电路板中的一个插座名)，必须写上；元件名则是原理图标号所对应(或电路板插入该插座)的已定义好的元件名；端口名是定义元件名的端口名称，为可选项；连接端口名则是在当前实体(或原理图)中与定义元件端口相连接的连接信号。

元件例化语句中所定义的元件的端口名与当前实体中的连接端口名的接口表达有两

种方式，一种是名称关联方式。在这种关联方式下，例化元件的端口名和关联连接符号“=>” 两者都是必须存在的。这时端口名与连接端口名的对应式，在 PORT MAP 子句中的位置可以是任意的。另一种是位置关联方式。若使用这种方式，端口名和关联连接符号都可省去，在 PORT MAP 子句中，只要列出当前实体中的连接端口名就可以了，但要求连接端口名的排列方式与所需例化的元件端口定义顺序一致。

元件例化语句的应用举例参见示例程序 4-24 和程序 4-25。

【程序 4-24】

```
LIBRARY IEEE;
USE IEEE.STD_LOGIC_1164.ALL;
ENTITY AND2 IS
        PORT ( A, B: IN STD_LOGIC; C: OUT STD_LOGIC );
END AND2;
ARCHITECTURE ART OF AND2 IS
BEGIN
        Y <= A NAND B;
END ART ;
```

【程序 4-25】

```
LIBRARY IEEE;
USE IEEE.STD_LOGIC_1164.ALL;
ENTITY TOP IS
       PORT ( A, B, C, D : IN STD_LOGIC;
                   Z : OUT STD_LOGIC );
END TOP;
ARCHITECTURE ART OF TOP IS
BEGIN
COMPONENT AND2
PORT ( A, B : IN STD_LOGIC ; C : OUT STD_LOGIC) ;
END COMPONENT ;
SIGNAL X, Y : STD_LOGIC ;
BEGIN
U1 : AND2 PORT MAP (A, B, X) ;                    -- 位置关联方式
U2 : AND2 PORT MAP (A => C, C => Y, B => D);   -- 名字关联方式
U3 : AND2 PORT MAP (X, Y, C => Z) ;               -- 混合关联方式
END ARCHITECTURE ART;
```

上述程序 4-24 是程序 4-25 的下层设计实体，它们同属一个设计项目，综合后得到的原理图如图 4-8 所示。

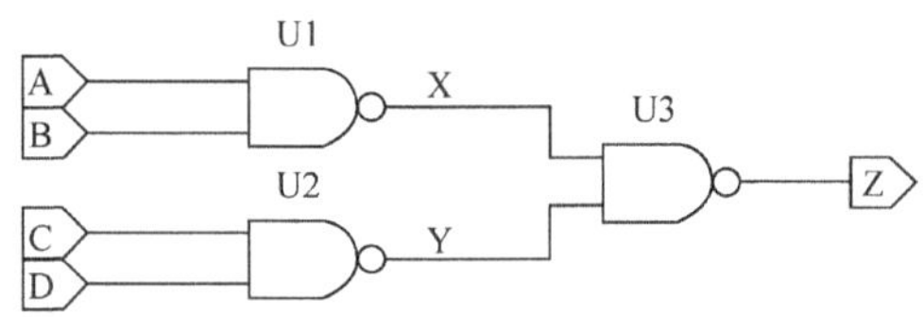

图 4-8 由与非门 AND2 构成的 TOP 逻辑电图

4) 生成语句

生成语句的作用：复制建立 0 个或 N 个结构功能相同的逻辑，具有一种复制作用。语句格式分为两类。

FOR - GENERATE：采用一个离散的范围决定备份的数目。

IF - GENERATE：有条件地生成 0 个或 1 个备份。

(1) FOR-GENERATE 语句。

FOR-GENERATE 语句主要用来描述设计中的一些有规律的单元结构，格式如下：

```
标号: FOR 循环变量 IN 取值范围 GENERATE
        说明部分;
    BEGIN
        并行语句;
    END GENERATE [标号];
```

格式中的循环变量是自动产生的，它是一个局部变量，根据取值范围自动递增或递减。取值范围的语句格式有两种形式：

```
表达式 TO 表达式                    -- 递增方式，如 1 TO 5
表达式 DOWNTO 表达式                -- 递减方式，如 5 DOWNTO 1
```

其中，表达式必须是整数。

用生成语句创建多个备份的示例参见描述四位移位寄存器的示例程序4-26与程序4-27。

【程序 4-26】

```
LIBRARY IEEE;
USE IEEE.STD_LOGIC_1164.ALL;
ENTITY SHIFT IS
        PORT ( A, CLK: IN STD_LOGIC; B: OUT STD_LOGIC );
END SHIFT;
ARCHITECTURE ART OF SHIFT IS
        COMPONENT DFF
                PORT(D,CLK: IN STD_LOGIC;
                        Q: OUT STD_LOGIC);
        END COMPONENT;
```

```
        SIGNAL Z: STD_LOGIC_VECTOR(0 TO 4);
BEGIN
Z(0)<=A;   B<=Z(4);
P: FOR I IN 0 TO 3 GENERATE
U: DFF PORT MAP (Z(I), CLK, Z(I+1));
END GENERATE;
END ART;
```

【程序 4-27】

```
LIBRARY IEEE;
USE IEEE.STD_LOGIC_1164.ALL;
ENTITY DFF IS
  PORT(D,CLK: IN STD_LOGIC;
           Q: OUT STD_LOGIC);
END DFF;
ARCHITECTURE BEHAVIORAL OF DFF IS
BEGIN
PROCESS(D,CLK)
BEGIN
    IF CLK'EVENT AND CLK='1' THEN
      Q<=D;
END IF;
END PROCESS;
END BEHAVIORAL;
```

其中，程序 4-27 是程序 4-26 中调用器件 DFF 的底层实体程序。综合程序 4-26，得到原理图 4-9。

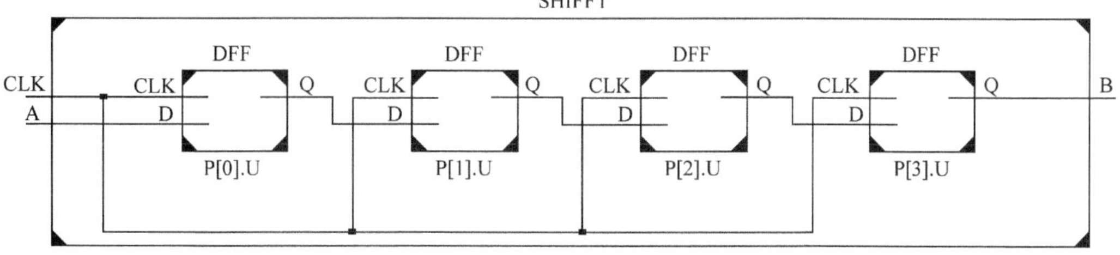

图 4-9　四位移位寄存器综合原理图

(2) IF - GENERATE 语句。

IF- GENERATE 语句是用条件来生成一些有规律的单元结构，其语法格式如下：

```
标号:  IF 条件  GENERATE
           说明部分;
        BEGIN
           并行语句;
        END GENERATE [标号];
```

采用 GENERATE 语句描述 N bit 的串并转换电路参见示例程序 4-28。

【程序 4-28】

```
ENTITY CONVERTER IS
    GENERIC(N: INTEGER:=8);
    PORT( CLK,DATA: IN BIT;
            CONVERT: OUT BIT_VECTOR(N-1 DOWNTO 0));
END CONVERTER;
ARCHITECTURE ART OF CONVERTER IS
    SIGNAL S: BIT_VECTOR(CONVERT'RANGE);
BEGIN
G: FOR I IN CONVERT'RANGE GENERATE
G1: IF( I > CONVERT'RIGHT) GENERATE
     PROCESS(CLK)
     BEGIN
          IF CLK'EVENT AND CLK='1' THEN
             S(I)<=S(I-1);
          END IF;
        END PROCESS;
END GENERATE G1;
G2: IF (I=CONVERT'RIGHT) GENERATE
         PROCESS(CLK)
         BEGIN
                IF CLK'EVENT AND CLK='1' THEN
                   S(I)<= DATA;
                END IF;
         END PROCESS;
END GENERATE G2;
CONVERT(I)<=S(I);
END GENERATE G;
END ART;
```

2. 顺序描述语句

视频20

顺序语句是相对于并行语句而言的，其特点是每一条顺序语句基本按书写顺序执行(指仿真执行)。但只能在进程和子程序(过程和函数)内使用。常用的顺序描述语句有 IF 语句、CASE 语句、LOOP 语句、WAIT 语句。

1) 赋值语句

在进程或子程序内的赋值语句包括信号赋值和变量赋值两种。其由赋值目标、赋值符号和赋值源组成。无论是信号还是变量，赋值目标均放在赋值符号的左边，是赋值的受体；同样赋值源是赋值的主体，放在赋值符号的右边；其中，信号的赋值符号是“<=”，变量的赋值符号是“:=”。两者的赋值语法格式如下：

```
变量赋值目标 :=  赋值源;
信号赋值目标 <=  赋值源;
```

在进程或子程序内，变量的赋值立即发生，没有延迟；信号的赋值存在延迟，赋值的动作立即发生，但目标信号值的更新在“END PROCESS”结束的瞬间完成。同时目标信号在同一个进程中有多个赋值源时，信号赋值目标获得的是最后一个赋值源的赋值。当同一赋值目标处于不同进程中时，其赋值结果比较复杂，可以看成多个信号驱动源连接在一起。一般情况下尽量避免在不同进程中给同一赋值目标赋多驱动源的情况发生。

赋值语句的赋值目标一般有以下几种对象。

(1) 标识符赋值目标: 以简单的标识符作为信号或变量名。例如：

```
VARIABLE A : STD_LOGIC ;
SIGNAL B : STD_LOGIC_VECTOR (1 TO 4);
A := '1';   B <= "1100";
```

(2) 数组单元素赋值目标: 数组中的一位信号，表示为“标识符(下标名)”。例如：

```
SIGNAL A : STD_LOGIC_VECTOR (0 TO 3);
A(3)<= '1';
```

(3) 数组片断赋值目标：数组中的一段信号，表示为“标识符(下标 1　TO(或 DOWNTO) 下标 2)”。例如：

```
VARIABLE A: STD_LOGIC_VECTOR ( 4 DOWNTO 0);
A(1 TO 2) := "10";   A(4 DOWNTO 3) := "01"; A(0) := '0';
```

(4) 集合块赋值目标:其赋值目标是以一个集合的方式来赋值的。例如：

```
SIGNAL A, B, C, D: STD_LOGIC;
SIGNAL S: STD_LOGIC_VECTOR (1 TO 4);
S <= ('0', '1', '0', '0');     (A, B, C, D) <= S ;
```

2) 流程控制语句

转向控制语句通过条件控制开关决定是否执行一条或几条语句，或重复执行一条或几条语句，或跳过一条或几条语句。

流程控制语句通过条件控制开关决定是否执行一条或几条语句，或重复执行一条或几条语句，或跳过一条或几条语句。流程控制语句共有五种：IF 语句、CASE 语句、LOOP 语句、NEXT 语句、EXIT 语句。

视频21

(1) IF 语句。

IF 语句是一种条件语句，它根据语句中所设置的一种或多种条件，有选择性地执行指定的顺序语句。IF 语句的语句结构有以下三种。

① IF 门闸锁存语句。

语句中设置的条件只有一种。当条件满足，即条件为真(TRUE)时，顺序地执行条件后的各条语句；当条件不满足(FALSE)时，不予执行条件后的顺序语句，直接结束 IF 结构。结果是，条件不成立，赋值目标保持先前的状态，实现数据的锁存。语句结构如右：

```
IF 条件 THEN
   顺序语句;
END IF;
```

IF 结构参见示例程序 4-29。

【程序 4-29】

```
LIBRARY IEEE;
USE IEEE.STD_LOGIC_1164.ALL;
ENTITY LATCH IS
        PORT ( D,ENA: IN STD_LOGIC; Q: OUT STD_LOGIC );
END LATCH;
ARCHITECTURE BEHAVIORAL OF LATCH IS
BEGIN
PROCESS(ENA，D)
BEGIN
        IF (ENA = '1')    THEN
           Q <= D;
        END    IF;
END PROCESS;
END BEHAVIORAL;
```

综合后生成锁存器(LATCH)，见图 4-10。

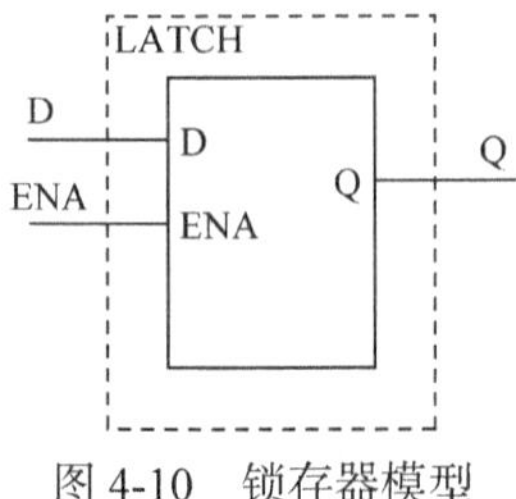

图 4-10　锁存器模型

② IF 二选择控制语句。

用条件来选择两条不同程序执行的路径。若条件成立，则执行一种路径下的顺序语句；若条件不成立，则执行另外一组顺序语句。语句格式如右：

```
IF  条件 THEN
    顺序语句;
ELSE
    顺序语句;
END IF;
```

利用二选择控制 IF 语句完成一个二输入与门的函数定义，参见示例程序 4-30。

【程序 4-30】

```
FUNCTION AND2 (X,Y : IN BIT ) RETURN BIT IS
BEGIN
     IF X='1' AND Y='1' THEN RETURN '1';
    ELSE RETURN '0';
    END IF;
END AND2;
```

③ IF 多选择控制语句。

这种情况的 IF 语句通过关键词 ELSIF 设定多个判定条件，以使顺序语句的执行分支可以超过两个及以上。这一语句的使用需注意的是，任一分支顺序语句的执行条件是以上各分支所确定条件的相与(即相关条件同时成立)。即条件有优先级别。语句格式如右：

```
IF  条件 THEN
     顺序语句;
ELSIF  条件 THEN
     顺序语句;
       ...
ELSE
     顺序语句;
END IF;
```

IF-THEN-ELSIF 语句中隐含了优先级别的判断，最先出现的条件优先级最高，可用于设计具有优先级的电路。8-3 优先编码器参见示例程序 4-31。

【程序 4-31】

```
LIBRARY IEEE;
USE IEEE.STD_LOGIC_1164.ALL;
ENTITY CODER IS
    PORT(INPUT: IN STD_LOGIC_VECTOR(7 DOWNTO 0);
    OUTPUT: OUT STD_LOGIC_VECTOR(2 DOWNTO 0));
END CODER;
ARCHITECTURE ART OF CODER IS
BEGIN
PROCESS(INPUT)
BEGIN
        IF   INPUT(7)= '0'   THEN    OUTPUT<="000";
        ELSIF INPUT(6)= '0' THEN   OUTPUT<="001";
        ELSIF INPUT(5)= '0' THEN   OUTPUT<="010";
        ELSIF INPUT(4)= '0' THEN   OUTPUT<="011";
```

```
        ELSIF INPUT(3)= '0' THEN   OUTPUT<="100";
        ELSIF INPUT(2)= '0' THEN   OUTPUT<="101";
        ELSIF INPUT(1)= '0' THEN   OUTPUT<="110";
        ELSE                        OUTPUT<="111";
      END IF;
END PROCESS;
END ART;
```

(2) CASE 语句。

视频22

CASE 语句根据满足的条件直接选择多项顺序语句中的一项执行，CASE 语法结构如下：

```
CASE 表达式 IS
 WHEN 选择值 => 顺序语句;
 WHEN 选择值 => 顺序语句;
          ...
END CASE;
```

当执行到 CASE 语句时，首先计算表达式的值，然后根据条件句中与之相同的选择值,执行对应的顺序语句，最后结束 CASE 语句。条件句中的“=>”不是操作符，它只相当于“THEN”的作用。

选择值的表达可有以下形式。

① 一种选择条件值：WHEN 值 => 顺序处理语句。

② 一段选择条件值：WHEN 值 TO 值 => 顺序处理语句。

③ 多种条件选择值：WHEN 值|值|值|…|值 => 顺序处理语句。

④ 剩余所有条件值：WHEN OTHERS => 顺序处理语句。

使用 CASE 语句需注意以下几点：

① 分支条件的值必须在表达式的取值范围内；

② 两个分支条件不能重叠；

③ CASE 语句执行时必须选中，且只能选中一个分支条件；

④ 条件分支必须覆盖表达式所有可能的值，否则必须在最后加“WHEN OTHERS”分支条件。

用 CASE 语句描述四选一电路，参见示例程序 4-32。

【程序 4-32】

```
LIBRARY IEEE;
USE IEEE.STD_LOGIC_1164.ALL;
ENTITY MUX4 IS
     PORT (S1, S2 : IN STD_LOGIC;
            I0, I1, I2, I3 : IN STD_LOGIC;
            Q: OUT STD_LOGIC);
END   MUX4;
ARCHITECTURE ART OF MUX4 IS
      SIGNAL SEL : STD_LOGIC_VECTOR (1 DOWNTO 0);
```

```
BEGIN
SEL<= S1 & S2 ;
PROCESS (SEL , I0, I1, I2, I3)
BEGIN
    CASE SEL IS
        WHEN "00" => Q<= I0 ;
        WHEN "01" => Q<=I1;
        WHEN "10" => Q<= I2 ;
        WHEN "11" => Q<= I3 ;
        WHEN OTHERS => Q<= 'Z' ;
    END CASE;
END PROCESS;
END ART;
```

与 IF 语句相比，CASE 语句组的程序可读性比较好，这是因为它把条件中所有可能出现的情况全部列出来了，可执行条件一目了然。而且 CASE 语句的执行过程不像 IF 语句那样有一个逐项条件顺序比较的过程。CASE 语句中条件句的次序是不重要的，它的执行过程更接近于并行方式。一般地，综合后，对相同的逻辑功能，CASE 语句比 IF 语句的描述耗用更多的硬件资源。不但如此，对于有的逻辑 CASE 语句无法描述，只能用 IF 语句，这是因为 IF-THEN-ELSLF 语句具有条件相与的功能和自动将逻辑值“–”包括进去的功能(逻辑值“–”有利于逻辑的化简)。而 CASE 语句只有条件相或的功能。

程序 4-33 是一个算术逻辑单元的 VHDL 描述，它在信号 OPCODE 的控制下可分别完成加、减、相等或不相等操作，程序在 CASE 语句中混合了 IF-THEN 语句。

【程序 4-33】

```
LIBRARY IEEE;
USE IEEE.STD_LOGIC_1164.ALL;
USE IEEE.STD_LOGIC_UNSIGNED.ALL;
ENTITY ALU IS
    PORT( A, B : IN STD_LOGIC_VECTOR(7 DOWNTO 0);
          OPCODE: IN STD_LOGIC_VECTOR (1 DOWNTO 0);
          RESULT: OUT STD_LOGIC_VECTOR (7 DOWNTO 0) );
END ALU;
ARCHITECTURE BEHAVE OF ALU IS
      CONSTANT PLUS : STD_LOGIC_VECTOR (1 DOWNTO 0) := B"00";
      CONSTANT MINUS : STD_LOGIC_VECTOR (1 DOWNTO 0) := B"01";
      CONSTANT EQUAL : STD_LOGIC_VECTOR (1 DOWNTO 0) := B"10";
      CONSTANT NOT_EQUAL: STD_LOGIC_VECTOR (1 DOWNTO 0) := B"11";
BEGIN
```

```
PROCESS (OPCODE, A, B)
BEGIN
   CASE OPCODE IS
            WHEN PLUS => RESULT <= A + B;
            WHEN MINUS => RESULT <= A - B;
            WHEN EQUAL =>
                   IF (A = B) THEN RESULT <= X"01";
                   ELSE RESULT <= X"00";
                   END IF;
           WHEN NOT_EQUAL =>
                   IF (A /= B) THEN RESULT <= X"01";
                   ELSE RESULT <= X"00";
                   END IF;
     END CASE;
END PROCESS;
END BEHAVE;
```

空操作语句的语句格式为：

NULL;

空操作语句不完成任何操作，它唯一的功能就是使逻辑运行流程跨入下一步语句的执行。NULL 常用于 CASE 语句中，为满足所有可能的条件，利用 NULL 来表示所有的不用条件下的操作行为。在程序 4-34 的 CASE 语句中，NULL 用于排除一些不用的条件。

【程序 4-34】

```
CASE OPCODE IS
     WHEN "001" => TMP := A AND B ;
     WHEN "101" => TMP := A OR B ;
     WHEN "110" => TMP := NOT A ;
     WHEN OTHERS => NULL ;
END CASE ;
```

此例类似于一个 CPU 内部的指令译码器功能，"001"、"101"和"110" 分别代表指令操作码，对于它们所对应在寄存器中的操作数的操作算法，CPU 只对这三种指令码做出反应，当出现其他码时不做任何操作。

(3) LOOP 语句。

视频23

① LOOP 循环语句。

LOOP 语句就是循环语句，它可以使所包含的一组顺序语句被循环执行，其执行次数由设定的循环参数决定。LOOP 语句的表达方式有三种。

a. 无限 LOOP 语句，其语法格式如下：

```
[ LOOP 标号]: LOOP
    顺序语句;
    EXIT [ LOOP 标号 ];
END LOOP;
```

这种循环方式是一种最简单的语句形式，它的循环方式需引入其他控制语句(如 EXIT 语句) 后才能确定。例如：

```
…
L2 : LOOP
    A := A+1;
    EXIT L2 WHEN A >10 ;                    -- 当 A 大于 10 时跳出循环
    END LOOP L2;
…
```

b. FOR-LOOP 语句，语法格式如下：

```
[ LOOP 标号]: FOR 循环变量 IN 循环次数范围  LOOP
    顺序语句;
END LOOP [ LOOP 标号 ];
```

其特点如下。

(a) 循环变量是 LOOP 内部自动声明的局部量，仅在 LOOP 内可见；不需要指定其变化方式。

(b) 循环次数范围规定 LOOP 语句中的顺序语句被执行的次数。循环变量从循环次数范围的初值开始，每执行完一次顺序语句后递增 1 或递减 1，直至达到循环次数范围指定的最终值。循环次数必须是可计算的整数范围，表达形式如下：

```
整数表达式    TO      整数表达式
整数表达式    DOWNTO    整数表达式
```

用 FOR-LOOP 语句描述一个 8 位奇偶校验电路，参见示例程序 4-35。

【程序 4-35】

```
LIBRARY IEEE
USE IEEE.STD_LOGIC_1164.ALL
ENTITY PARITY_CHECK IS
    PORT ( A : IN STD_LOGIC_VECTOR (7 DOWNTO 0);
           Y : OUT STD_LOGIC );
END PARITY_CHECK;
ARCHITECTURE ART OF PARITY_CHECK IS
```

```
BEGIN
PROCESS(A)
    VARIABLE TMP: STD_LOGIC;
BEGIN
    TMP :='0';
    FOR M IN 0 TO 7 LOOP
    TMP := TMP XOR A(M);
    END LOOP ;
    Y <= TMP;
END PROCESS;
END ART;
```

c. WHILE-LOOP 语句，语法格式如下：

```
[ LOOP 标号]: WHILE 循环条件  LOOP
            顺序语句;
    END LOOP [ LOOP 标号 ];
```

与 FOR-LOOP 语句不同的是，WHILE-LOOP 语句并没有给出循环次数范围，但给出了循环执行顺序语句的条件。这里的循环控制条件可以是任何布尔表达式，如 A=0 或 A>B。当条件为 TRUE 时，继续循环；为 FALSE 时，跳出循环，执行“END LOOP”后的语句，如示例程序 4-36。

【程序 4-36】

```
ENTITY EXP IS
    PORT (A: IN BIT_VECTOR (0 TO 3);
          OUTD: OUT BIT_VECTOR (0 TO 3));
END EXP;
ARCHITECTURE ART OF EXP IS
BEGIN
PROCESS (A)
    VARIABLE B: BIT;
    VARIABLE I: INTEGER;
BEGIN
    I := 0;
    WHILE I < 4 LOOP
    B := A(3-I) AND B;
    OUTD(I) <= B;
    END LOOP;
END PROCESS;
END ART;
```

注：一般综合器通常不支持 WHILE-LOOP 语句。即使是少数支持 WHILE 语句的综

合器，也要求 LOOP 的结束条件值必须是在综合时就可以决定。

② NEXT 语句。

NEXT 语句主要用在 LOOP 语句中进行有条件的或无条件的转向控制。它的语句格式有以下三种。

a. NEXT;

无条件终止当前的循环，跳回到本次循环 LOOP 语句开始处，开始下次循环。

b. NEXT LOOP 标号;

无条件终止当前的循环，跳转到指定标号的 LOOP 语句处，重新开始执行循环操作。

c. NEXT LOOP 标号 WHEN 条件表达式;

有条件跳转，当条件表达式的值为 TRUE 时，执行 NEXT 语句，进入转跳操作，否则继续向下执行。当只有单层 LOOP 循环语句时，关键词 NEXT 与 WHEN 之间的 LOOP 标号可以省去，如示例程序 4-37。

【程序 4-37】

```
...
L1 : FOR I IN 1 TO 8 LOOP
    S1: A(I) := '0';
    NEXT WHEN (B=C);
    S2: A(I + 8 ):= '0';
END LOOP L1;
```

程序 4-37 中，当程序执行到 NEXT 语句时，如果条件判断式(B=C)的结果为 TRUE，则将执行 NEXT 语句并返回到 L1，使 I 加 1 后执行 S1 开始的赋值语句；否则将执行 S2 开始的赋值语句。在多重循环中，NEXT 语句必须加上转跳标号。

③ EXIT 语句。

EXIT 语句与 NEXT 语句具有十分相似的语句格式和转跳功能，它们都是 LOOP 语句的内部循环控制语句。EXIT 的语句格式也有三种：

```
EXIT ;
EXIT LOOP  标号;
EXIT LOOP  标号 WHEN  条件表达式;
```

EXIT 语句中的每一种语句格式与对应的 NEXT 语句的格式和操作功能非常相似，唯一的区别是 NEXT 语句转跳的方向是 LOOP 循环起始点标号，而 EXIT 语句的转跳方向是 LOOP 标号指定的 LOOP 循环语句的结束处，即完全跳出指定的循环，并开始执行此循环外的语句。简言之，NEXT 语句是跳转到 LOOP 语句的起始点，而 EXIT 语句则是跳转到 LOOP 语句的终点。有关 EXIT 语句的具体应用，这里就不再详述。可以参见示例程序 4-38：比较两个数的大小。

【程序 4-38】

```
SIGNAL A,   B : STD_LOGIC_VECTOR(3 DOWNTO 0);
SIGNAL   A_LESS_THAN_B : BOOLEAN;
...
A_LESS_THAN_B<=FALSE;
FOR I IN 3 DOWNTO 0 LOOP
  IF   A(I)= '1' AND B(I)= '0' THEN
         A_LESS_THAN_B<=FALSE;     EXIT;
  ELSIF   A(I)= '0' AND B(I)= '1' THEN
         A_LESS_THAN_B<=TRUE;     EXIT;
  ELSE   NULL;
  END IF;
END LOOP;
```

视频24

(4) WAIT 语句。

进程(或过程)执行过程中，当遇到 WAIT 语句时，运行程序将被挂起(SUSPENSION)，直到满足此语句设置的结束挂起条件后，将重新开始执行进程或过程中的程序。WAIT 语句执行的功能与进程敏感信号表等价，二者关系为：不能同时出现在进程中，但必须有其一在进程中出现。即有敏感量信号的进程不能使用任何 WAIT 语句，使用 WAIT 语句的进程不能加敏感量信号表。

对于不同的结束挂起条件的设置，WAIT 语句有以下四种不同的语句格式。

① WAIT;

此语句将使进程处于无限等待、永远挂起状态，主要用于设置仿真波形。例如：

```
PROCESS
A<='1'; WAIT;
END PROCESS;
```

这段程序是给 A 信号赋值高电平信号。

② WAIT ON 信号表;

WAIT ON 语句又称敏感信号等待语句。信号表中列出的信号是等待语句的敏感信号，当处于等待状态时，敏感信号的任何变化(如从 0 到 1 或从 1 到 0 的变化)将结束挂起，再次启动进程。与 PROCESS(敏感信号表)概念一致。下面两种描述语句是等价的。但 WAIT ON 语句综合一般不支持。

```
PROCESS(A,B)
BEGIN
   Y<= A AND B;
END PROCESS;
```

```
PROCESS
BEGIN
       Y<= A AND B;
WAIT ON A,B;
END PROXESS;
```

③ WAIT UNTIL 条件表达式;

该语句称为条件等待语句，被此语句挂起的进程需顺序满足如下两个条件，进程才能脱离挂起状态，重新被启动：

a. 在条件表达式中所含的信号发生了改变；

b. 此信号改变后且满足 WAIT 语句所设的条件。

这两个条件不但缺一不可，而且必须依照以上顺序来完成。

一般只有 WAIT_UNTIL 语句可以被综合，其余 WAIT 语句只能在 VHDL 仿真器中使用。WAIT UNTIL 语句有以下三种表达方式:

```
WAIT UNTIL 信号=VALUE;
WAIT UNTIL 信号'EVENT AND 信号=VALUE;
WAIT UNTIL NOT 信号'STABLE AND 信号=VALUE;
```

如果设 CLK 为输入时钟信号，以下四条 WAIT 语句所设的进程启动条件都是时钟上升沿，所以它们对应的硬件结构是一样的。

```
WAIT UNTIL CLK ='1';
WAIT UNTIL RISING_EDGE(CLK) ;
WAIT UNTIL NOT CLK'STABLE AND CLK ='1';
WAIT UNTIL CLK ='1' AND CLK'EVENT;
WAIT FOR 时间表达式            --超时等待语句
```

WAIT UNTIL 语句应用举例参见示例程序 4-39。该程序完成一个硬件求平均的功能，每一个时钟脉冲由 A 输入一个数值，4 个时钟脉冲后将获得这 4 个数值的平均值。

【程序 4-39】

```
...
PROCESS
BEGIN
    WAIT UNTIL CLK ='1';
    AVE <= A;
    WAIT UNTIL CLK ='1';
    AVE <= AVE + A;
    WAIT UNTIL CLK ='1';
    AVE <= AVE + A;
    WAIT UNTIL CLK ='1';
    AVE <= (AVE + A)/4 ;
END PROCESS ;
```

④ WAIT FOR;

WAIT FOR 为超时等待语句，在此语句中定义了一个时间段，从执行到当前的 WAIT 语句开始，在此时间段内，进程处于挂起状态，当超过这一时间段后，进程自动恢复执

行。此语句仅仅用于仿真，定义输入信号的波形，但综合不支持。如下面描述 CLK 的周期波形：

```
PROCESS
BEGIN
CLK<='0'; WAIT FOR 100 NS;
CLK<='1'; WAIT FOR 100 NS;
END PROCESS;
```

程序中描述 CLK 的波形，当 CLK 被赋值低电平，并持续 100ns 时间后，CLK 被赋值高电平，同样持续 100ns 后，进程又重新开始。

3. 子程序定义、描述与调用

视频25

子程序是一个 VHDL 程序模块，目的是更有效地完成重复性的计算工作。子程序内部与 PROCESS 一样，是利用顺序语句来定义和完成算法的。但不能像进程那样可以从本结构体的其他块或进程中直接读取信号值或者向信号赋值。子程序的使用方式只能通过子程序调用及与子程序的界面端口进行通信。子程序的应用与元件例化的元件调用也是不同的，如果在一个设计实体或进程中调用子程序，并不像元件例化那样会产生一个新的设计层次。

子程序可以在 VHDL 程序中的程序包、结构体和进程中进行定义和描述。但由于只有在程序包中定义的子程序可被几个不同的设计所调用，所以一般应该将子程序放在程序包中。

VHDL 子程序具有可重载性的特点，即允许有许多重名的子程序，但这些子程序的参数类型及返回值数据类型是不同的。子程序的可重载性是一个非常有用的特性。

子程序有两种类型，即过程 PROCEDURE 和函数 FUNCTION。

过程的调用可通过其界面提供多个返回值，或不提供任何值；函数的调用只能返回一个值。在函数入口中，所有参数都是输入参数；而过程有输入参数、输出参数和双向参数。过程一般被看作一种语句结构，常在结构体或进程中以分散的形式存在；而函数通常是表达式的一部分，常在赋值语句或表达式中使用。过程可以单独存在，其行为类似于进程；而函数通常作为语句的一部分被调用。

在实际应用中，综合后的子程序将映射于目标芯片中的一个相应的电路模块，且每一次调用都将在硬件结构中产生对应于具有相同结构的不同的模块。考虑硬件电路规模和资源，在实际应用中要密切关注和严格控制子程序的调用次数。

1) 函数(FUNCTION)

在 VHDL 中有多种函数形式，如用户自定义函数、库中具有专用功能的预定义函数。如现成库中用于从一种数据类型到另一种数据类型的转换函数；用于在多驱动信号中解

决信号竞争问题的决断函数等。函数的语言表达格式如下：

```
FUNCTION   函数名(参数表) RETURN   数据类型        --函数首
FUNCTION   函数名(参数表) RETURN   数据类型  IS   --函数体
    [ 说明部分 ]
BEGIN
    顺序语句
END FUNCTION  函数名;
```

一般地，函数定义应由两部分组成，即函数首和函数体。在进程或结构体中不必定义函数首，而在程序包中必须定义函数首。函数中的参数表是用来定义输入的，不必显式表示参数的方向。RETURN 返回的是函数输出值。函数的定义与调用参见示例程序 4-40 和程序 4-41。

【程序 4-40】

```
    PACKAGE   PACKEXP   IS                                      --定义程序包
        FUNCTION   MAX ( A,B : IN STD_LOGIC_VECTOR)              --定义函数首
        RETURN   STD_LOGIC_VECTOR;
    END;
    PACKAGE   BODY   PACKEXP   IS
        FUNCTION   MAX( A,B IN STD_LOGIC_VECTOR)                 --定义函数体
        RETURN   STD_LOGIC_VECTOR   IS
        BEGIN
            IF A > B THEN RETURN A;
            ELSE RETURN B;
            END IF;
        END FUNCTION MAX;                            --结束 FUNCTIO N 语句
    END;                                             --结束 PACKAG E BODY 语句
    LIBRARY   IEEE;
    USE   IEEE.STD_LOGIC_1164.ALL;
    USE   IEEE.STD_LOGIC_ARITH.ALL;
    USE   IEEE.STD_LOGIC_UNSIGNED.ALL;
USE WORK. PACKEXP.ALL;
ENTITY AXAMP IS
    PORT(…);
END;
ARCHITECTURE BHV OF AXAMP IS
```

```
BEGIN
   ...
   OUT1 <= MAX(DAT1,DAT2);               --用在赋值语句中的并行函数调用语句
   PROCESS(DAT3,DAT4)
   BEGIN
   OUT2 <= MAX(DAT3,DAT4);               --PROCESS 内的顺序函数调用语句
END PROCESS;
...
END;
```

程序 4-40 是函数放在程序包中的定义、在结构体中的并行赋值调用和在 PROCESS 内的顺序调用。

【程序 4-41】

```
LIBRARY IEEE;
USE IEEE.STD_LOGIC_1164.ALL ;
ENTITY EXP IS
PORT (A : IN STD_LOGIC_VECTOR (0 TO 2 ) ;
         M : OUT STD_LOGIC_VECTOR (0 TO 2 ) ;
END ENTITY EXP;
ARCHITECTURE ART OF EXP IS
       FUNCTION    SAM (X ,Y ,Z : STD_LOGIC)    RETURN STD_LOGIC IS
       BEGIN
             RETURN ( X AND Y ) OR Y ;
       END FUNCTION SAM ;
BEGIN
PROCESS ( A )
BEGIN
       M(0) <= SAM( A(0), A(1), A(2) ) ;
       M(1) <= SAM( A(2), A(0), A(1) ) ;
       M(2) <= SAM( A(1), A(2), A(0) ) ;
END PROCESS ;
END ARCHITECTURE ART;
```

程序 4-41 是函数在结构体中的定义，因此只定义了函数体。该函数的调用放在 PROCESS 内作顺序调用。

2) 过程(PROCEDURE)

VHDL 中子程序的另外一种形式是过程 PROCEDURE，过程的语句格式如下：

```
PROCEDURE  函数名(参数表)        -- 过程首
PROCEDURE  函数名(参数表) IS     -- 过程体
   [ 说明部分 ]
BEGIN
   顺序语句
END FUNCTION 过程名;
```

与函数一样，过程也由两部分组成，即过程首和过程体。在进程或结构体中不必定义过程首，而在程序包中必须定义过程首。PROCEDURE 中的参数表可以是常数、变量和信号三类数据对象目标，可用关键词 IN、OUT 和 INOUT 定义这些参数的工作模式，即信息的流向。如果没有指定模式则默认为 IN。

过程的声明和调用与函数一样，放在程序包中定义的过程，可在调用实体的所有结构体中作并行调用，也可在进程中作顺序调用。放在结构体中定义的过程，可在该结构体中作并行调用和顺序调用。放在进程内部定义的过程，则只能在该进程中作顺序调用。

过程并行调用与顺序调用参见示例程序 4-42。

【程序 4-42】

```
…
  PROCEDURE ADDER( SIGNAL A, B: IN STD_LOGIC;
                               SIGNAL SUM: OUT STD_LOGIC);
     …
  ADDER(A1, B1, SUM1);                                    --并行调用
…
  PROCESS(C1, C2)
     BEGIN
          ADDER(C1, C2, S1);                              --顺序调用
  END PROCESS;
```

3) RETURN 语句

RETURN 语句只能用于子程序体中，并用来终止一个子程序的执行。有两种语句格式：

(1) RETURN；

该语句格式只能用于过程，只是结束过程，并不返回任何值。

(2) RETURN 表达式；

该语句格式只能用于函数，并且必须返回一个值。

用于过程的 RETURN 语句参见示例程序 4-43，用于函数的 RETURN 语句参见程序 4-44。

【程序 4-43】

```
PROCEDURE RS (SIGNAL S , R : IN STD_LOGIC ;
              SIGNAL Q , NQ : INOUT STD_LOGIC) IS
```

```
BEGIN
    IF ( S ='1' AND R ='1') THEN
        REPORT "FORBIDDEN STATE : S AND R ARE QUUAL TO '1'";
        RETURN ;
    ELSE
        Q <= S AND NQ AFTER 5 NS ;
        NQ <= S AND Q AFTER 5 NS ;
    END IF ;
END PROCEDURE RS ;
```

【程序 4-44】

```
FUNCTION OPT (A,B,SEL: STD_LOGIC )   RETURN   STD_LOGIC   IS
BEGIN
        IF   SEL = '1'   THEN
            RETURN   (A   AND   B );
        ELSE
            RETURN   (A   OR   B );
        END   IF;
END   FUNCTION   OPT;
```

以上语句是 VHDL 设计过程中的常用语句,还有部分语句和说明,有时也需在 VHDL 设计过程中使用。例如，属性描述与定义语句(属性测试项目名' 属性标识符)、文本文件操作(TEXTIO)、ASSERT(断言)语句、REPORT 语句、决断函数等，可参考其他 VHDL 书籍的详细描述，如潘松和王国栋编著的《VHDL 实用教程》等。本书因篇幅有限，不再作详细说明。

4.2.4 基本描述方法

视频26

从前面的叙述可以看出，VHDL 的结构体描述整个设计实体的逻辑功能。其逻辑功能在结构体中可以用不同的语句类型和描述方式来表达。对于相同的逻辑行为也可以有不同的语句表达方式。在 VHDL 结构体中，这种不同的描述方式或者说建模方法通常可归纳为行为描述、RTL 描述和结构化描述，其中 RTL 描述也称寄存器传输语言描述或数据流描述。VHDL 可以通过这三种描述方法从不同的侧面描述结构体的行为方式。在实际应用中为了能兼顾整个设计的功能资源性能，通常混合使用这三种描述方式。

1. 行为描述

行为描述只关心输入与输出间的逻辑关系与转换行为,不包含任何结构信息的描述。主要指顺序语句描述，即通常是指含有进程的非结构化的逻辑描述。行为描述的设计模型定义了系统的行为，这种描述方式通常由一个或多个进程构成，每一个进程又包含了一系列顺序语句。这里所谓的硬件结构是指具体硬件电路的连接结构、逻辑门的组成结

构、元件或其他各种功能单元的层次结构等。

其行为描述方式可参见示例程序 4-45 的具有异步复位的 8 位二进制加计数器。

【程序 4-45】

```
LIBRARY IEEE;
USE IEEE.STD_LOGIC_1164.ALL;
USE IEEE.STD_LOGIC_UNSIGNED.ALL
ENTITY COUNTER IS
    PORT ( RST, CLK : IN STD_LOGIC;
           CNT : OUT STD_LOGIC_VECTOR(7 DOWNTO 0));
END;
ARCHITECTURE ART OF CNT IS
    SIGNAL Q: UNSIGNED(7 DOWNTO 0);
BEGIN
PROCESS (CLK, RST)
BEGIN
    IF RSE='1' THEN   Q <= X"00" ;
    ELSIF (CLK='1' AND CLK'EVENT) THEN   Q<= Q + 1 ;
    END IF;
END PROCESS;
CNT <= STD_LOGIC_VECTOR(Q);
END ARCHITECTURE ART;
```

2. RTL 描述

RTL 描述也称数据流描述，是寄存器传输语言的简称。其描述风格是建立在用并行信号赋值语句描述的基础上，当语句中任一输入信号的值发生改变时，赋值语句就被激活，随着这种语句对电路行为的描述，大量的有关这种结构的信息也从这种逻辑描述中“流出”。数据流描述方式能比较直观地表达底层逻辑行为。

这种描述方式可参见示例程序 4-46。

【程序 4-46】

```
ENTITY LS18 IS
    PORT(A0, B0, A1, B1, A 2, B2, A3, B3: IN STD_LOGIC;
           OUTA,OUTB : OUT STD_LOGIC);
END LS18;
ARCHITECTURE ART OF LS18 IS
BEGIN
OUTA <= NOT ( A0 AND A1 AND A2 AND A3 );
OUTB <= NOT (B0 AND B1 AND B2 AND B3 );
END ART;
```

3. 结构化描述

VHDL 结构化描述是基于元件例化语句或生成语句的应用。利用这种语句，可以用不同类型的结构来完成多层次的工程，元件间的连接是通过定义的端口界面来实现的，其风格最接近实际的硬件结构，即通过元件互连来表达系统电路。

结构化描述包含了元件说明和元件例化两部分。元件说明和例化是用 VHDL 实现层次化、模块化设计的手段，与传统原理图设计输入方式相仿。在综合时，VHDL 综合器会根据相应的元件声明搜索与元件同名的下层设计实体，并将此实体合并到生成的门级网表中。

结构化描述参见示例程序 4-47。程序 4-47 是图 4-11 的 VHDL 结构化描述。

【程序 4-47】

```
ENTITY COUNTER3 IS
      PORT(CLK: IN BIT;
              COUNT: OUT BIT_VECTOR( 2 DOWNTO 0));
END COUNTER3;
ARCHITECTURE ART OF COUNTER3 IS
       COMPONENT DFF
            PORT(CLK, D: IN BIT; Q: OUT BIT);
       END COMPONENT;
       COMPONENT OR2
            PORT(I1, I2: IN BIT; O: OUT BIT);
       END COMPONENT;
       COMPONENT NAND2
            PORT(I1, I2: IN BIT; O: OUT BIT);
       END COMPONENT;
       COMPONENT XNOR2
            PORT(I1, I2: IN BIT; O: OUT BIT);
       END COMPONENT;
       COMPONENT INV
            PORT(I: IN BIT; O: OUT BIT);
       END COMPONENT;
       SIGNAL N1, N2, N3, N4, N5, N6, N7, N8, N9: BIT;
BEGIN
U1: DFF PORT MAP(CLK, N1, N2);
U2: DFF PORT MAP(CLK, N5, N3);
U3: DFF PORT MAP(CLK, N9, N4);
U4: INV PORT MAP(N2, N1);
U5: OR2 PORT MAP(N3, N1, N6);
U6: NAND2 PORT MAP(N1, N3, N7);
```

```
U7: NAND2 PORT MAP(N6, N7, N5);
U8: XNOR2 PORT MAP(N8, N4, N9);
U9: NAND2 PORT MAP(N2, N3, N8);
COUNT(0) <= N2; COUNT(1) <= N3; COUNT(2) <= N4;
END ART;
```

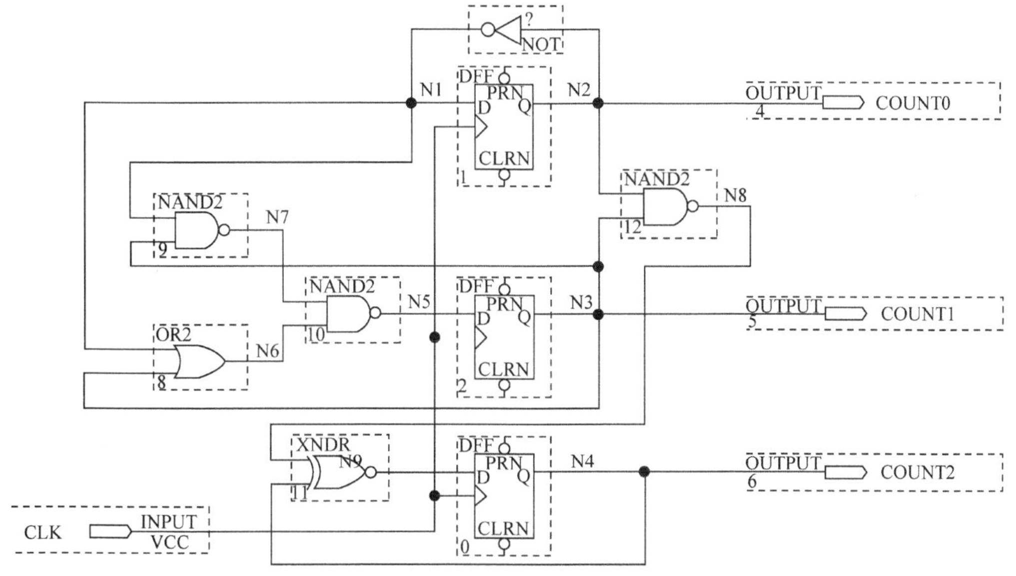

图 4-11　3bit 计数器门级电路图

4.3　Verilog 语言

Verilog HDL 也是一种用于数字系统建模的硬件描述语言，其模型的抽象层次可以从算法级、门级一直到开关级。建模的对象可以简单到只有一个门，也可以复杂到一个完整的数字电子系统。用 Verilog 语言可以分层次地描述数字系统，并可在这个描述中建立清晰的时序模型。

Verilog 语言从 C 语言中继承了多种操作符和结构，因此描述形式非常接近 C 语言，容易学习和使用，正因为该特点很多初学者常常将其与 C 语言混淆。但是，Verilog 毕竟是硬件描述语言，其硬件建模功能在学习时还是有较大难度。在语言的学习和应用中，如果带着硬件电路的思想，如：电路由器件组成、器件工作具有并发性、器件具有输入/输出、输入信号的变化、触发器件的重新运行、器件的连接信号具有延迟特性等，会具有事半功倍的效果。

Verilog 语言与 VHDL 相比，VHDL 的硬件结构和逻辑的描述非常严密，同时与 C 语言的表达形式相距要大一些，因此 VHDL 的学习与掌握相比 Verilog 语言要有难度。目前两种语言在硬件电路的描述应用平分秋色。

4.3.1 基本结构

1. 模块

Verilog语言中的基本描述单位是模块。模块描述某个设计的功能或结构，以及它与其他外部模块进行通信的端口。使用开关级原语、门级原语和用户定义的原语可以对设计的结构进行描述；使用连续赋值语句可以对设计的数据流行为进行描述；使用过程性结构可以对时序行为进行描述。在模块内部可以实例引用另外一个模块。

模块基本语法如下：

```
module 模块名(端口列表);
        { 端口定义
          结构体描述 }
endmodule
```

说明：

(1) 每个Verilog HDL源文件中只有一个顶层模块，其他为子模块。理解为一个顶层模块类似于对一个电路系统的定义，其他子模块为该顶层电路中的器件。

(2) 每个模块要进行端口定义，并说明输入/输出端口，然后对模块的功能进行行为逻辑描述。

(3) 程序书写格式自由，一行可以写几个语句，一个语句也可以分多行写。

(4) 除了endmodule语句、begin_end语句和fork_join语句外，每个语句和数据定义的最后必须有分号。

(5) 可用/*…*/和//…对程序的任何部分作注释。加上必要的注释，以增强程序的可读性和可维护性。

下面这个简单的模块表示的是半加器电路的模型。

【程序4-48】

```
module half_adder(a,b,sum,carry);
     input a,b;
     output sum,carry;
     assign #2 sum=a^b;
     assign #5 carry=a&b;
endmodule
```

模块的名字是half_adder。该模块有4个端口：2个输入端口a和b，2个输出端口sum和carry。由于没有定义端口的位数，因此所有端口的位宽都为1位；同时，由于没有声明各端口的数据类型，所以这4个端口都是线网类型。

该模块包含描述半加器数据流行为的两条连续赋值语句。这两条语句是并发的，也就是说，这两条语句在模块中出现的先后次序无关紧要。语句的执行次序取决于线网a和b上发生的事件。

2. 延迟

Verilog HDL模型中的所有延迟都是根据时间单位定义的。下面举例说明带延迟的连

续赋值语句：

```
assign #2 sum=a^b;
```

其中，#2 指 2 个时间单位。

使用编译指令'timescale 可将时间单位与物理时间相关联。这样的编译器指令必须在模块声明之前定义，举例说明如下：

```
'timescale 1ns/100ps
```

此语句说明延迟时间单位为 1ns，而时间精度为 100ps(时间精度是指所有延迟值的最小分辨率必须限定在 0.1ns 内)。若上述编译器指令出现在包含上面的连续赋值语句的模块前，则#2 代表 2ns。

若没有指定上述编译器指令，则 Verilog HDL 仿真器会指定一个缺省时间单位。IEEE Verilog HDL 标准并未对缺省的时间单位做出具体的规定。

延迟一般用于仿真，综合不支持。

4.3.2　语言要素

Verilog 语言与 VHDL 一样，其语言要素是编程语句的基本单元，但其语言表达类似于 C 语言，基本词法约定与 C 语言类似，其语句描述由若干单词组成，包含标识符、关键字、字符串、数字、分隔符、注释等。但 Verilog 与 VHDL 不同的是语句中单词的大小写是敏感相关的，关键词全部小写。

1. Verilog 文字规则

1) 标识符和关键字

Verilog 语言和 VHDL 一样，语句主体由标识符和关键字组成，其关键字是语言中预留的用于定义语言结构和操作的特殊标识符。Verilog 中的关键字全部小写。

标识符用于定义程序代码中对象的名字，使用标识符来访问对象。Verilog 中的标识符由字母、数字、下划线(_)和美元符($)组成。标识符区分大小写，开头第一个字符必须是字母或“\”，不能以数字或美元符开始。以“\”开头的标识符被称为转义标识符，可以包含除空格以外的任意码 ASCII 符号，转义标识符以“\”开始，以空白符(空格、制表符和换行符)结束，所有可打印字符均可包含在转义字符中。以美元符开始的标识符特定用于系统函数。例如：

```
\a-b+c   //等同 a-b+c;
$display(//display=%b",{a,b,c})   //只有当标志设置时才能显示
```

2) 数字声明

Verilog 中的数字声明包括两种格式：指明位数的数字和不指明位数的数字。

```
<size>'<base formal><number>
```

(1)指明位数的数字。其基本格式如下：

<size>用于指明数字位的宽度，只能用十进制数表示。

<base formal>用于指明数字表达的进制基数，如十进制('d 或'D)、二进制('b 或'B)、八进制('o 或'O)、十六进制('h 或'H)。

<number>用于指明数字在选定进制中具体的数。

一个完整带位数的表达如：

```
8'b10101101          //表示八位二进制数“10101101”
16'h3a4b             //表示 16 位十六进制数“3a4b”
12'd456              //标识 12 位十进制数“456”
```

注：<size>中位的数字表达的是后面数字 number 在二进制中的位宽。

(2)不指明位数的数字。如果在数字说明中没有指定基数，则表示默认为十进制数。如果没有指定位宽，则默认位宽度与仿真器和计算机使用的宽度一致(最小为 32 位)。举例如下：

```
'123789 //表示一个 32 位的十进制数“123789”
'hcbf6 //表示一个 32 位的十六进制数“hcbf6”
'o768 //表示一个 32 位的八进制数“768”
'b1001 //表示一个 32 位的二进制数“1001”
```

(3) x 和 z 值。Verilog 中因实际电路建模需求，用 x 表示不确定值，用 z 表示高阻值，举例如下：

```
16'hab3x //表示一个 16 位的十六进制数“ab3x”，其 x 表示最低 4 位数不确定
12' hx//表示一个 12 位的十六进制数，所有位数都不确定
8'bz //表示一个 8 位的高阻值 “zzzzzzzz”
```

(4) 负数。对于常数，通过在位宽数字前面增加一个减号来表示一个负数，例如：

```
-8'd9 //表示一个 8 位的用二进制补码存储的十进制数 9，表示-9
```

(5) 下划线和问号。除了第一个字符，下划线“_”可以出现在数字中的任何位置，增加可读性，编译中会被忽略。

在 Verilog 语言约定的常数表示中，问号“?”是 *z* 的另外一种表示。用于增强 casex 和 casez 语句的可读性，在这两条语句中，“?”表示“不必关心”的情况，举例如下：

```
12'b1100_1011_0101          // 下划线“_”仅仅用于提高可读性
4'b01? ?                    // 相当于 4'b01zz
```

3) 字符串

字符串是由双引号括起来的一串字符。要求字符串必须在一行中书写完，不能包含回车符。例如，“hello”“display=%b”“clk_period not specified”分别是 3 个字符串。

4) 空白符

Verilog 中的空白符除字符串中的空白符外，其他地方的空白符仅仅用于分隔标识符，

在编译阶段被忽略。

5) 注释

Verilog 允许用户在代码中插入注释，以增强程序的可读性。有单行注释和多行注释方法。单行注释以“//”开始，Verilog 会忽略从此处到行尾的内容。多行注释以“/*”开始，结束于“/*”。多行注释不允许嵌套，但单行注释可以嵌套在多行注释中。举例如下：

2. 数据类型

```
//定义参数
//定义寄存器变量
reg a,b,c
/* if (clr)
   Q<= 4'b0;
   Else
   Q<=q+1;
end
/*
```

数据类型用来表示数字电路中的数据存储和传送单元。Verilog HDL 中共有 19 种数据类型，其中 4 个最基本的数据类型为：integer 型、parameter 型、reg 型和 wire 型。

其他数据类型：large 型、medium 型、scalared 型、small 型、time 型、tri 型、tri0 型、tri1 型、triand 型、trior 型、trireg 型、vectored 型、wand 型、wor 型等。

1) parameter 常量(符号常量)

Verilog 允许使用关键词 parameter 在模块内定义常数。在程序运行过程中，其值不能被改变的量称为常量。常量声明格式如下：

```
parameter 参数名 1 = 表达式，参数名 2 = 表达式，…;
```

每个赋值语句的右边必须为常数表达式，即只能包含数字或先前定义过的符号常量。例如：

parameter addrwidth = 16; //定义地址总线宽度为 16

parameter 所定义的参数是本地的，其定义只在本模块内有效，在模块或实例引用时，可通过参数传递改变在被引用模块或实例中已定义的参数。

在模块的实例引用时可用“#”号后跟参数的语法来重新定义参数，其语法格式如下：

```
被引用模块名 #(参数 1，参数 2，…)例化模块名(端口列表);
```

【程序 4-49】

```
module mod (out, ina, inb);
        …
    parameter cycle=8,real_constant=2.039,
    file = "/user1/jmdong/design/mem_file.dat" ;
        …
endmodule
```

```
module test;
        …
    mod # (5, 3.20, "../my_mem.dat" )    mk(out,ina,inb);
                                          // 对模块 mod 的实例引用
        …
endmodule
```

2) 变量

在程序运行过程中，其值可以改变的量称为变量。其数据类型有19种，常用的有3种：网络型(nets type)、寄存器型(register type)、数组(memory type)。

(1) nets 型变量。

nets 型变量即输出始终随输入的变化而变化的变量，表示结构实体(如门)之间的物理连接。常用 nets 型变量如下。

wire，tri：连线类型(两者功能一致)。

wor，trior：具有线或特性的连线(两者功能一致)。

wand，triand：具有线与特性的连线(两者功能一致)。

tri1，tri0：上拉电阻和下拉电阻。

supply1，supply0：电源(逻辑1)和地(逻辑0)。

① wire 型变量。

wire 型变量是最常用的 nets 型变量，常用来表示以 assign 语句赋值的组合逻辑信号。模块中的输入/输出信号类型默认，则为 wire 型。wire 型变量可用作任何方程式的输入，或 assign 语句和实例元件的输出。其格式如下：

```
wire 数据名 1，数据名 2，…，数据名 n;
```

② wire 型向量(总线)：

```
wire[n-1:0] 数据名 1，数据名 2，…，数据名 m;
```

或

```
wire[n:1] 数据名 1，数据名 2，…，数据名 m;
```

注：每条总线位宽为n，共有m条总线。

(2) register 型变量。

register 型变量对应具有状态保持作用的电路元件(如触发器、寄存器等)，常用来表示过程块语句(如 initial、always、task、function)内的指定信号。常用 register 型变量如下。

reg：常代表触发器。
integer：32 位带符号整数型变量。
real：64 位带符号实数型变量。
time：无符号时间变量。

（以上四种：纯数学的抽象描述）

注意：

- register 型变量与 nets 型变量的根本区别是：register 型变量需要被明确地赋值，并且在被重新赋值前一直保持原值；
- register 型变量必须通过过程赋值语句赋值，不能通过 assign 语句赋值；
- 在过程块内被赋值的每个信号必须定义成 register 型。

① reg 型变量。

reg 型变量表示在过程块中被赋值的信号，往往代表触发器，但不一定就是触发器(也可以是组合逻辑信号)。其格式如下：

```
reg 数据名 1，数据名 2，…，数据名 n;
```

② reg 型向量(总线)：

```
reg[n-1:0] 数据名 1，数据名 2，…，数据名 m;
```

或

```
reg[n:1] 数据名 1，数据名 2，…，数据名 m;
```

注：每个向量位宽为 n，共有 m 个 reg 型向量。例如：

```
reg[4:1] regc,regd;              //regc,regd 为 4 位宽的 reg 型向量
```

③ reg 与 wire 的区别

reg 型变量既可生成触发器，也可生成组合逻辑；wire 型变量只能生成组合逻辑。reg 型变量只能在 initial、always、task、function 中赋值。wire 型变量在 assign 中赋值和在元件例化中使用。使用案例参见程序 4-50 和 4-51。

【程序 4-50】　用 reg 型变量生成组合逻辑

```
module rw1( a, b, out1, out2 ) ;
    input a, b;
    output out1, out2;
    reg out1;
    wire out2;
    assign out2 = a  ;          //连续赋值语句
```

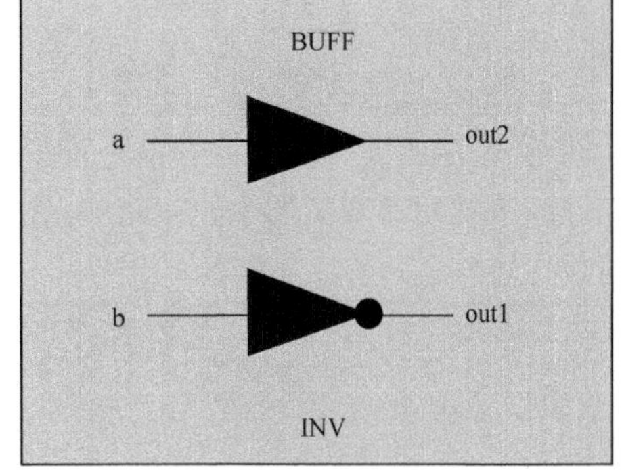

```
    always @ (b)                    //电平触发
    out1 <= ~b;                     //过程赋值语句
endmodule
```

【程序 4-51】 用 reg 型变量生成触发器

```
module rw2( clk, d, out1, out2 ) ;
        input clk, d;
        output out1, out2;
        reg out1;
        wire out2;
        //连续赋值语句
        assign out2 = d  & ~out1 ;
        always @ (posedge clk)  //边沿触发
        begin
            out1 <= d;      //过程赋值语句
        end
endmodule
```

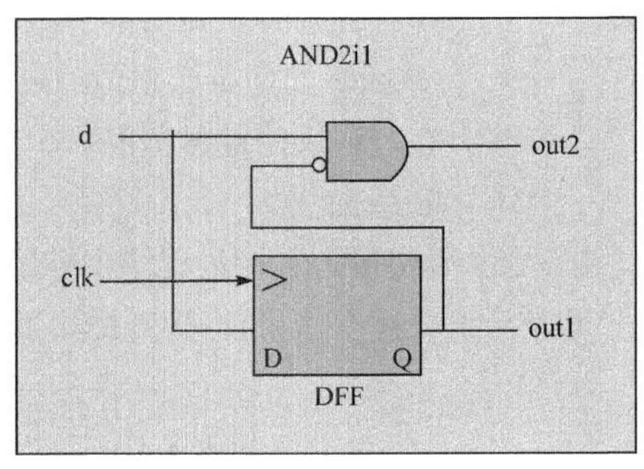

④ memory 型变量——数组

memory 型变量是由若干个相同宽度的 reg 型向量构成的数组。在 Verilog HDL 中，通过 reg 型变量建立数组来对存储器建模。memory 型变量通过扩展 reg 型变量的地址范围来生成，可描述 RAM、ROM 和 reg 文件。其格式如下：

```
reg[n-1:0] 存储器名[m-1:0];
```
或
```
reg[n-1:0] 存储器名[m:1];
```

注：每个存储单元位宽为 n，共有 m 个存储单元。

memory 型变量与 reg 型变量的区别：

a. 含义不同。例如：

```
reg [n-1:0] rega;                    //一个 n 位的寄存器
reg mema [n-1:0]  ;                  //由 n 个 1 位寄存器组成的存储器
reg [7:0] membyte[1023:0]  ;         //地址单元 1024，数据位宽 8bit 的存储器
```

b. 赋值方式不同。一个 n 位的寄存器可用一条赋值语句赋值；一个完整的存储器则不行。若要对某存储器中的存储单元进行读写操作，必须指明该单元在存储器中的地址。例如：

```
    rega = 0;                        //合法赋值语句
    mema = 0;                        //非法赋值语句
    mema[8] = 1;                     //合法赋值语句
    membyte[512] = 8'b10110101;      //合法赋值语句
```

3. 数据运算

Verilog 提供了许多种类型的数据运算符，按功能分为 9 类：算术运算符、逻辑运算符、关系运算符、等式运算符、缩减运算符、条件运算符、位运算符、移位运算符和位拼接运算符。按操作数的个数分为 3 类：

① 单目运算符——带一个操作数(如逻辑非！、按位取反～、缩减运算符、移位运算符)；

② 双目运算符——带两个操作数(如算术、关系、等式运算符，逻辑、位运算符的大部分)；

③ 三目运算符——带三个操作数(如条件运算符)。

常用的运算符参见表 4-3。

表 4-3　Verilog 运算符列表

优先级	类型	运算符	功能
第 1 级(最高)	逻辑、位运算符	!(单目)	逻辑非
		～	按位取反
第 2 级	算术运算符	*	乘
		/	除
		%	求模
		+	加
		-	减
第 3 级	移位运算符	<<	左移
		>>	右移
第 4 级	关系运算符	<	小于
		<=	小于或等于
		>	大于
		>=	大于或等于
第 5 级	等式运算符	==	等于
		!=	不等于
		===	全等
		!==	不全等
第 6 级	缩减运算符(单目)、位运算符(双目)	&	与、按位与
		～&	与非
		^	异或、按位异或
		^～	同或、按位同或
		|	或、按位或
		～|	或非
第 7 级	逻辑运算符	&&(双目)	逻辑与
		||(双目)	逻辑或
第 8 级(最低)	条件运算符	?:	条件判断

1) 算术运算符(双目)

算术运算符种类参见表 4-3。注意以下几点。

(1) 进行整数除法运算时，结果值略去小数部分，只取整数部分。

(2) %称为求模(或求余)运算符，要求%两侧均为整型数据。

(3) 求模运算结果值的符号位取第一个操作数的符号位。例如：

```
-11%3          //结果为-2
```

(4) 进行算术运算时，若某操作数为不定值 x，则整个结果也为 x。

2) 逻辑运算符(表 4-4)

表 4-4 逻辑运算符

类型	运算符	功能
单目运算符	!	逻辑非
双目运算符	&&	逻辑与
	||	逻辑或

逻辑运算符把它的操作数当作布尔变量。

(1) 非零的操作数被认为是真(1'b1)。

(2) 零被认为是假(1'b0)。

(3) 不确定的操作数如 4'bxx00，被认为是不确定的(可能为零，也可能为非零)(记为 1'bx)；但 4'bxx11 被认为是真(记为 1'b1，因为它肯定是非零的)。

(4) 进行逻辑运算后的结果为布尔值(为 1 或 0 或 x)。

3) 位运算符(表 4-5)

表 4-5 位运算符

类型	运算符	功能
单目运算符	~	按位取反
双目运算符	&	按位与
	|	按位或
	^	按位异或
	^~	按位同或

(1) 位运算的结果与操作数位数相同。位运算符中的双目运算符要求对两个操作数的相应位逐位进行运算。

(2) 两个不同长度的操作数进行位运算时，将自动按右端对齐，位数少的操作数会在高位用 0 补齐。例如，若 A = 5'b11001，B = 3'b101，则 A & B = (5'b11001)&(5'b00101)= 5'b00001。

【程序 4-52】　&&运算符和&(按位与)的区别

```
module logic_demo(outc,outd,a,b)
    output            outc;
    output[3:0]       outd;
    input [3:0]       a,b;
    assign outc = a&&b;               //运算的结果为 1 位逻辑值
    assign outd = a&b;
endmodule
```

4) 关系运算符(双目)

关系运算符的种类见表 4-3，其运算结果为 1 位逻辑值 1 或 0 或 *x*。关系运算时，若关系为真，则返回值为 1；若声明的关系为假，则返回值为 0；若某操作数为不定值 *x*，则返回值为 *x*。

5) 等式运算符(双目)

等式运算符种类参见表 4-3，注意以下几点。

(1) 运算结果为 1 位的逻辑值 1 或 0 或 *x*。

(2) 等于运算符(= =)和全等运算符(= = =)的区别:

① 使用等于运算符时，两个操作数必须逐位相等,结果才为 1；若某些位为 *x* 或 *z*，则结果为 *x*；

② 使用全等运算符时，若两个操作数的相应位完全一致(如同是 1，或同是 0，或同是 *x*，或同是 *z*)，则结果为 1，否则为 0。

(3) = = =和！ = =运算符常用于 case 表达式的判别，又称为“case 等式运算符”。

6) 缩减运算符(单目)(表 4-6)

表 4-6　缩减运算符

缩减运算符	功能
&	与
~&	与非
|	或
~|	或非
^	异或
^~，~^	同或

(1) 运算法则与位运算符类似，但运算过程不同。

(2) 对单个操作数进行递推运算，即先将操作数的最低位与次低位进行与、或、非运算，再将运算结果与第三低位进行相同的运算，以此类推，直至最高位。

(3) 运算结果缩减为 1 位二进制数。

7) 移位运算符(单目)

移位运算符的用法如下：

A>>n 或 A<<n

将操作数右移或左移 n 位，同时用 n 个 0 填补移出的空位。例如：

```
4'b1001>>3 = 4'b0001;          4'b1001>>4 = 4'b0000;
4'b1001<<1 = 5'b10010;         4'b1001<<2 = 6'b100100;
1<<6 = 32'b1000000
```

将操作数右移或左移 n 位相当于将操作数除以或乘以 2^n。左移会扩充位数；右移位数不变，但数据会丢失。

8) 条件运算符(三目)

条件运算符的用法如下：

信号 = 条件？表达式 1：表达式 2

若条件为真，则信号取表达式 1 的值；为假，则取表达式 2 的值。例如，数据选择器 assign out = sel? in1:in0；

```
sel=1 时 out=in1；
sel=0 时 out=in0
```

9) 位拼接运算符

位拼接运算符为{ }，用于将两个或多个信号的某些位拼接起来，表示一个整体信号。其用法如下：

{信号 1 的某几位，信号 2 的某几位，…，信号 n 的某几位}

例如，在进行加法运算时，可将进位输出与和拼接在一起使用：

```
output   [3:0] sum;                    //和
output cout;                           //进位输出
input    [3:0] ina,inb;
input cin;
assign {cout,sum} = ina + inb + cin;   //进位与和拼接在一起
```

又如：

```
{a,b[3:0],w,3'b101} = {a,b[3],b[2],b[1],b[0],w,1'b1,1'b0,1'b1}
```

注意：

(1) 可用重复法简化表达式，如{4{w}}等同于{w,w,w,w}。

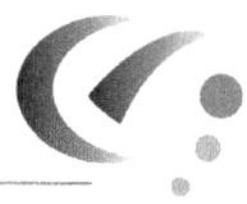

(2) 还可用嵌套方式简化书写，如{b,{3{a,b}}}等同于{b,{a,b},{a,b},{a,b}}，也等同于{b,a,b,a,b,a,b}。

(3) 在位拼接表达式中，不允许存在没有指明位数的信号，必须指明信号的位数；若未指明，则默认为 32 位的二进制数。例如，{1,0} = 64'h00000001_00000000 不等于 2'b10。

4. 数据表达

过程赋值语句——用于对 reg 型变量赋值，它有两种表达方式：非阻塞(Non-Blocking)赋值方式，阻塞(Blocking)赋值方式。

1) 格式

非阻塞赋值方式：赋值符号为<=，如 b <= a。

阻塞赋值方式：赋值符号为=，如 b = a。

2) 两者之间的区别

(1) 非阻塞赋值方式(b<= a)：

① b 的值被赋成新值 a 的操作，并不是立刻完成的，而是在块结束时才完成。

② 块内的多条赋值语句在块结束时同时赋值。

③ 硬件有对应的电路。

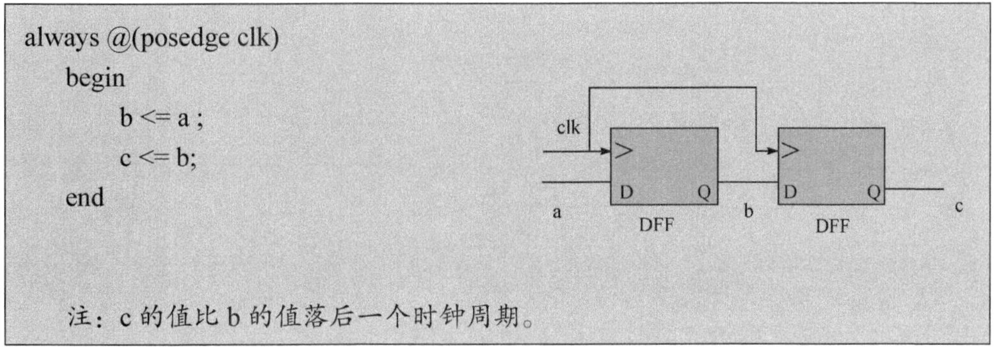

(2) 阻塞赋值方式(b = a)：

① b 的值立刻被赋成新值 a。

② 完成该赋值语句后才能执行下一条语句的操作。

③ 硬件没有对应的电路，因而综合结果未知。

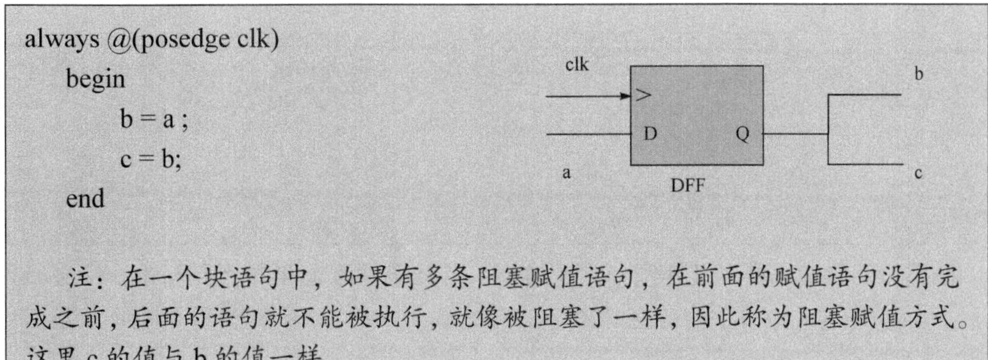

4.3.3 基本语句

1. 顺序行为描述语句

1) if 语句

if语句的语法格式如右：

```
if (条件 1)
    语句 1
{else if (条件 2)
    语句 2}
{else
    语句 3}
```

若对条件 1 求值的结果为一个非零值，则执行语句1。若对条件 1 求值的结果为 0、x 或 z，则不执行语句 1，若存在一个 else 分支，则执行这个分支，下面举例说明。

【程序 4-53】

```
if (sum<60)
  begin
     grade=C;
     total_c=total_c+1;
  end
else if (sum<75)
  begin
     grade=B;
     total_b=total_b+1;
  end
else
  begin
     grade=A;
     total_a=total_a+1;
  end
```

注意，条件表达式必须总是用圆括号括起来。若使用 if-if-else 格式，则有可能会产生二义性，如程序 4-54 所示。

【程序 4-54】

```
if (fclk)
  if (reset)
    q=0;
  else
    q=d;
```

最后一个 else 与哪个 if 匹配？它是与第 1 个 if 条件(fclk)匹配还是与第 2 个 if 条件

(reset)匹配？在 Verilog HDL 中是通过将 else 与最近的没有 else 的 if 相匹配来解决的。在这个例子中，else 与内层的 if 语句(reset)相匹配。

下面举几个 if 语句的例子。

【程序 4-55】

```
if (sum<100)
   sum=sum+10;
```

【程序 4-56】

```
if (nickel_in)
   deposit=5;
else if (dime_in)
   deposit=10;
else if (quarter_in)
   deposit=25;
else
   deposit=ERROR;
```

【程序 4-57】

```
if (p_ctrl)
   begin
       if (~w_ctrl)
            mux_out=4'd2;
       else
            mux_out=4'd1;
   end
else
   begin
       if (~w_ctrl)
            mux_out=4'd8;
       else
            mux_out=4'd4;
   end
```

2) case 语句

case 语句是一条多路条件分支。其语法格式如右：

```
case(条件表达式)
分支 1:     语句 1
分支 2:     语句 2
      ...
[default:  语句 N]
endcase
```

case 语句首先对条件表达式进行求值。然后依次对各分支项求值，并与条件表达式的值进行比较。第 1 条与条件表达式的值相匹配的分支中的语句将被执行。可以在一个分支中定义多个分支项；但是必须保证这些分

支项的值不会互斥。默认分支包含了所有没有被任何分支项表达式覆盖的值。

条件表达式和各分支项都不必是常量表达式。在 case 语句中，x 和 z 值作为字符值进行比较。下面举一个 case 语句的例子。

【程序 4-58】

```
localparam
    MON=0,TUE=1,WED=2,
    THU=3,FRI=4,
    SAT=5,SUN=6;
reg [0:2] today;
integer pocket_money;

case(today)
    TUE：pocket_money=6；      //分支 1
    MON,
    WED：pocket_money=2；     //分支 2
    FRI,
    SAT,
    SUN：pocket_money=7；      //分支 3
    default：pocket_money=0；  //分支 4
endcase
```

若 today 的值为 MON 或 WED，就选择分支 2。分支 3 覆盖了值 FRI、SAT 和 SUN，而分支 4 覆盖了剩余的所有值，即 THU 和位向量 111。程序中 localparam 常用于状态机参数的定义，相当于 VHDL 中枚举数据类型的定义。

下面再举一个 case 语句的例子。

【程序 4-59】

```
module alu(a,b,op_code,z);
    input [3:0] a,b;
    input [1:2] op_code;
    output reg [7：0] z;
    localparam
        ADD=2'b10,
        SUB=2'b11,
        MUL=2'b01,
        DIV=2'b00;
    always @(a or b or op_code)
            case(op_code)
                ADD: z<=a + b;
```

```
            SUB: z<=a - b;
            MUL: z<=a * b;
            DIV: z<=a / b;
        endcase
endmodule
```

若 case 语句的条件表达式和分支项的长度不同，则在进行比较前，把 case 语句中所有的表达式的位宽都统一为这些表达式中最长的一个的位宽。

【程序 4-60】

```
case(3'b101<<2)
    3'b100：$display("First branch taken！ ");
    4'b0100：$display("Second branch taken！ ");
    5'b10100：$display("Third branch taken！ ");
    default：$display("Default branch taken！ ");
endcase
```

结果如下：

```
Third branch taken!
```

因为第 3 个分支项的表达式长度为 5 位，所有的分支项表达式和条件表达式的长度都统一为 5 位。所以当计算 3'b101<<2 时，结果为 5'b10100，即选择第 3 个分支。

在上面描述的 case 语句中，值 x 和 z 只是作为字符，即值为 x 和 z。这里有 case 语句的两种其他形式，即 casex 和 casez，这些形式对 x 和 z 值使用了不同的解释。除关键字 casex 和 casez 以外，语法与 case 语句完全一致。

在 casez 语句中，出现在 case 条件表达式和任意分支项表达式中的值为 z 的位都会被认为是无关位，即那个位被忽略(不进行比较)。

在 casex 语句中，值为 x 和 z 的位都会被认为是无关位。casez 语句的示例如下。

【程序 4-61】

```
casez(intr_mask)
    4'b1???  ：rtc_wdata[4]=0;
    4'b01??  ：rtc_wdata[3]=0;
    4'b001?  ：rtc_wdata[2]=0;
    4'b0001  ：rtc_wdata[1]=0;
endcase
```

字符“?”可用来代替字符 z 来表示无关位。示例中的 casez 语句表示：若 intr_mask 的第 1 位是 1(忽略 intr_mask 的其他位)，则 rtc_wdata[4]被赋值为 0；若 intr_mask 的第 1 位是 0 而第 2 位是 1(忽略 intr_mask 的其他位)，则 rtc_wdata[3]被赋值为 0，以此类推。

3) 循环语句

Verilog HDL 中提供了 4 种循环语句，可用于控制语句的执行次数。

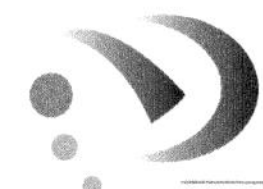

for 循环：执行给定的循环次数；while 循环：执行语句直到某个条件不满足；repeat 循环：连续执行语句 *N* 次；forever 循环：连续执行某条语句。

其中，for、while 是可综合的，但循环的次数需要在编译之前就确定，动态改变循环次数的语句则是不可综合的；repeat 语句在有些工具中可综合，有些不可综合；forever 语句是不可综合的，常用于产生各类仿真激励。

(1) forever 循环语句。

forever 循环语句的语法格式如下：

```
forever
过程性语句
```

此循环语句连续执行过程性语句。因此为了跳出这样的循环，可以在过程性语句内使用中止语句。同时，在过程性语句中必须使用某些方式的时序控制，否则 forever 循环将在 0 延迟后永远循环下去。程序 4-62 是 forever 循环语句的示例。

【程序 4-62】

```
initial
    begin
        clk1hz=0;
        #5 forever
        #10 clk1hz=~clk1hz;
    end
```

这个示例生成了一个时钟波形，clk1hz 首先被初始化为 0，并一直保持为 0 到第 5 个单位时刻。此后每隔 10 个时间单位，clk1hz 反相一次。

(2) repeat 循环语句。

repeat 循环语句的语法格式如下：

```
repeat(循环次数)
过程性语句
```

上面的语句按照指定的循环次数来执行过程性语句。若循环次数表达式的值为 x 和 z，则循环的次数按照 0 处理，下面举几个例子。

【程序 4-63】

```
repeat(cnt)
    sum=sum+10;
```

【程序 4-64】

```
repeat(shift_by)
    wr_reg=wr_reg<<1;
```

repeat 循环语句与重复事件控制不同，参见程序 4-65，程序 4-66，程序 4-67。

【程序 4-65】

```
repeat(load_cnt)                        //repeat 循环语句
    @(posedge clk_rtc)accum=accum+1;
```

程序 4-65 表示等待到 clk_rtc 上出现上升沿，然后对 accum 进行加 1 操作，这样的循环操作总共重复 load_cnt 次。而程序 4-66 表示的是重复事件控制。

【程序 4-66】

```
accum=repeat(load_cnt)@(posedge clk_rtc)accum+1      //重复事件控制
```

程序 4-66 表示首先计算 accum+1，随后等待在 clk_rtc 上出现 load_cnt 次上升沿，最后把赋值给左式。

程序 4-67 的意义是：等待在 clk 上出现 num 个下降沿，再执行紧随在 repeat 语句之后的语句。

【程序 4-67】

```
repeat(num)@(negedge clk);
```

(3) while 循环语句。

while 循环语句的语法格式如下：

```
while(条件)
过程性语句
```

此循环语句循环执行过程性赋值语句直到指定的条件变为假。若表达式在开始时为假，则过程性语句永远不会被执行。若条件表达式为 x 和 z，它同样按照“假”来处理。示例见程序 4-68。

【程序 4-68】

```
while(shift_b>0)
    begin
        acc=acc<<1;
        shift_b=shift_b -1;
    end
```

(4) for 循环语句。

for 循环语句的语法格式如下：

```
for (初始赋值；条件；步进值)
    过程性语句
```

for 循环语句会重复执行过程性语句若干次。初始赋值指定循环变量的初始值。条件表达式指定循环在什么情况下必须结束，只要条件为真，就执行循环中的语句。而步进值指出每次执行循环中的语句后循环变量的变化。

【程序 4-69】

```
integer k;
for(k=0; k<max_range; k=k+1)
```

```
    if(data[k]= =0)
        data[k]= 1;
    else if(data[k]= =1)
        data[k]= 0;
    else
        $display("data[k] is an x or a z");
```

2. 并行行为描述语句

1) assign 赋值语句

assign 连续赋值语句用于对 wire 型变量赋值，其用法如下：

```
assign c=a&b;     //a、b、c 均为 wire 型变量
```

2) always 进程语句

always 语句包含一个或一个以上的声明语句(如过程赋值语句、任务调用、条件语句和循环语句等)，从 0 时刻开始，在定时控制下被反复执行，其语法格式如下：

```
always
[时序控制]     过程性语句
```

always 语句相当于 VHDL 中的进程语句 process，always 后的[时序控制]是启动进程的输入敏感量信号，当敏感量信号发生变化时，always 语句被反复执行。但敏感量后的[时序控制]是可选的，没有敏感量信号也可用 wait(敏感量的值)的条件情况启动进程。always 后若不用敏感量启动，可用单位时间个数来顺序执行 always 后的顺序语句，如 # 单位时间个数，单位时间个数一般用整数表达，但这种情况一般用于仿真，源程序的描述一般采用敏感量启动进程，下面是 always 语句的例子。

【程序 4-70】

```
always
    areg = ~areg;        //生成一个 0 延迟的无限循环跳变过程——形成仿真死锁
```

程序 4-70 中没有时序控制，赋值语句将在 0 时刻起开始无限循环，形成仿真死锁。因此，always 语句必须与一定的时序控制结合在一起。

程序 4-71 中的 always 语句与上面基本相同，但是加入了延迟控制。

【程序 4-71】

```
always
    #5 areg = ~areg;        //在 areg 上生成时钟周期为 10 个时间单位的波形
```

如果 always 块中包含一个以上的语句，则这些语句必须放在 begin_end 或 fork_join 块中。参见程序 4-72，该例子描述了一个带异步置位的由下降沿触发的 D 触发器的行为

模型。

【程序 4-72】

```
module d_ff(clk,d,set,q， qb);
    input clk,d， set;
    output reg q,qb;
    always
        wait(set= =1)
            begin
                #3 q<=1;
                #2 qb<=0;
                wait(set= =0);
            end
    always
        @(negedge clk)
            begin
                if(set!=1)
                    begin
                        #5 q<=d;
                        #1 qbar=~q;
                    end
            end
endmodule
```

此模块中有两条 always 语句。在第一条 always 语句中，顺序块的执行由电平敏感事件控制。在第二条 always 语句中，顺序块的执行由边沿触发事件控制。

3. 结构化并行描述语句

1) 器件定义

在 Verilog HDL 中，可以使用以下 4 种构造对电路结构(器件)进行定义。

(1) 内建门级基元(原语)：在门级描述电路。

(2) 开关级基元(原语)：在晶体管级描述电路。

(3) 用户定义的基元(原语)：在门级描述电路。

(4) 模块实例：创建层次结构描述电路。

用线网可以指定基元(原语)和模块实例之间的相互连接。下面举一个例子说明如何用内建门级基元(原语)来定义全加器的电路结构。

【程序 4-73】

```
module adder_1bit(a,b,cin,sum,cout);
    input a,b,cin;
```

```
    output sum,cout;
    wire s1,t1,t2,t3;
    xor
        u1(s1,a,b),
        u2(sum,s1,cin);
    and
        u3(t3,a,b),
        u4(t2,b,cin),
        u5(t1,a,cin);
    or
        u6(cout,t1,t2,t3);
endmodule
```

在上面的例子中，模块包含了门的实例引用语句，也就是说，模块中实例引用了Verilog 语言内建的 xor、and 和 or 基元门。这些基元门的示例由线网类型的变量 s1、t1、t2 和 t3 互相连接起来。由于没有顺序的要求，所以基元门的实例引用语句可以以任何顺序 出现，表示的只是电路的结构，xor、and 和 or 是内建门级基元(原语)；u1、u2、u3 等是实例名称，相当于器件在原理图中的序列标号。紧跟在每个门后的信号列表是门的互连；列表中的第一个信号是门的输出，其余的都是输入。例如，s1 被连接到 xor 门实例 u1 的输出，而 a 和 b 被连接到 xor 实例 u1 的输入。

2) 器件调用

通过调用上述 4 个 1 位全加器模块可以描述一个 4 位全加器，下面给出描述该 4 位全加器的 Verilog 代码。

【程序 4-74】

```
module adder_4bit(fa,fb,fcin,fsum,fcout);
    parameter SIZE=4;
    input [SIZE:1] fa,fb;
    output [SIZE:1] fsum;
    input fcin;
    output fcout;
    wire [SIZE-1:1] ftemp;
    adder_1bit
        u1(//按照对应端口名连接
            .a(fa[1]),.b(fb[1]),.cin(fcin),
            .sum(fsum[1]),.cout(ftemp[1])
            ),
        u2(//按照对应端口名连接
            .a(fa[2]),.b(fb[2]),.cin(ftemp[1]),
            .sum(fsum[2]),.cout(ftemp[2])
```

```
        ),
    u3(//按照端口顺序连接
        fa[3],fb[3],ftemp[2],fsum[3],ftemp[3]
        ),
    u4(//按照端口顺序连接
        fa[4],fb[4],ftemp[3],fsum[4],fcout
        );
endmodule
```

本例，前面介绍的模块实例被用于为 4 位全加器建模。在模块实例引用语句中，端口可以与端口名关联，也可以与端口位置关联。前两个实例 u1 和 u2 使用端口名关联的方式，也就是说，端口的名称和连接到该端口的线网被明确地加以描述(每一条连接形式都用“.端口名(线网名)”表示)。最后两个实例语句，即实例 u3 和 u4 使用位置关联方式将端口与线网关联。这里关联的顺序很重要。例如，在实例 u4 中，第一条线网 fa[4]与 adder_1bit 的端口 a 连接，余下的以此类推。

4.3.4　任务与函数

1. 任务

任务类似于一段程序，它提供了一种能力，使设计者可以从设计描述的不同位置执行共同的代码段。用任务定义可以将这个共同的代码段编写成任务，于是就能够在设计描述的不同位置通过任务名调用该任务。任务可以包含时序控制，即延迟，而且任务也能调用其他任务和函数。

1) 任务的定义

定义任务的格式如下：

```
task  [automatic]  task_id;
      [declarations]
      procedural_statement
endtask
```

任务可以没有参变量(Argument)或者有一个或多个参变量。通过参变量可以将值传入和传出任务。除输入参变量外(任务接收到的值)，任务还能有输出参变量(任务的返回值)和输入/输出参变量。任务的定义在模块声明部分编写。下面举例说明任务的定义。

【程序 4-75】

```
module esoc;
    parameter MAXBITS=8;
    task reverse_bits;
        input [MAXBITS-1:0] data_in;
        output [MAXBITS-1:0] data_out;
        integer k;
        begin
            for(k=0;k<MAXBITS;k=k+1)
```

```
                data_out[MAXBITS-k-1]=data_in[k];
        end
    endtask
    ...
endmodule
```

在任务的开始处声明了任务的输入和输出，声明的顺序指定了它们在任务调用中的顺序。下面再举另外一个例子。

【程序 4-76】

```
task rotate_left;
    inout [1:16] input_array;
    input [0:3] start_bit,stop_bit,rotate_by;
    reg fill_value;
    integer mac1,mac3;
    begin
        for(mac3=1;mac3<=rotate_by;mac3=mac3+1)
            begin
                fill_value=input_array[stop_bit];
                for(mac1=stop_bit;mac1>=start_bit+1;mac1=mac1-1)
                    input_array[mac1]=input_array[mac1-1];
                    input_array[start_bit]=fill_value;
            end
    end
endtask
```

fill_value 是一个局部变量，只有在任务中才直接可见。任务的第一个参变量是输入/输出数组 input_array，随后是 3 个输入 start_bit、stop_bit 和 rotate_by。

除任务参变量外，任务还能够引用任务定义所在模块中声明的任何变量。

任务可以被声明为 automatic 类型。在这样的任务中，任务内部声明的所有局部变量在每一次任务调用时都进行动态分配，即在任务调用中的局部变量不会对两个单独或者并发的任务调用产生影响。而在静态(非 automatic 类型)任务中，在每一次任务调用中的局部变量都使用同一个存储空间。借助于关键字 automatic 就可以把任务指定为 automatic 类型。

```
task automatic rotate_right;
    integer mac_addr;
    ...
endtask
```

在这种情况下，每一次任务调用都为变量 mac_addr 获取其自己单独的存储空间。

任务的参变量也可以用内嵌式参变量声明风格来定义。其格式如下：

```
task   [automatic]   task_id([argument_declarations]);
        [other_declarations]
        procedural_statement
endtask
```

程序 4-77 说明了如何编写内嵌参变量风格的任务。

【程序 4-77】

```
task automatic apply_address(
    input [] address,
    output success
);
    reg check_flag;
    ...
endtask
```

2) 任务的调用

任务是由任务使能语句调用的(在 Verilog HDL 中，调用也被称作使能)，任务使能语句指定了传入任务的参变量值和接收到结果的变量值。任务调用语句是一个过程性语句，可以出现在 always 语句或 initial 语句中。其格式如下：

```
task_id [(expr1，expr2，…，exprN)];
```

任务调用语句中，参变量列表必须与任务定义中的输入、输出和输入/输出参变量声明的顺序匹配。此外，参变量是通过值进行传递的，而不是通过标记进行传递的。在其他高级编程语言中，如 Pascal，任务与过程的一个重要区别是任务能够被并发地调用多次，并且每次调用都带有自己的控制。最需要注意的一点是，在任务中声明的变量是静态的，即它绝不会消失或被重新初始化。然而，若将任务定义为动态任务，则局部变量就不是静态的，每次任务调用时，该局部变量将会被重新定义(与其他高级编程语言中过程的行为一样)。

下面举一个例子说明任务 reverse_bits 的调用。

```
//reg 类型变量声明
reg [MAXBITS-1:0] hdlc_ctr，save_ctr;
reverse_bits(hdlc_ctr，save_ctr);                    //任务调用
```

hdlc_ctr 的值作为输入值传递，即传递给 data_in。任务的输出 data_out 返回值给 save_ctr。注意：由于任务能够包含时序控制，所以任务可能要在被调用后再经过一定的延迟才能返回值。

由于任务调用语句是过程性语句，所以任务调用中的输出和输入/输出参变量必须是变量。在上面的示例中，save_ctr 必须被声明为变量。

在下面的示例中，任务引用了一个变量却没有通过参变量列表来传递。尽管引用全局变量是一种不值得提倡的编程风格，但有时它非常有用，参见程序4-78。

【程序4-78】

```
module global_var;
    reg [0:7] qram [0:63];
    integer index;
    reg check_bit;

    task get_parity;
        input [7:0] address;
        output parity_bit;
        parity_bit=^qram [address];
    endtask

    initial
        for(index=0;index<=63;index=index+1)
            begin
                get_parity(index,check_bit);
                $display( "Parity bit of memory word %d is %b. ",
                        index,check_bit);
            end
endmodule
```

存储器qram的地址被选为参变量传递，而存储器却在任务内被直接引用。

任务可以带有时序控制或者等待某些特定事件的发生。然而，直到任务退出时，赋给输出参变量的值才传递给调用的参变量。

【程序4-79】

```
module task_wait;
    reg clk_ssp;
    task generate_waveform;
        output qclock;
        begin
            qclock=1;
            #2 qclock=0;
            #2 qclock=1;
            #2 qclock=0;
        end
    endtask
```

```
    initial
        generate_waveform(clk_ssp);
endmodule
```

在任务 generate_waveform 内对 qclock 的赋值不会出现在 clk_ssp 上，即没有波形会出现在 clk_ssp 上；任务返回后只有对 qclock 的最终赋值 0 出现在 clk_ssp 上。为了避免这种问题的出现，方法之一就是把 qclock 声明为全局变量，即在任务之外声明它。

下面举例说明 automatic 类型任务和非 automatic 类型任务之间的区别。

【程序 4-80】

```
task automatic check_cnt;
    reg [3:0] count;
    begin
        $display( "At beginning of task,count=%b ",count);
        if(reset)
            count=0;
            count=count + 1;
        $display( "At end of task,count=%b ",count);
    end
endtask
```

因为 check_cnt 是一个 automatic 类型任务，所以对于每次任务的调用，都会为 reg 类型变量 count 分配单独的存储空间。

```
reg reset;
...
reset=1;
check_cnt();
...
reset=0;
check_cnt();
...
```

打印的结果如下：

```
...
At beginning of task,count=xxxx
At end of task,count=1
...
At beginning of task,count=xxxx
At end of task,count=xxxx
```

如果任务 check_cnt 不是一个 automatic 类型任务(没有关键字 automatic)，那么打印

的结果如下：

```
...
At beginning of task,count=xxxx
At end of task,count=1
...
At beginning of task,count=1
At end of task,count=2
```

由于 reg 类型变量 count 是静态的，即不会被破坏，第 2 次调用任务 check_cnt 会用到前一次调用任务 check_cnt 产生的 count 的值，因此当第 2 次调用任务 check_cnt 时，count 的值为 1。

2. 函数

函数类似于任务，也提供了在模块的不同位置执行共同代码段的能力。函数与任务的不同之处是函数只能返回一个值，它不能包含任何延迟(必须立即执行)，并且不能调用任何其他任务。此外，函数必须至少有一个输入。函数不允许有 output(输出)和 inout(输入/输出，即双向)声明语句，可以调用其他的函数。

1) 函数的定义

函数的定义可以在模块声明的任何位置出现。函数定义的格式如下：

```
function  [automatic]  [signed]
    [range_or_type]  function_id;
    input_declaration
    other_declaration
    procedural_statement
endfunction
```

函数的输入必须用输入声明语句声明。若在函数定义中没有指定函数值的取值范围和类型，则该函数将返回 1 位二进制数。返回值的类型可以是 real、integer、time 或者 realtime 之一。通过关键字 signed 可以把函数的返回值声明为一个有符号值，下面举一个例子说明函数的定义。

【程序 4-81】

```
module function_example;
    parameter MAXBITS=8;
    function [MAXBITS-1:0] reverse_bits;
        input [MAXBITS-1:0] data_in;
        integer k;
        begin
            for(k=0;k<MAXBITS;k=k+1)
                reverse_bits [MAXBITS-k]=data_in[k];
        end
    endtask
    ...
```

```
endmodule
```

函数名为 reverse_bits。函数返回一个长度为 MAXBITS 的向量。该函数有一个输入 data_in。k 是一个局部整型变量。

函数的定义隐含地声明一个函数内部的 reg 类型变量，该 reg 类型变量与函数同名，且取值范围相同。函数通过在函数定义中明确地对该寄存器赋值来返回函数值。因此，对这一寄存器的赋值必须出现在函数声明中。下面再举一个函数的例子。

【程序 4-82】

```
function parity;
    input [0:31] par_vector;
    reg [0:3] result;
    integer j;
    begin
        result=0;

        for(j=0;j<=31;j=j+1)
            if(par_vector[j]==1)
                    result = result + 1;

                    parity = result % 2;
    end
endfunction
```

在该函数中，parity 是函数的名称。因为没有指定取值范围，所以函数返回 1 位二进制数。result 和 j 是局部变量。注意：最后一个过程性赋值语句给变量 parity 赋值，该变量用于从函数返回值(在该函数的定义中隐含地声明了一个与函数同名的变量)。

如程序 4-83 所示，该函数返回一个有符号值。

【程序 4-83】

```
parameter SIZE=32;
localparam ADD=0,SUB=1,AND=2,OR=3;
...
function signed [SIZE-1:0] alu;
    input signed [SIZE-1:0] opd1,opd2;
    input [1:0] operation;
    case(operation)
        ADD   : alu = opd1 + opd2;
        SUB   : alu = opd1 - opd2;
        AND   : alu = opd1 & opd2;
        OR    : alu = opd1 | opd2;
```

```
    endcase
endfunction
```

通过关键字 automatic 可以把函数声明为 automatic 类型函数。例如：

```
function   automatic   parity;
               ...
endfunction
```

在 automatic 类型函数中，每次函数调用都给局部变量分配新的存储空间。在非 automatic 类型函数中，局部变量是静态的，即对于每次调用，函数的局部变量都使用同一个存储空间。automatic 类型函数支持编写递归函数(因为每次调用都会分配属于这次调用的单独存储空间)。程序 4-84 是一个利用递归函数计算数的阶乘的示例。

【程序 4-84】

```
function automatic [31:0] factorial;
    input [31:0] fac_of;;
    factorial = (fac_of==1) ? 1:
        factorial(fac_of-1) * fac_of;
endfunction
```

描述函数的参变量还有另外一种方式，即使用内嵌式参变量声明风格：

```
function   [automatic]   [signed]
 [range_or_type]   faction_id(
       input_declarations
       );
       [other_declarations]
       procedural_statement
endfunction
```

下面是一个用这种风格编写的阶乘函数的示例。

```
function automatic [31：0] factorial(
        input [31:0] fac_of
    );
    factorial = (fac_of==1) ? 1:
    factorial(fac_of-1) * fac_of;
endfunction
```

程序 4-85 是另一个 automatic 类型函数的示例，这个函数的功能是把一个 3 位数字转换成相应的字符格式，例如，一个值为 329 的数字被转换成字符串“329”。

【程序 4-85】

```
parameter NUM_DIGITS=3,BYTE=8;
```

```
function automatic [NUM_DIGITS * BYTE：1] to_string(
        input integer number                    //3 位数字
    );
    integer unit_digit,ten_digit,hun_digit;
    begin
        unit_digit = number % 10;
        ten_digit = (number / 'd10) % 10;
        hun_digit = (number / 'd100) % 10;

        to_string[3 * BYTE : 2 * BYTE + 1]= "0"+ hun_digit;
        to_string[2 * BYTE : BYTE + 1]= "0"+ ten_digit;
        to_string[BYTE : 1]= "0"+ unit_digit;
    / * to_string 此时包含的是与 3 位数字 number 相对应的 3 个字符 * /
    end
endfunction
```

2) 函数的调用

函数调用是表达式的一部分，其格式如右：

```
func_id (expr1,expr2,…,exprN)
```

下面举一个例子说明函数调用：

```
//reg 类型变量的声明
reg [MAXBITS-1：0] remap_reg,rmp_rev;
rmp_rev = reverse_bits(remap_reg);
//函数调用在等号右侧的表达式内
```

与任务类似，函数定义中声明的所有局部变量都是静态的，即函数中的局部变量在函数的多次调用之间保持它们的值不变，对于非 automatic 类型函数是这样的。在 automatic 类型函数中，对于每次调用都给所有的变量动态地分配存储空间。

函数中的参数值也可以由定义参数(defparam)语句来修改。

【程序 4-86】

```
module test;
    time current_time;

    function watch(
        input time ctime
    );
        parameter RESOLUTION=60;
        ...
    endfuction
```

```
    defparam watch.RESOLUTION=3600;

    assign print_time = watch(current_time);
endmodule
```

4.3.5 编译预处理

“编译预处理”是Verilog HDL编译系统的一个组成部分。编译预处理语句以西文符号“ ` ”开头。注意，不是单引号“’”。

在编译时，编译系统先对编译预处理语句进行预处理，然后将处理结果和源程序一起进行编译。

1. ` define 语句

` define 语句(宏定义语句)——用一个指定的标识符(即宏名)来代表一个字符串(即宏内容)。其格式如下：

```
` define 标志符(即宏名) 字符串(即宏内容)
```

例如，` define IN ina+inb+inc+ind

宏展开——在编译预处理时将宏名替换为字符串的过程。

宏定义的作用如下。

(1) 以一个简单的名字代替一个长的字符串或复杂表达式。

(2) 以一个有含义的名字代替没有含义的数字和符号。

关于宏定义的说明如下。

(1) 宏名可以用大写字母，也可以用小写字母表示；但建议用大写字母，以与变量名相区别。

(2) ` define 语句可以写在模块定义的外面或里面。宏名的有效范围为定义命令之后到源文件结束。

(3) 在引用已定义的宏名时，必须在其前面加上符号“ ` ”。

(4) 使用宏名代替一个字符串，可简化书写，便于记忆，易于修改。

(5) 预处理时只是将程序中的宏名替换为字符串，不管含义是否正确。只有在编译宏展开后的源程序时才报错。

(6) 宏名和宏内容必须在同一行中进行声明。

(7) 宏定义不是Verilog HDL语句，不必在行末加分号(如果加了分号，会连分号一起置换)。

例如：

```
module test;
  reg a,b,c,d,e,out;
  ` define expression a+b+c+d;
  assign out= ` define+e;
        …
```

经过宏展开后，assign语句如下：

```
assign out=a+b+c+d;+e; //出现语法错误
```

(8) 在进行宏定义时，可引用已定义的宏名，实现层层置换。例如：

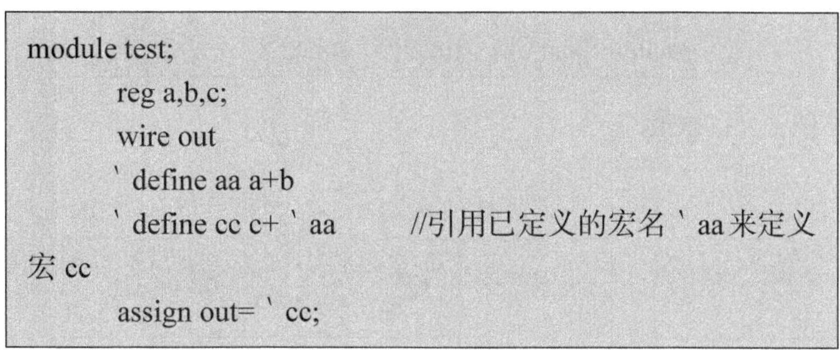

```
module test;
        reg a,b,c;
        wire out
        ` define aa a+b
        ` define cc c+ ` aa         //引用已定义的宏名 ` aa 来定义
宏 cc
        assign out= ` cc;
```

经过宏展开后，assign 语句如下：

```
assign out=c+a+b;
```

2. ` include 语句

` include 语句(文件包含语句)——一个源文件可将另一个源文件的全部内容包含进来。但是，MAX + PLUS Ⅱ和 Quartus Ⅱ都不支持此语句。通常用在测试文件中。其语法格式如下：

```
` define "文件名"
```

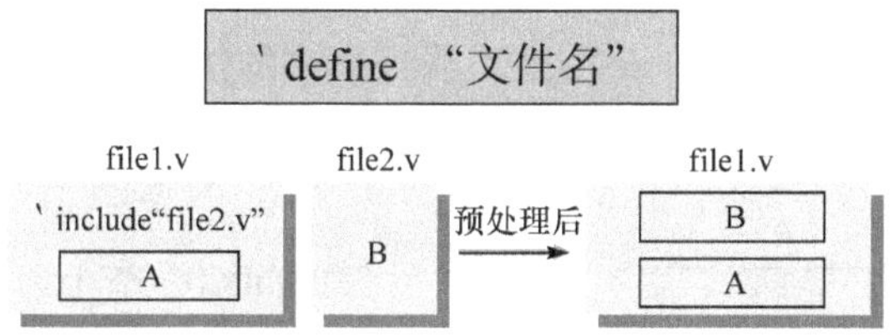

说明：将 file2.v 中全部内容复制插入到 ` include "file2.v" 命令出现的地方。

使用 ` include 语句的好处：避免程序设计人员的重复劳动，不必将源代码复制到自己的另一源文件中，使源文件显得简洁。

可以将一些常用的宏定义命令或任务(task)组成一个文件，然后用 ` include 语句将该文件包含到自己的另一源文件中，相当于将工业上的标准元件拿来使用。

当某几个源文件经常需要被其他源文件调用时，可在其他源文件中用 ` include 语句将所需源文件包含进来。

文件包含的说明：

```
include "aaa.v" "bbb.v"        //非法
` include "aaa.v"
` include "bbb.v"              //合法
```

(1) 一个 ` include 语句只能指定一个被包含的文件；若要包含 n 个文件，则需用 n 个 ` include 语句。

(2) ` include 语句可出现在源程序的任何地方。被包含的文件若与包含文件不在同一子目录下，必须指明其路径。

```
` include "parts/count.v"         //合法
```

(3) 可将多个 ` include 语句写在一行；在该行中，只可出现空格和注释行。

```
` include "aaa.v"   ` include "bbb.v"        //合法
```

(4) 文件包含允许嵌套。

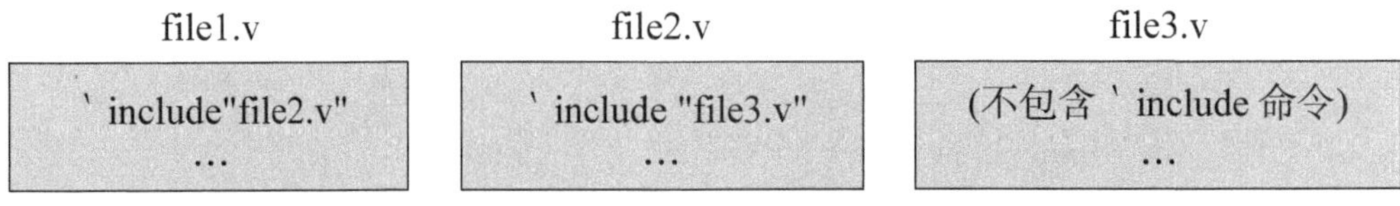
file1.v
` include"file2.v"
…
file2.v
` include "file3.v"
…
file3.v
(不包含 ` include 命令)
…

3. ` timescale 语句

` timescale 语句(时间尺度语句)——用于定义跟在该命令后模块的时间单位和时间精度。但是，MAX + PLUS Ⅱ和 Quartus Ⅱ都不支持此语句。通常用在测试文件中。其语法格式如下：

```
` timescale 时间单位 / 时间精度
```

说明：

时间单位——用于定义模块中仿真时间和延迟时间的基准单位；时间精度——用来声明该模块的仿真时间和延迟时间的精确程度；在同一程序设计里，可以包含采用不同时间单位的模块，此时用最小的时间精度值决定仿真的时间单位。

```
` timescale   1ps/1ns          //非法
` timescale   1ns/1ps          //合法
```

时间精度至少要和时间单位一样精确，时间精度值不能大于时间单位值；在 ` timescale 语句中，用来说明时间单位和时间精度参量值的数字必须是整数；其有效数字为 1、10、100；单位为秒(s)、毫秒(ms)、微秒(μs)、纳秒(ns)、皮秒(ps)、毫皮秒(fs)。

例如：

```
` timescale 10ns / 1ns              //时间单位为 10ns，时间精度为 1ns
…
reg   sel;
    initial
        begin
            #10 sel = 0;            // 在 10ns * 10 时刻，sel 变量被赋值为 0
            #10 sel = 1;            // 在 10ns * 20 时刻，sel 变量被赋值为 1
        end
    …
```

4.4　HDL 程序设计实例

下面分别用 VHDL 和 Verilog 语言举例，对相同设计实例(四位移位寄存器)采用行为描述方法和结构描述方法进行逻辑功能的描述与实现。

【程序 4-87】　四位移位寄存器的 VHDL 行为描述

```
LIBRARY IEEE;
USE IEEE.STD_LOGIC_1164.ALL;
ENTITY SHIFT IS
     PORT ( A, CLK: IN STD_LOGIC; B: OUT STD_LOGIC );
END SHIFT;
ARCHITECTURE ART OF SHIFT IS
     SIGNAL Z: STD_LOGIC_VECTOR(4 DOWNTO 0);
   BEGIN
      Z(0)<=A;   B<=Z(4);
      PROCESS(CLK)
      BEGIN
         IF CLK'EVENT AND CLK ='1' THEN
            Z(4 DOWNTO 1)<=Z(3 DOWNTO 0);
         END IF;
      END PROCESS;
END ART;
```

【程序 4-88】　四位移位寄存器的 VHDL 结构化描述

```
LIBRARY IEEE;
USE IEEE.STD_LOGIC_1164.ALL;
ENTITY SHIFT IS
     PORT ( A, CLK: IN STD_LOGIC; B: OUT STD_LOGIC );
END SHIFT;
ARCHITECTURE ART OF SHIFT IS
     COMPONENT DFF
         PORT(D,CLK: IN STD_LOGIC;
               Q: OUT STD_LOGIC);
     END COMPONENT;
     SIGNAL Z: STD_LOGIC_VECTOR(0 TO 4);
BEGIN
Z(0)<=A;   B<=Z(4);
P: FOR I IN 0 TO 3 GENERATE
```

```
U: DFF PORT MAP (Z(I), CLK, Z(I+1));
END GENERATE;
END ART;

--D 触发器
LIBRARY IEEE;
USE IEEE.STD_LOGIC_1164.ALL;
ENTITY DFF IS
 PORT(D,CLK: IN STD_LOGIC;
        Q: OUT STD_LOGIC);
END DFF;
ARCHITECTURE BEHAVIORAL OF DFF IS
BEGIN
PROCESS(D,CLK)
BEGIN
   IF CLK'EVENT AND CLK='1' THEN
    Q<=D;
 END IF;
END PROCESS;
END BEHAVIORAL;
```

【程序 4-89】 四位移位寄存器的 Verilog 行为描述

```
module shift(a,clk,b);
   input a,clk;
   output b;
   wire b;
   reg [4:0] z;
   always @ (posedge clk)
         begin
            z[1]<=z[0];
            z[2]<=z[1];
            z[3]<=z[2];
            z[4]<=z[3];
         end
   always @ (a)
         begin
            z[0]<=a;
         end
   assign b=z[4];
```

```
endmodule
```

【程序 4-90】　四位移位寄存器的 Verilog 结构化描述

```
//D 触发器
module dff(d,clk,q);
    input d,clk;
    output q;
    reg q;
    always @ (posedge clk)
        begin
            q<=d;
        end
endmodule
//器件调用
module shift(a,clk,b);
    input a,clk;
    output b;
    wire b;
    wire [3:0] z;
    assign z[0]=a,b=z[4];
    dff
        u1(z[0],clk,z[1]),
        u2(z[1],clk,z[2]),
        u3(z[2],clk,z[3]),
        u4(z[3],clk,z[4]);
endmodule
```

第 5 章　数字设计组合逻辑 FPGA 基础实验

5.1　二选一多路选择器实验

5.1.1　实验目的

熟悉利用 HDL 代码进行组合逻辑电路设计和仿真的流程，了解、学习与掌握 FPGA 软硬件平台的使用，掌握多路选择器 HDL 基本描述方法。

5.1.2　实验任务

使用 ISE 软件或 Vivado 软件、BASYS2 开发板或 BASYS3 开发板设计二选一多路选择器，编辑设计文件，并进行仿真，然后生成比特流文件下载到开发板上进行验证。

5.1.3　实验设备

计算机(安装 Xilinx ISE 13.4 软件平台和 Vivado 软件)；BASYS2-FPGA 开发板一套(带 USB 线)，或 BASYS3-FPGA 开发板一套。

5.1.4　实验原理

一个二选一多路选择器的开关由一根控制线 S 控制，利用 S 信号的两个状态(开或关，高电平或低电平)选择两个输入的其中一个输出。

5.1.5　实验过程

详细步骤参见 3.3 节，这里只是简要介绍。建立新项目工程和新源文件，选择 VHDL Module 或 Verilog Module 输入模式，定义二选一多路选择器的输入/输出信号。编辑源文件程序，编辑仿真程序，运行仿真，查看波形；进行器件引脚约束，运行编程文件，下载编程文件，进行硬件测试等过程。参考资源如下。

(1) 二选一选择器 VHDL 描述：

```
library IEEE;
use IEEE.STD_LOGIC_1164.ALL;
entity mux2_1 is
    Port ( a,b: in STD_LOGIC;
           s : in STD_LOGIC;
           c : out STD_LOGIC);
```

```
end mux2_1;
architecture Behavioral of mux2_1 is
begin
c<=a when s='0' else
    b;
end Behavioral;
```

(2) 二选一选择器 Verilog 描述：

```
module mux2_1(
        input a,
        input b,
        input s,
        output c
        );
assign c=s?b:a; //s=1 ？ 若等于 1 则把 b 赋给 c，否则把 a 赋给 c
endmodules
```

(3) 二选一选择器 Verilog 仿真：

```
module simu(
);
reg a = 0;                              //输入信号
reg b = 1;
reg clk = 0;
always #10 clk <=  ～clk;               //testbench 时钟信号
wire out;                               //输出信号
mux2_1 test(a,b,clk,out);               //调用 mux2_1 模块
endmodule
```

(4) BASYS3 开发板上二选一选择器引脚约束：

```
set_property PACKAGE_PIN W16 [get_ports a]
set_property PACKAGE_PIN V16 [get_ports b]
set_property PACKAGE_PIN V17 [get_ports s]
set_property PACKAGE_PIN U16 [get_ports c]
set_property IOSTANDARD LVCMOS33 [get_ports a]
set_property IOSTANDARD LVCMOS33 [get_ports b]
set_property IOSTANDARD LVCMOS33 [get_ports c]
set_property IOSTANDARD LVCMOS33 [get_ports s]
```

5.1.6 预习要求

(1) 了解选择器的有关知识。
(2) 了解 VHDL、Verilog 代码输入方式的相关操作。
(3) 了解 Vivado 平台的基本操作。
(4) 详细阅读 3.3 节 Vivado 软件使用流程，做好测试记录的准备。

5.1.7 实验报告要求

记录实验程序，实验仿真程序，分析仿真波形，记录硬件适配表，观察并记录硬件测试数据(可用照片)，分析测试数据正确性，验证设计功能是否实现，记录设计过程中程序调试的故障现象及处理方法。

5.2 3-8 译码器实验

5.2.1 实验目的

利用 HDL 及 FPGA 芯片进行组合逻辑电路的设计和仿真的流程，了解、学习与掌握 FPGA 软硬件平台的使用，掌握 3-8 译码器 HDL 的基本描述方法。

5.2.2 实验任务

使用 ISE 软件或 Vivado 软件、BASYS2 开发板或 BASYS3 开发板设计 3-8 译码器，编辑设计文件，并进行仿真，生成比特流文件下载到开发板上进行验证。

5.2.3 实验原理

3-8 译码器是将三位输入代码转换为一个对应的输出控制信号，是完成翻译代码工作的逻辑器件。真值表如表 5-1 所示。

表 5-1 3-8 译码器真值表

输入				输出							
en	a(2)	a(1)	a(0)	b(7)	b(6)	b(5)	b(4)	b(3)	b(2)	b(1)	b(0)
0	X	X	X	0	0	0	0	0	0	0	0
1	0	0	0	0	0	0	0	0	0	0	1
1	0	0	1	0	0	0	0	0	0	1	0
1	0	1	0	0	0	0	0	0	1	0	0
1	0	1	1	0	0	0	0	1	0	0	0
1	1	0	0	0	0	0	1	0	0	0	0
1	1	0	1	0	0	1	0	0	0	0	0
1	1	1	0	0	1	0	0	0	0	0	0
1	1	1	1	1	0	0	0	0	0	0	0

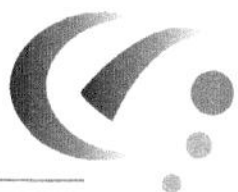

5.2.4　实验过程

详细步骤参见 3.3 节，这里只是简要介绍。建立新项目工程和新源文件，选择 VHDL Module 或 Verilog Module 输入模式，定义 3-8 译码器的输入/输出信号。编辑源文件程序，编辑仿真程序，运行仿真，查看波形；进行器件引脚约束，运行编程文件，下载编程文件，进行硬件测试等过程。参考资源如下。

(1) 3-8 译码器 VHDL 描述：

```
library IEEE;
use IEEE.STD_LOGIC_1164.ALL;
entity decoder3_8 is
    Port ( a : in STD_LOGIC_VECTOR (2 downto 0);
           en : in STD_LOGIC;
           b : out STD_LOGIC_VECTOR (7 downto 0));
end decoder3_8;
architecture Behavioral of decoder3_8 is
signal sel:std_logic_vector(3 downto 0);
begin
sel<=en&a;                    ---这里使能信号 en 放在最高位，为 1 表示使能有效
with sel select
b<= "00000001" when "1000",
    "00000010" when "1001",
    "00000100" when "1010",
    "00001000" when "1011",
    "00010000" when "1100",
    "00100000" when "1101",
    "01000000" when "1110",
    "10000000" when "1111",
    "00000000" when others;
end Behavioral;
```

(2) 3-8 译码器 Verilog 描述：

```
module decoder3_8(a,en,b);
input [2:0] a;
input en;
output [7:0] b;
reg[7:0] b;
always@(a or en)
begin
```

```
if(en==1)
case(a)
0:b=8'b00000001;
1:b=8'b00000010;
2:b=8'b00000100;
3:b=8'b00001000;
4:b=8'b00010000;
5:b=8'b00100000;
6:b=8'b01000000;
7:b=8'b10000000;
default:b=8'bxxxxxxxx;
endcase
else
b=8'b00000000;
end
endmodule
```

(3) 3-8 译码器 Verilog 仿真：

```
module simu(
);
reg[2:0] in;
reg en;
wire[7:0] out;
decoder3_8 test(in,en,out); //这里 in 连接到 decoder3_8 的 a, out 连到 b
always
begin
en=0;
in=0;
#10 en=1;
#10 in=1;
#10 in=2;
#10 in=3;
#10 in=4;
#10 in=5;
#10 in=6;
#10 in=7;
#10;
end
```

```
endmodule
```

(4) 基于 BASYS3 开发板 3-8 译码器引脚约束：

```
set_property PACKAGE_PIN W16 [get_ports {a[2]}]
set_property PACKAGE_PIN V16 [get_ports {a[1]}]
set_property PACKAGE_PIN V17 [get_ports {a[0]}]
set_property PACKAGE_PIN W17 [get_ports en]
set_property IOSTANDARD LVCMOS33 [get_ports {a[2]}]
set_property IOSTANDARD LVCMOS33 [get_ports {a[1]}]
set_property IOSTANDARD LVCMOS33 [get_ports {a[0]}]
set_property IOSTANDARD LVCMOS33 [get_ports en]
set_property IOSTANDARD LVCMOS33 [get_ports {b[7]}]
set_property IOSTANDARD LVCMOS33 [get_ports {b[6]}]
set_property IOSTANDARD LVCMOS33 [get_ports {b[5]}]
set_property IOSTANDARD LVCMOS33 [get_ports {b[4]}]
set_property IOSTANDARD LVCMOS33 [get_ports {b[3]}]
set_property IOSTANDARD LVCMOS33 [get_ports {b[2]}]
set_property IOSTANDARD LVCMOS33 [get_ports {b[1]}]
set_property IOSTANDARD LVCMOS33 [get_ports {b[0]}]
set_property PACKAGE_PIN V14 [get_ports {b[7]}]
set_property PACKAGE_PIN U14 [get_ports {b[6]}]
set_property PACKAGE_PIN U15 [get_ports {b[5]}]
set_property PACKAGE_PIN W18 [get_ports {b[4]}]
set_property PACKAGE_PIN V19 [get_ports {b[3]}]
set_property PACKAGE_PIN U19 [get_ports {b[2]}]
set_property PACKAGE_PIN E19 [get_ports {b[1]}]
set_property PACKAGE_PIN U16 [get_ports {b[0]}]
```

5.2.5　预习要求

(1) 了解 3-8 译码器的有关知识。
(2) 了解 VHDL、Verilog 代码输入方式的相关操作。
(3) 了解 Vivado 平台的基本操作。
(4) 详细阅读 3.3 节 Vivado 软件使用流程，做好测试记录的准备。

5.2.6　实验报告要求

记录实验程序，实验仿真程序，分析仿真波形，记录硬件适配表，观察并记录硬件测试数据(可用照片)，分析测试数据正确性，验证设计功能是否实现，记录设计过程中

程序调试的故障现象及处理方法。

5.3 8-3 优先编码器实验

5.3.1 实验目的

利用 HDL 及 FPGA 芯片进行组合逻辑电路的设计和仿真的流程，了解、学习与掌握 FPGA 软硬件平台的使用，掌握优先编码器 HDL 的基本描述方法，掌握编码器与译码器之间的关系、区别与应用。

5.3.2 实验任务

使用 ISE 软件或 Vivado 软件、BASYS2 开发板或 BASYS3 开发板设计 8-3 优先编码器，编辑设计文件，并进行仿真，生成比特流文件下载到开发板上进行验证。

5.3.3 实验原理

8-3 优先编码是 3-8 译码器的逆过程，将八位输入码中某位的有效信号，编出一个对应的三位输出码，但是当输入信号有两位以上信号同时有效时，输出的编码有优先级别，输出优先级别最高的输入有效信号的码。真值表如表 5-2 所示。

表 5-2 8-3 优先编码器真值表

输入									输出				
ei	a(7)	a(6)	a(5)	a(4)	a(3)	a(2)	a(1)	a(0)	b(2)	b(1)	b(0)	gs	eo
1	X	X	X	X	X	X	X	X	1	1	1	1	1
0	1	1	1	1	1	1	1	1	1	1	1	1	0
0	1	1	1	1	1	1	1	0	1	1	1	0	1
0	1	1	1	1	1	1	0	X	1	1	0	0	1
0	1	1	1	1	1	0	X	X	1	0	1	0	1
0	1	1	1	1	0	X	X	X	1	0	0	0	1
0	1	1	1	0	X	X	X	X	0	1	1	0	1
0	1	1	0	X	X	X	X	X	0	1	0	0	1
0	1	0	X	X	X	X	X	X	0	0	1	0	1
0	0	X	X	X	X	X	X	X	0	0	0	0	1

编码器有 8 个输入端，3 个输出端。还有一个输入使能 ei，输出使能 eo(表示有编码输入和无编码输入的状态)和优先编码器工作状态标志 gs。编码器以低电平为有效信号。当 ei=1 时，编码器不工作，输出全为高电平，输出使能 eo 和工作标志 gs 都为无效 1。当 ei=0 时，编码器工作，输入优先级别的次序为 7，6，5，…，0，低电平有效。当无输入有效信号时，输出使能 eo 有效，但编码工作标识 gs 为无效高电平；当某一输入端

有低电平输入，且比它优先级高的输入没有低电平输入时，输出端才输出相应输入端的编码。此时输出使能 eo 无效，但编码标识 gs 有效。

5.3.4　实验过程

详细步骤参见 3.3 节，这里只是简要介绍。建立新项目工程和新源文件，选择 VHDL Module 或 Verilog Module 输入模式，定义 8-3 优先编码器的输入/输出信号。编辑源文件程序，编辑仿真程序，运行仿真，查看波形；进行器件引脚约束，运行编程文件，下载编程文件，进行硬件测试等过程。参考资源如下。

(1) 8-3 优先编码器 VHDL 描述：

```
library IEEE;
use IEEE.STD_LOGIC_1164.ALL;
entity yxbm8_3 is
    Port ( a : in STD_LOGIC_VECTOR (7 downto 0);
           ei : in STD_LOGIC;
           b : out STD_LOGIC_VECTOR (2 downto 0);
           eo : out STD_LOGIC;
           gs : out STD_LOGIC);
end yxbm8_3;

architecture Behavioral of yxbm8_3 is
begin
process(a,ei)
begin
    if ei='1' then b<="111"; gs<='1'; eo<='1';
    elsif a(7)='0' then b<="000";gs<='0';eo<='1';
    elsif a(6)='0' then b<="001";gs<='0';eo<='1';
    elsif a(5)='0' then b<="010";gs<='0';eo<='1';
    elsif a(4)='0' then b<="011";gs<='0';eo<='1';
    elsif a(3)='0' then b<="100";gs<='0';eo<='1';
    elsif a(2)='0' then b<="101";gs<='0';eo<='1';
    elsif a(1)='0' then b<="110";gs<='0';eo<='1';
    elsif a(0)='0' then b<="111";gs<='0';eo<='1';
    else b<="111";gs<='1';eo<='0';
    end if;
end process;
end Behavioral;
```

(2) 8-3 优先编码器 Verilog 描述：

```
module yxbm8_3(a,b,ei,eo,gs);
input [7:0] a;
input ei;
output [2:0] b;
reg [2:0] b;
output eo;
rcg co;
output gs;
reg gs;
always@(a or ei)
    if(ei)
        begin
            b<=3'b111;gs<=1;eo<=1;
        end
    else if(a[7]==0)
        begin
            b<=3'b000;gs<=0;eo<=1;
        end
    else if(a[6]==0)
        begin
            b<=3'b001;gs<=0;eo<=1;
        end
    else if(a[5]==0)
        begin
            b<=3'b010;gs<=0;eo<=1;
        end
    else if(a[4]==0)
        begin
            b<=3'b011;gs<=0;eo<=1;
        end
    else if(a[3]==0)
        begin
            b<=3'b100;gs<=0;eo<=1;
        end
    else if(a[2]==0)
        begin
            b<=3'b101;gs<=0;eo<=1;
```

```
            end
        else if(a[1]==0)
            begin
                b<=3'b110;gs<=0;eo<=1;
            end
        else if(a[0]==0)
            begin
                b<=3'b111;gs<=0;eo<=1;
            end
        else
            begin
                b<=3'b111;gs<=1;eo<=0;
            end
endmodule
```

(3) 8-3 优先编码器 Verilog 仿真：

```
module simu(
);
reg[7:0] a;
reg ei;
wire[2:0] b;
wire eo;
wire gs;
yxbm8_3 test(a,b,ei,eo,gs);
always
begin
ei=1;
a=8'b00000000;
#10 ei=0;
#10 a[7]=1;
#10 a[6]=1;
#10 a[5]=1;
#10 a[4]=1;
#10 a[3]=1;
#10 a[2]=1;
#10 a[1]=1;
#10 a[0]=1;
#10;
```

```
end
endmodule
```

(4) 基于 BASYS3 开发板 8-3 优先编码器引脚约束：

```
set_property PACKAGE_PIN V2 [get_ports ei]
set_property PACKAGE_PIN W13 [get_ports {a[7]}]
set_property PACKAGE_PIN W14 [get_ports {a[6]}]
set_property PACKAGE_PIN V15 [get_ports {a[5]}]
set_property PACKAGE_PIN W15 [get_ports {a[4]}]
set_property PACKAGE_PIN W17 [get_ports {a[3]}]
set_property PACKAGE_PIN W16 [get_ports {a[2]}]
set_property PACKAGE_PIN V16 [get_ports {a[1]}]
set_property PACKAGE_PIN V17 [get_ports {a[0]}]
set_property IOSTANDARD LVCMOS33 [get_ports {a[7]}]
set_property IOSTANDARD LVCMOS33 [get_ports {a[6]}]
set_property IOSTANDARD LVCMOS33 [get_ports {a[5]}]
set_property IOSTANDARD LVCMOS33 [get_ports {a[4]}]
set_property IOSTANDARD LVCMOS33 [get_ports {a[3]}]
set_property IOSTANDARD LVCMOS33 [get_ports {a[2]}]
set_property IOSTANDARD LVCMOS33 [get_ports {a[1]}]
set_property IOSTANDARD LVCMOS33 [get_ports {a[0]}]
set_property PACKAGE_PIN W18 [get_ports {b[2]}]
set_property PACKAGE_PIN V19 [get_ports {b[1]}]
set_property PACKAGE_PIN U19 [get_ports {b[0]}]
set_property PACKAGE_PIN E19 [get_ports gs]
set_property PACKAGE_PIN U16 [get_ports eo]
set_property IOSTANDARD LVCMOS33 [get_ports ei]
set_property IOSTANDARD LVCMOS33 [get_ports eo]
set_property IOSTANDARD LVCMOS33 [get_ports gs]
set_property IOSTANDARD LVCMOS33 [get_ports {b[2]}]
set_property IOSTANDARD LVCMOS33 [get_ports {b[1]}]
set_property IOSTANDARD LVCMOS33 [get_ports {b[0]}]
```

5.3.5 预习要求

(1) 了解 8-3 优先编码器的有关知识。
(2) 了解 VHDL、Verilog 代码输入方式的相关操作。
(3) 了解 Vivado 平台的基本操作。

(4) 详细阅读 3.3 节 Vivado 软件使用流程，做好测试记录的准备。

5.3.6　实验报告要求

记录实验程序，实验仿真程序，分析仿真波形，记录硬件适配表，观察并记录硬件测试数据(可用照片)，分析测试数据正确性，验证设计功能是否实现，记录设计过程中程序调试的故障现象及处理方法。

5.4　七段显示译码器实验

5.4.1　实验目的

利用 HDL 及 FPGA 芯片进行组合逻辑电路的设计和仿真的流程，了解、学习与掌握 FPGA 软硬件平台的使用，掌握七段译码器 HDL 的基本描述方法与应用。

5.4.2　实验任务

使用 ISE 软件或 Vivado 软件、BASYS2 开发板或 BASYS3 开发板设计七段译码器，编辑设计文件，并进行仿真，生成比特流文件下载到开发板上进行验证。

5.4.3　实验原理

七段显示管是由 7 个发光二极管排列在一起构成一个 8 字，如图 5-1 所示。将 7 个发光二极管的一端连接在一起，另外一端分别接在 FPGA 的 I/O 上，公共连接端有两种连接模式：负端连接与正端连接，如图 5-1 所示。因此数码管的工作方式也有两种：共阴极和共阳极。BASYS2 与 BASYS3 开发板都有 4 个共阳极的七段显示管。不同的 FPGA 输出引脚通过一个 100Ω 限流电阻分别接到 a～g 的阴极和一个小数点。图 5-2 所示为显示 0～F 的十六进制数所需的 a～g 的输出阴极值。

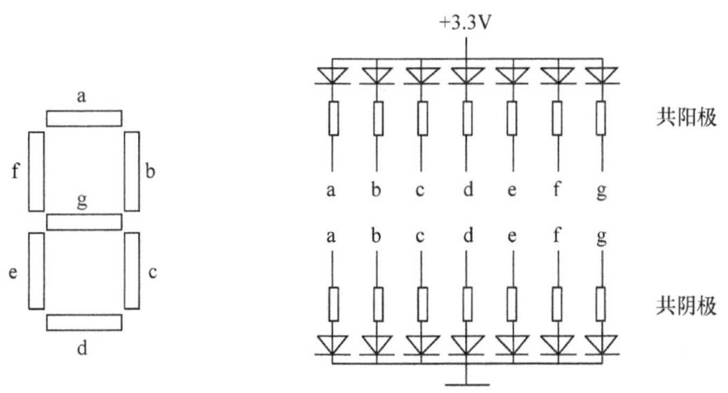

图 5-1　包含 7 个发光二极管的 7 段显示管

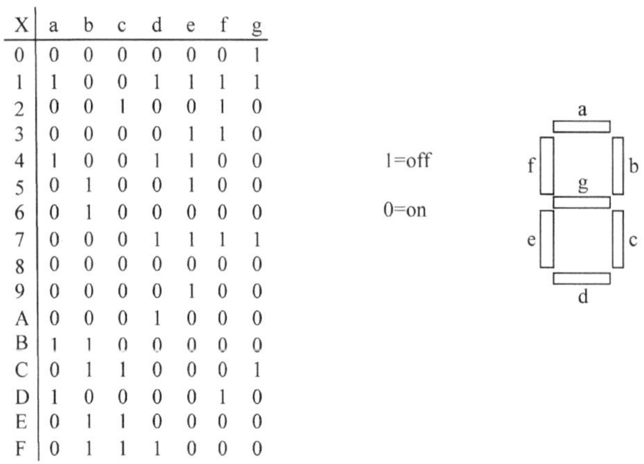

X	a	b	c	d	e	f	g
0	0	0	0	0	0	0	1
1	1	0	0	1	1	1	1
2	0	0	1	0	0	1	0
3	0	0	0	0	1	1	0
4	1	0	0	1	1	0	0
5	0	1	0	0	1	0	0
6	0	1	0	0	0	0	0
7	0	0	0	1	1	1	1
8	0	0	0	0	0	0	0
9	0	0	0	0	1	0	0
A	0	0	0	1	0	0	0
B	1	1	0	0	0	0	0
C	0	1	1	0	0	0	1
D	1	0	0	0	0	1	0
E	0	1	1	0	0	0	0
F	0	1	1	1	0	0	0

图 5-2　显示十六进制数 0～F 的 7 段代码

5.4.4　实验过程

详细步骤参见 3.3 节，这里只是简要介绍。建立新项目工程和新源文件，选择 VHDL Module 或 Verilog Module 输入模式，定义七段译码器的输入/输出信号。编辑源文件程序，编辑仿真程序，运行仿真，查看波形；进行器件引脚约束，运行编程文件，下载编程文件，进行硬件测试等过程。参考资源如下。

(1) 七段显示译码器 VHDL 描述：

```
library IEEE;
use IEEE.STD_LOGIC_1164.ALL;
entity hex7seg is
    Port ( indec : in STD_LOGIC_VECTOR (3 downto 0);
decodeout : out STD_LOGIC_VECTOR (6 downto 0));
end hex7seg;
architecture Behavioral of hex7seg is
begin
process(indec)
begin
        if indec="0000" then decodeout<="0000001";
        elsif indec="0001" then decodeout<="1001111";
        elsif indec="0010" then decodeout<="0010010";
        elsif indec="0011" then decodeout<="0000110";
        elsif indec="0100" then decodeout<="1001100";
        elsif indec="0101" then decodeout<="0100100";
        elsif indec="0110" then decodeout<="0100000";
        elsif indec="0111" then decodeout<="0001111";
        elsif indec="1000" then decodeout<="0000000";
```

```
        elsif indec="1001" then decodeout<="0000100";
        elsif indec="1010" then decodeout<="0001000";
        elsif indec="1011" then decodeout<="1100000";
        elsif indec="1100" then decodeout<="0110001";
        elsif indec="1101" then decodeout<="1000010";
        elsif indec="1110" then decodeout<="0110000";
        elsif indec="1111" then decodeout<="0111000";
        else decodeout<="1111111";
        end if;
end process;
end Behavioral;
```

(2) 七段显示译码器 Verilog 描述：

```
module hex7seg(decodeout,indec);
output[6:0] decodeout;
input[3:0] indec;
reg[6:0] decodeout;
always @(indec)
begin
case(indec)                                   //用 case 语句进行译码
4'b0000:decodeout=7'b0000001;
4'b0001:decodeout=7'b1001111;
4'b0010:decodeout=7'b0010010;
4'b0011:decodeout=7'b0000110;
4'b0100:decodeout=7'b1001100;
4'b0101:decodeout=7'b0100100;
4'b0110:decodeout=7'b0100000;
4'b0111:decodeout=7'b0001111;
4'b1000:decodeout=7'b0000000;
4'b1001:decodeout=7'b0000100;
4'b1010:decodeout=7'b0001000;                 //A
4'b1011:decodeout=7'b1100000;                 //B
4'b1100:decodeout=7'b0110001;                 //C
4'b1101:decodeout=7'b1000010;                 //D
4'b1110:decodeout=7'b0110000;                 //E
4'b1111:decodeout=7'b0111000;                 //F
default:decodeout=7'b1111111;
endcase
```

```
end
endmodule
```

(3) 七段显示译码器 Verilog 仿真：

```
module simu(
);
reg[3:0] in;
wire[6:0] out;
hex7seg test(out,in);
always
begin
in=0;
#10 in=1;
#10 in=2;
#10 in=3;
#10 in=4;
#10 in=5;
#10 in=6;
#10 in=7;
#10 in=8;
#10 in=9;
#10 in=10;
#10 in=11;
#10 in=12;
#10 in=13;
#10 in=14;
#10 in=15;
#10;
end
endmodule
```

(4) 基于 BASYS3 开发板七段显示译码器引脚约束：

```
set_property IOSTANDARD LVCMOS33 [get_ports {decodeout[6]}]
set_property IOSTANDARD LVCMOS33 [get_ports {decodeout[5]}]
set_property IOSTANDARD LVCMOS33 [get_ports {decodeout[4]}]
set_property IOSTANDARD LVCMOS33 [get_ports {decodeout[3]}]
set_property IOSTANDARD LVCMOS33 [get_ports {decodeout[2]}]
set_property IOSTANDARD LVCMOS33 [get_ports {decodeout[1]}]
```

```
set_property IOSTANDARD LVCMOS33 [get_ports {decodeout[0]}]
set_property IOSTANDARD LVCMOS33 [get_ports {indec[3]}]
set_property IOSTANDARD LVCMOS33 [get_ports {indec[2]}]
set_property IOSTANDARD LVCMOS33 [get_ports {indec[1]}]
set_property IOSTANDARD LVCMOS33 [get_ports {indec[0]}]
set_property PACKAGE_PIN W7 [get_ports {decodeout[6]}]
set_property PACKAGE_PIN W6 [get_ports {decodeout[5]}]
set_property PACKAGE_PIN U8 [get_ports {decodeout[4]}]
set_property PACKAGE_PIN V8 [get_ports {decodeout[3]}]
set_property PACKAGE_PIN U5 [get_ports {decodeout[2]}]
set_property PACKAGE_PIN V5 [get_ports {decodeout[1]}]
set_property PACKAGE_PIN U7 [get_ports {decodeout[0]}]
set_property PACKAGE_PIN W17 [get_ports {indec[3]}]
set_property PACKAGE_PIN W16 [get_ports {indec[2]}]
set_property PACKAGE_PIN V16 [get_ports {indec[1]}]
set_property PACKAGE_PIN V17 [get_ports {indec[0]}]
```

5.4.5 预习要求

(1) 了解七段显示译码器的有关知识与应用。
(2) 了解 VHDL、Verilog 代码输入方式的相关操作。
(3) 了解 Vivado 平台的基本操作。
(4) 详细阅读 3.3 节 Vivado 软件使用流程，做好测试记录的准备。

5.4.6 实验报告要求

记录实验程序，实验仿真程序，分析仿真波形，记录硬件适配表，观察并记录硬件测试数据(可用照片)，分析测试数据正确性，验证设计功能是否实现，记录设计过程中程序调试的故障现象及处理方法。

5.5 两位二进制比较器实验

5.5.1 实验目的

利用 HDL 及 FPGA 芯片进行组合逻辑电路的设计和仿真的流程，了解、学习与掌握 FPGA 软硬件平台的使用，掌握二进制比较器 HDL 的一般描述方法。

5.5.2 实验任务

使用 ISE 软件或 Vivado 软件、BASYS2 开发板或 BASYS3 开发板设计二进制比较

器，编辑设计文件，并进行仿真，生成比特流文件下载到开发板上进行验证。

5.5.3 实验原理

两位二进制比较器用于比较两个二进制数的大小，其输入有两组两位二进制数据，输出是比较的可能结果，分别是大于、等于或小于。其真值表如表 5-3 所示。

表 5-3 两位二进制比较器真值表

输入				输出		
a(1)	a(0)	b(1)	b(0)	eq	lg	sm
0	0	0	0	1	0	0
0	0	0	1	0	0	1
0	0	1	0	0	0	1
0	0	1	1	0	0	1
0	1	0	0	0	1	0
0	1	0	1	1	0	0
0	1	1	0	0	0	1
0	1	1	1	0	0	1
1	0	0	0	0	1	0
1	0	0	1	0	1	0
1	0	1	0	1	0	0
1	0	1	1	0	0	1
1	1	0	0	0	1	0
1	1	0	1	0	1	0
1	1	1	0	0	1	0
1	1	1	1	1	0	0

5.5.4 实验过程

详细步骤参见 3.3 节，这里只是简要介绍。建立新项目工程和新源文件，选择 VHDL Module 或 Verilog Module 输入模式，定义两位二进制比较器的输入/输出信号。编辑源文件程序，编辑仿真程序，运行仿真，查看波形；进行器件引脚约束，运行编程文件，下载编程文件，进行硬件测试等过程。参考资源如下。

(1) 两位二进制比较器 VHDL 描述：

```
library IEEE;
use IEEE.STD_LOGIC_1164.ALL;
entity compare is
      Port ( a : in STD_LOGIC_VECTOR (1 downto 0);
              b : in STD_LOGIC_VECTOR (1 downto 0);
              eq : out STD_LOGIC;
```

```
                gt : out STD_LOGIC;
                lt : out STD_LOGIC);
end compare;
architecture Behavioral of compare is
begin
process(a,b)
begin
     if a(1)>b(1) then eq<='0';gt<='1';lt<='0';
     elsif a(1)<b(1) then eq<='0';gt<='0';lt<='1';
     elsif a(0)>b(0) then eq<='0';gt<='1';lt<='0';
     elsif a(0)<b(0) then eq<='0';gt<='0';lt<='1';
     else eq<='1';gt<='0';lt<='0';
     end if;
end process;
end Behavioral;
```

(2) 两位二进制比较器 Verilog 描述：

```
module compare(
a,b,eq,gt,lt
     );
input [1:0] a,b;
output eq,gt,lt;
assign eq=(a==b)?1'b1:1'b0;
assign gt=(a>b)?1'b1:1'b0;
assign lt=(a<b)?1'b1:1'b0;
endmodule
```

(3) 两位二进制比较器 Verilog 仿真：

```
module simu(
);
reg[1:0] a,b;
wire eq,gt,lt;
compare test(a,b,eq,gt,lt);
always
begin
a=0;b=0;
#10 b=1;
#10 b=2;
```

```
#10 b=3;
#10 a=1;b=0;
#10 b=1;
#10 b=2;
#10 b=3;
#10 a=2;b=0;
#10 b=1;
#10 b=2;
#10 b=3;
#10 a=3;b=0;
#10 b=1;
#10 b=2;
#10 b=3;
#10;
end
endmodule
```

(4) 基于 BASYS3 开发板两位二进制比较器引脚约束：

```
set_property PACKAGE_PIN W17 [get_ports {a[1]}]
set_property PACKAGE_PIN W16 [get_ports {a[0]}]
set_property PACKAGE_PIN V16 [get_ports {b[1]}]
set_property PACKAGE_PIN V17 [get_ports {b[0]}]
set_property PACKAGE_PIN U19 [get_ports eq]
set_property PACKAGE_PIN E19 [get_ports lg]
set_property PACKAGE_PIN U16 [get_ports sm]
set_property IOSTANDARD LVCMOS33 [get_ports eq]
set_property IOSTANDARD LVCMOS33 [get_ports lg]
set_property IOSTANDARD LVCMOS33 [get_ports sm]
set_property IOSTANDARD LVCMOS33 [get_ports {a[1]}]
set_property IOSTANDARD LVCMOS33 [get_ports {a[0]}]
set_property IOSTANDARD LVCMOS33 [get_ports {b[1]}]
set_property IOSTANDARD LVCMOS33 [get_ports {b[0]}]
```

5.5.5 预习要求

(1) 了解二进制比较器的有关知识。
(2) 了解 VHDL、Verilog 代码输入方式的相关操作。
(3) 了解 Vivado 平台的基本操作。

(4) 详细阅读 3.3 节 Vivado 软件使用流程，做好测试记录的准备。

5.5.6　实验报告要求

记录实验程序，实验仿真程序，分析仿真波形，记录硬件适配表，观察并记录硬件测试数据(可用照片)，分析测试数据正确性，验证设计功能是否实现，记录设计过程中程序调试的故障现象及处理方法。

5.6　八位二进制加法器实验

5.6.1　实验目的

利用 HDL 及 FPGA 芯片进行组合逻辑电路的设计和仿真的流程，了解、学习与掌握 FPGA 软硬件平台的使用，掌握二进制加法器的 HDL 基本描述方法，掌握 FPGA 的自顶向下设计法。

5.6.2　实验任务

使用 ISE 软件或 Vivado 软件、BASYS2 开发板或 BASYS3 开发板设计八位二进制加法器，编辑设计文件，并进行仿真，生成比特流文件下载到开发板上进行验证。

5.6.3　实验原理

根据加法器逐位相加原理，八位二进制加法器可由八个一位二进制加法器串接而成，也可由两个四位的二进制加法器串接而成。因此，可以先设计一个一位加法器的 HDL 程序，也可先设计一个四位加法器的 HDL 程序，再将设计好的模块进行结构化设计的级联连接。一位加法器真值表如表 5-4 所示。

表 5-4　一位加法器真值表

输入			输出	
cin	a	b	cout	s
0	0	0	0	0
0	0	1	0	1
0	1	0	0	1
0	1	1	1	0
1	0	0	0	1
1	0	1	1	0
1	1	0	1	0
1	1	1	1	1

5.6.4 实验过程

详细步骤参见 3.3 节，这里只是简要介绍。建立新项目工程和新源文件，选择 VHDL Module 或 Verilog Module 输入模式，定义八位二进制加法器的输入/输出信号，定义底层模块一位加法器的设计实体，定义下层四位加法器的设计实体。编辑八位二进制加法器的源文件程序或原理图、一位加法器的源程序、四位加法器的源程序、三个模块的仿真程序，运行仿真，查看波形；进行八位二进制加法器的器件引脚约束，运行编程文件，下载编程文件，进行硬件测试等过程。参考资源如下。

(1) 八位二进制加法器原理图如图 5-3 所示，八位二进制加法器由 8 个一位二进制加法器串接而成。

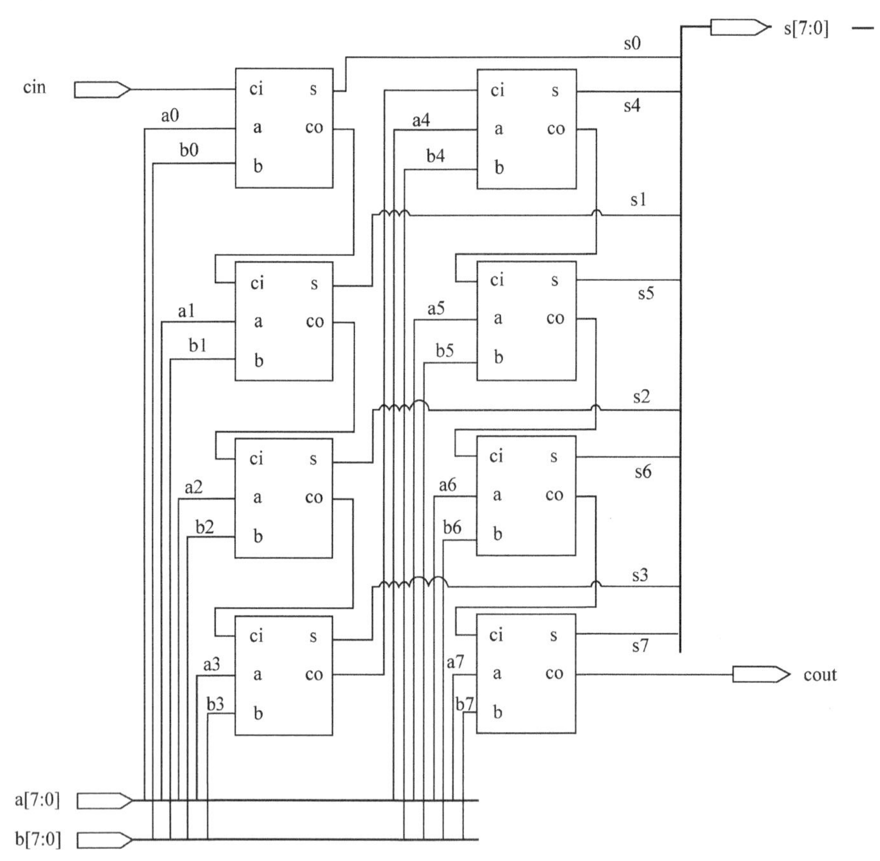

图 5-3 一位全加器组成八位加法器原理图

(2) 八位二进制加法器 VHDL 的结构化描述：

```
library IEEE;
use IEEE.STD_LOGIC_1164.ALL;
entity add8 is
   port(cin:in std_logic;
```

```
        a,b:in std_logic_vector(7 downto 0);
        s:out std_logic_vector(7 downto 0);
        cout:out std_logic);
end add8;
architecture b of add8 is
    signal ct:std_logic_vector(6 downto 0);
component fulladd is
    port(cin:in std_logic;
        a,b:in std_logic;
        s:out std_logic;
        cout:out std_logic);
end component;
begin
u0:fulladd port map(cin,a(0),b(0),s(0),ct(0));
u1:fulladd port map(ct(0),a(1),b(1),s(1),ct(1));
u2:fulladd port map(ct(1),a(2),b(2),s(2),ct(2));
u3:fulladd port map(ct(2),a(3),b(3),s(3),ct(3));
u4:fulladd port map(ct(3),a(4),b(4),s(4),ct(4));
u5:fulladd port map(ct(4),a(5),b(5),s(5),ct(5));
u6:fulladd port map(ct(5),a(6),b(6),s(6),ct(6));
u7:fulladd port map(ct(6),a(7),b(7),s(7),cout);
end b;
```

(3) 八位二进制加法器 Verilog 的结构化描述：

```
module add_8(a, b, cin, cout, s);
        input [7:0] a;
        input [7:0] b;
        input cin;
      output cout;
      output [7:0] s;
      wire temp[6:0];
      fulladd XLXI_1 (.a(a[0]),
                      .b(b[0]),
                      .cin(cin),
                      .cout(temp[0]),
                      .s(s[0]));
      fulladd XLXI_2 (.a(a[1]),
                      .b(b[1]),
```

```
                        .cin(temp[0]),
                        .cout(temp[1]),
                        .s(s[1]));
    fulladd XLXI_3 (.a(a[2]),
                        .b(b[2]),
                        .cin(temp[1]),
                        .cout(temp[2]),
                        .s(s[2]));
    fulladd XLXI_4 (.a(a[3]),
                        .b(b[3]),
                        .cin(temp[2]),
                        .cout(temp[3]),
                        .s(s[3]));
    fulladd XLXI_5 (.a(a[4]),
                        .b(b[4]),
                        .cin(temp[3]),
                        .cout(temp[4]),
                        .s(s[4]));
    fulladd XLXI_6 (.a(a[5]),
                        .b(b[5]),
                        .cin(temp[4]),
                        .cout(temp[5]),
                        .s(s[5]));
    fulladd XLXI_7 (.a(a[6]),
                        .b(b[6]),
                        .cin(temp[5]),
                        .cout(temp[6]),
                        .s(s[6]));
    fulladd XLXI_8 (.a(a[7]),
                        .b(b[7]),
                        .cin(temp[6]),
                        .cout(cout),
                        .s(s[7]));
endmodule
```

(4) 一位二进制加法器VHDL设计：

```
library IEEE;
use IEEE.STD_LOGIC_1164.ALL;
```

```
use IEEE.STD_LOGIC_SIGNED.ALL;
entity fulladd is
  port(cin:in std_logic;
        a,b:in std_logic;
        s:out std_logic;
        cout:out std_logic);
end fulladd;
architecture one of fulladd is
  signal crlt:std_logic_vector(1 downto 0);
begin
  crlt<=('0'&a)+('0'&b)+cin;
  s<=crlt(0);
  cout<=crlt(1);
end one;
```

(5) 一位二进制加法器 Verilog 设计：

```
module fulladd(
input wire cin,
input wire a,
input wire b,
output reg s,
output reg cout
);
reg [1:0] temp;
always @ (*)
 begin
  temp={1'b0,a}+{1'b0,b}+cin;
  s=temp[0];
  cout=temp[1];
 end
endmodule
```

(6) 四位二进制加法器 VHDL 设计：

```
library IEEE;
use IEEE.STD_LOGIC_1164.ALL;
use IEEE.STD_LOGIC_SIGNED.ALL;
entity add4 is
```

```
   port(cin:in std_logic;
          a,b:in std_logic_vector(3 downto 0);
          s:out std_logic_vector(3 downto 0);
          cout:out std_logic);
end add4;
architecture one of add4 is
   signal crlt:std_logic_vector(4 downto 0);
begin
   crlt<=('0'&a)+('0'&b)+cin;
   s<=crlt(3 downto 0);
   cout<=crlt(4);
end one;
```

(7) 四位二进制加法器 Verilog 设计：

```
module add4
#(parameter N=4)
(input wire cin,
 input wire [N-1:0] a,
 input wire [N-1:0] b,
 output reg [N-1:0] s,
 output reg cout
);
reg [N:0] temp;
always @ (*)
 begin
   temp={1'b0,a}+{1'b0,b}+cin;
   s=temp[N-1:0];
   cout=temp[N];
 end
endmodule
```

(8) 八位二进制加法器仿真：

```
module simu(
      );
reg cin;
reg [7:0] a,b;
wire [7:0] s;
```

```
wire cout;
add8 test(cin,a,b,s,cout);
initial
begin
a=120;b=163;cin=0;
end
endmodule
```

(9) 基于 BASYS 3 开发板八位二进制加法器引脚约束：

```
set_property PACKAGE_PIN R2 [get_ports {a[7]}]
set_property PACKAGE_PIN T1 [get_ports {a[6]}]
set_property PACKAGE_PIN U1 [get_ports {a[5]}]
set_property PACKAGE_PIN W2 [get_ports {a[4]}]
set_property PACKAGE_PIN R3 [get_ports {a[3]}]
set_property PACKAGE_PIN T2 [get_ports {a[2]}]
set_property PACKAGE_PIN T3 [get_ports {a[1]}]
set_property PACKAGE_PIN V2 [get_ports {a[0]}]
set_property PACKAGE_PIN W13 [get_ports {b[7]}]
set_property PACKAGE_PIN W14 [get_ports {b[6]}]
set_property PACKAGE_PIN V15 [get_ports {b[5]}]
set_property PACKAGE_PIN W15 [get_ports {b[4]}]
set_property PACKAGE_PIN W17 [get_ports {b[3]}]
set_property PACKAGE_PIN V16 [get_ports {b[1]}]
set_property PACKAGE_PIN V17 [get_ports {b[0]}]
set_property IOSTANDARD LVCMOS33 [get_ports {a[7]}]
set_property IOSTANDARD LVCMOS33 [get_ports {a[6]}]
set_property IOSTANDARD LVCMOS33 [get_ports {a[5]}]
set_property IOSTANDARD LVCMOS33 [get_ports {a[4]}]
set_property IOSTANDARD LVCMOS33 [get_ports {a[3]}]
set_property IOSTANDARD LVCMOS33 [get_ports {a[2]}]
set_property IOSTANDARD LVCMOS33 [get_ports {a[1]}]
set_property IOSTANDARD LVCMOS33 [get_ports {a[0]}]
set_property IOSTANDARD LVCMOS33 [get_ports {b[7]}]
set_property IOSTANDARD LVCMOS33 [get_ports {b[6]}]
set_property IOSTANDARD LVCMOS33 [get_ports {b[5]}]
set_property IOSTANDARD LVCMOS33 [get_ports {b[4]}]
set_property IOSTANDARD LVCMOS33 [get_ports {b[3]}]
set_property IOSTANDARD LVCMOS33 [get_ports {b[2]}]
```

```
set_property IOSTANDARD LVCMOS33 [get_ports {b[1]}]
set_property IOSTANDARD LVCMOS33 [get_ports {b[0]}]
set_property PACKAGE_PIN W16 [get_ports {b[2]}]
set_property PACKAGE_PIN V14 [get_ports {s[7]}]
set_property PACKAGE_PIN U14 [get_ports {s[6]}]
set_property PACKAGE_PIN U15 [get_ports {s[5]}]
set_property PACKAGE_PIN W18 [get_ports {s[4]}]
set_property PACKAGE_PIN V19 [get_ports {s[3]}]
set_property PACKAGE_PIN U19 [get_ports {s[2]}]
set_property PACKAGE_PIN E19 [get_ports {s[1]}]
set_property PACKAGE_PIN U16 [get_ports {s[0]}]
set_property IOSTANDARD LVCMOS33 [get_ports {s[7]}]
set_property IOSTANDARD LVCMOS33 [get_ports {s[6]}]
set_property IOSTANDARD LVCMOS33 [get_ports {s[5]}]
set_property IOSTANDARD LVCMOS33 [get_ports {s[4]}]
set_property IOSTANDARD LVCMOS33 [get_ports {s[3]}]
set_property IOSTANDARD LVCMOS33 [get_ports {s[2]}]
set_property IOSTANDARD LVCMOS33 [get_ports {s[1]}]
set_property IOSTANDARD LVCMOS33 [get_ports {s[0]}]
set_property PACKAGE_PIN T17 [get_ports cin]
set_property PACKAGE_PIN V13 [get_ports cout]
set_property IOSTANDARD LVCMOS33 [get_ports cin]
set_property IOSTANDARD LVCMOS33 [get_ports cout]
```

5.6.5 预习要求

(1) 了解加法器的有关知识，掌握自顶向下的设计方法。

(2) 了解 VHDL、Verilog 代码输入方式的相关操作。

(3) 了解 Vivado 平台的基本操作。

(4) 详细阅读 3.3 节 Vivado 软件使用流程，做好测试记录的准备。

5.6.6 实验报告要求

记录实验程序，实验仿真程序，分析仿真波形，记录硬件适配表，观察并记录硬件测试数据(可用照片)，分析测试数据正确性，验证设计功能是否实现，记录设计过程中程序调试的故障现象及处理方法。

5.7　简单算术逻辑单元实验

5.7.1　实验目的

利用 HDL 及 FPGA 芯片进行组合逻辑电路的设计和仿真的流程，了解、学习与掌握 FPGA 软硬件平台的使用，算术逻辑单元(ALU)是处理器(CPU)的核心组成部分，主要进行算术运算和逻辑运算，目的是掌握多功能电路在一个系统中的综合应用。

5.7.2　实验任务

使用 ISE 软件或 Vivado 软件、BASYS2 开发板或 BASYS3 开发板设计四位八种功能的 ALU，编辑设计文件，并进行仿真，生成比特流文件下载到开发板上进行验证。

5.7.3　实验原理

采用指令码和数据码综合描述方式，分别实现相加、相减、左移、右移、相与、相或、相异或、取反等功能，输出有数据、有进位标志、溢出标志、零标志和负数标志。八种功能由三位输入控制信号产生。功能表如表 5-5 所示。

表 5-5　八种功能真值表

功能描述	P3 P2 P1	S
相加	000	A+B+C0
相减	001	A–B–C0
左移	010	B2 B1 B0 C0
右移	011	C0 B3 B2 B1
相与	100	A&B
相或	101	A|B
相异或	110	A⊕B
取反	111	B'

5.7.4　实验过程

详细步骤参见 3.3 节，这里只是简要介绍。建立新项目工程和新源文件，选择 VHDL Module 或 Verilog Module 输入模式，定义四位 ALU 的输入/输出信号，编辑源程序、仿真程序，运行仿真，查看波形；进行八位二进制加法器的器件引脚约束，运行编程文件，下载编程文件，进行硬件测试等过程。参考资源如下。

(1) ALU 的 VHDL 描述：

```
library IEEE;
use IEEE.STD_LOGIC_1164.ALL;
use IEEE.STD_LOGIC_UNSIGNED.ALL;
```

```
entity alu is
    port(a,b:in std_logic_vector(3 downto 0);
         p:in std_logic_vector(2 downto 0);
         c0:in std_logic;
         s:buffer std_logic_vector(3 downto 0);
         cf:buffer std_logic;                          --进位/溢出标志
         neg:buffer std_logic;                         --负数标志
         zero:buffer std_logic);                       --零标志
end alu;

architecture Behavioral of alu is
signal a1,b1,s1,s2:std_logic_vector(4 downto 0);
begin
    a1<='0'&a;
    b1<='0'&b;
    s2<=a1+not(b1)+1-c0;   //c0 表示来自低位的借位信号
  process(a1,b1,c0,p)
    begin
    case p is
      when "000" => s1<=a1+b1+c0;                      --相加
      when "001" => if s2(4)='0' then s1<=s2;          --相减
                    else s1<=not(s2)+1;
                    end if;
      when "010" => s1(3)<=b1(2);s1(2)<=b1(1);s1(1)<=b1(0);s1(0)<=c0;
                                                       --左移
      when "011" => s1(3)<=c0;s1(2)<=b1(3);s1(1)<=b1(2);s1(0)<=b1(1);
                                                       --右移
      when "100" => s1<=a1 and b1;                     --相与
      when "101" => s1<=a1 or b1;                      --相或
      when "110" => s1<=a1 xor b1;                     --相异或
      when "111" => s1<=not(b1);                       --取反
      when others => null;
    end case;
  end process;

  process(s1,s2,p)
    begin
    if p="000" then cf<=s1(4);neg<='0';
```

```
        elsif p="001" then cf<='0';neg<=s2(4);
        else cf<='0';neg<='0';
        end if;
    end process;

s<=s1(3 downto 0);
zero<=not(s(3) or s(2) or s(1) or s(0));
end Behavioral;
```

(2) ALU 的 Verilog 描述：

```
module alu(a,b,p,c0,s,cf,neg,zero);

input [3:0] a,b;
input [2:0] p;
input c0;

output [3:0] s;
wire [3:0] s;
output cf;
reg cf;
output neg;
reg neg;
output zero;
wire zero;
reg [4:0] a1,b1,s1,s2;

always@(p or a or b or c0)
begin
cf=0;neg=0;
a1={1'b0,a};
b1={1'b0,b};
s2=a1+~b1-c0;

case(p)
    3'b000:
        begin
            s1<=a1+b1+c0;                              //相加
            #1 cf<=s1[4];
```

```
        end
      3'b001:
        begin
          neg<=s2[4];
          if(s2[4]==0) s1<=s2;                          //相减
          else s1<=~s2+1;
        end
      3'b010:
        begin
          s1<=b1<<1;s1[0]<=c0;                          //左移
        end
      3'b011:
        begin
          s1<=b1>>1;s1[3]<=c0;                          //右移
        end
      3'b100: s1<=a1 & b1;                              //相与
      3'b101: s1<=a1 | b1;                              //相或
      3'b110: s1<=a1 ^ b1;                              //相异或
      3'b111: s1<=~b1;                                  //取反
      default:s1<=5'bxxxxx;
    endcase
    end
    assign s=s1[3:0];
    assign zero=~(s[3] | s[2] | s[1] | s[0]);

    endmodule
```

(3) ALU 的 Verilog 仿真：

```
module simu(
      );
reg c0;
reg [3:0] a,b;
reg [2:0] p;
wire [3:0] s;
wire cf;
alu test(a,b,p,c0,s,cf,neg,zero);
always
begin
```

```
a=7;b=8;c0=0;p=0;
#10 a=9;
#10 p=1;
#10 a=7;
#10 p=2;
#10 p=3;
#10 p=4;
#10 p=5;
#10 p=6;
#10 p=7;
#10;
end
endmodule
```

(4) 基于 BASYS 3 开发板 ALU 的引脚约束：

```
set_property PACKAGE_PIN R2 [get_ports {p[2]}]
set_property PACKAGE_PIN T1 [get_ports {p[1]}]
set_property PACKAGE_PIN U1 [get_ports {p[0]}]
set_property PACKAGE_PIN W13 [get_ports {a[3]}]
set_property PACKAGE_PIN W14 [get_ports {a[2]}]
set_property PACKAGE_PIN V15 [get_ports {a[1]}]
set_property PACKAGE_PIN W15 [get_ports {a[0]}]
set_property PACKAGE_PIN W17 [get_ports {b[3]}]
set_property PACKAGE_PIN W16 [get_ports {b[2]}]
set_property PACKAGE_PIN V16 [get_ports {b[1]}]
set_property PACKAGE_PIN V17 [get_ports {b[0]}]
set_property IOSTANDARD LVCMOS33 [get_ports {a[3]}]
set_property IOSTANDARD LVCMOS33 [get_ports {a[2]}]
set_property IOSTANDARD LVCMOS33 [get_ports {a[1]}]
set_property IOSTANDARD LVCMOS33 [get_ports {a[0]}]
set_property IOSTANDARD LVCMOS33 [get_ports {b[3]}]
set_property IOSTANDARD LVCMOS33 [get_ports {b[2]}]
set_property IOSTANDARD LVCMOS33 [get_ports {b[1]}]
set_property IOSTANDARD LVCMOS33 [get_ports {b[0]}]
set_property IOSTANDARD LVCMOS33 [get_ports {p[2]}]
set_property IOSTANDARD LVCMOS33 [get_ports {p[1]}]
set_property IOSTANDARD LVCMOS33 [get_ports {p[0]}]
set_property PACKAGE_PIN V19 [get_ports {s[3]}]
```

```
set_property PACKAGE_PIN U19 [get_ports {s[2]}]
set_property PACKAGE_PIN E19 [get_ports {s[1]}]
set_property PACKAGE_PIN U16 [get_ports {s[0]}]
set_property IOSTANDARD LVCMOS33 [get_ports {s[3]}]
set_property IOSTANDARD LVCMOS33 [get_ports {s[2]}]
set_property IOSTANDARD LVCMOS33 [get_ports {s[1]}]
set_property IOSTANDARD LVCMOS33 [get_ports {s[0]}]
set_property PACKAGE_PIN V2 [get_ports c0]
set_property PACKAGE_PIN L1 [get_ports cf]
set_property PACKAGE_PIN P1 [get_ports neg]
set_property PACKAGE_PIN N3 [get_ports zero]
set_property IOSTANDARD LVCMOS33 [get_ports c0]
set_property IOSTANDARD LVCMOS33 [get_ports cf]
set_property IOSTANDARD LVCMOS33 [get_ports neg]
set_property IOSTANDARD LVCMOS33 [get_ports zero]
```

5.7.5 预习要求

(1) 了解 ALU 的有关知识及性能原理。
(2) 了解 VHDL、Verilog 代码输入方式的相关操作。
(3) 了解 Vivado 平台的基本操作。
(4) 详细阅读 3.3 节 Vivado 软件使用流程，做好测试记录的准备。

5.7.6 实验报告要求

记录实验程序，实验仿真程序，分析仿真波形，记录硬件适配表，观察并记录硬件测试数据(可用照片)，分析测试数据正确性，验证设计功能是否实现，记录设计过程中程序调试的故障现象及处理方法。

第 6 章　数字设计时序逻辑 FPGA 基础实验

6.1　带预置的 D 触发器实验

6.1.1　实验目的

触发器是一个具有记忆功能并具有两个稳定状态的信息存储器件，是构成多种时序电路的最基本的逻辑单元，也是数字逻辑电路中一种重要的单元电路。触发器有 D 触发、JK 触发和 T 触发。其中 D 触发器应用很广，可用作数字信号的存储、移位寄存、分频和波形发生器等。

6.1.2　实验任务

使用 ISE 软件或 Vivado 软件、BASYS2 开发板或 BASYS3 开发板设计带预置的 D 触发器，编辑设计文件，并进行仿真，然后生成比特流文件下载到开发板上进行验证。

6.1.3　实验原理

正触发 D 触发器在时钟脉冲 CLK 的上升沿(正跳变 0→1)时，触发器的输出新状态取决于 CP 的脉冲上升沿时 D 端的输入状态，即新状态=D。在上升沿到来前后，D 触发器的输出与 D 输入无关，保持原来的输出值不变。因此，它具有置 0、置 1 两种功能。由于在 CLK=1 或 0 期间电路具有维持阻塞作用，所以在 CLK=1 或 0 期间，D 端的数据状态变化不会影响触发器的输出状态。带预置(异步，高电平有效)的 D 触发器逻辑功能表如表 6-1 所示。

表 6-1　带预置的 D 触发器逻辑功能表

输入				输出	
R	S	CLK	D	Q	$\bar{Q}$
1	0	X	X	0	1
0	1	X	X	1	0
0	0	↓	X	保持	保持
0	0	↑	0	0	1
0	0	↑	1	1	0

6.1.4　实验过程

(1) D 触发器 VHDL 描述：

```
library ieee;
use ieee.std_logic_1164.all;
entity dff is
    port (clk,r,s,d : in std_logic;
            q : out std_logic);
end dff;
architecture behavior of dff is
begin
    process( clk,r,s )
        begin
            if (r= '1' and s= '0' )    then q<= '0' ;
            elsif (r= '0' and s= '1' )    then q<= '1' ;
            elsif clk'event and clk='1' then
                q<=d;
            end if;
    end process;
end behavior;
```

(2) D触发器Verilog描述：

```
module dff(clk,r,s,d,q);
input clk,r,s,d;
output q;
reg q;
always@(posedge clk or posedge r or posedge s)
    begin
        if(r)
            begin
                if(!s) q<=1'b0;
            end
        else if(s) q<=1'b1;
        else q<=d;
    end
endmodule
```

(3) D触发器Verilog仿真：

```
module simu(
);
reg clk,r,s,d;
```

```
wire q;
dff test(clk,r,s,d,q);
always
    begin
        r=0;s=0;
        #30 r=1;
        #60 r=0;s=1;
        #90 r=0;s=0;
    end
always
    begin
        clk=0;
        #1 clk=1;
        #2 clk=0;
    end
always
    begin
        d=0;
        #5 d=1;
        #10 d=0;
    end
endmodule
```

(4)基于 BASYS3 开发板 D 触发器引脚约束：

```
set_property PACKAGE_PIN W5 [get_ports clk]
set_property PACKAGE_PIN V17 [get_ports d]
set_property PACKAGE_PIN W19 [get_ports r]
set_property PACKAGE_PIN T17 [get_ports s]
set_property PACKAGE_PIN U16 [get_ports q]
set_property IOSTANDARD LVCMOS33 [get_ports clk]
set_property IOSTANDARD LVCMOS33 [get_ports d]
set_property IOSTANDARD LVCMOS33 [get_ports q]
set_property IOSTANDARD LVCMOS33 [get_ports r]
set_property IOSTANDARD LVCMOS33 [get_ports s]
```

6.1.5　预习要求

(1) 了解 D 触发器的有关知识。

(2) 了解 VHDL、Verilog 代码输入方式的相关操作。

(3) 了解 Vivado 平台的基本操作。

(4) 详细阅读 3.3 节 Vivado 软件使用流程，做好测试记录的准备。

6.1.6 实验报告要求

记录实验程序，实验仿真程序，分析仿真波形，记录硬件适配表，观察并记录硬件测试数据(可用照片)，分析测试数据正确性，验证设计功能是否实现，记录设计过程中程序调试的故障现象及处理方法。

6.2 计数器实验

6.2.1 实验目的

计数器是数字设计时序逻辑最常用的基础电路，是数字设计系统用得比较多的模块，如分频、扫描、串/并转换、并/串转换、状态机工作等都离不开计数器的使用，在此对计数器进行研究有待后续电路的进一步设计。

6.2.2 实验任务

使用 ISE 软件或 Vivado 软件、BASYS2 开发板或 BASYS3 开发板设计计数器，编辑设计文件，并进行仿真，然后生成比特流文件下载到开发板上进行验证。

6.2.3 实验原理

一个 N 进制计数器是在有效时钟边沿(上升沿或下降沿)作用下，按照加、减或可逆计数的方式改变状态。当计数到最后一个状态时，下一个状态是回到初始状态，同时根据需求产生计数输出数据与进位输出信号。

6.2.4 实验过程

(1) 计数器的 VHDL 描述：

```
library ieee;
use ieee.std_logic_1164.all;
use ieee.std_logic_unsigned.all;
use ieee.std_logic_arith.all;
entity counter is
    generic ( n : integer :=256);
//根据具体的计数器模值设置 n 的大小，这里假设模 256 计数器
  port (clr,clk: in std_logic;
updown: in std_logic; //加减计数器控制
          q : out std_logic_vector(7 downto 0);          //计数数据输出信号
```

```
        c,d : out std_logic); //加减满值输出信号
end counter;
architecture behavioral of counter is
    signal temp : std_logic_vector(7 downto 0);
begin
process( clk,clr,updown )
begin
    if clr='1' then temp<=(others =>'0');c<='0';d<='0'; //异步清零
    elsif clk'event and clk='1' then
        case updown is
            when '0' =>if temp=n-1 then
                           temp<=(others =>'0');c<='1';d<='0';
                           else temp <= temp +1;c<='0';d<='0';
                           end if;
            when '1' =>if temp =0 then
                           temp<=conv_std_logic_vector(n-1,8);d<='1';c<='0';
                           else temp <= temp -1;d<='0';c<='0';
                           end if;
            when others => null;
        end case;
    end if;
end process;
    q<= temp;
end behavioral;
```

(2) 计数器的 Verilog 描述：

```
module counter
# (parameter N=256)
(input wire clr,clk,updown,
 output reg [7:0] q,
 output reg c,d
);
always @ (posedge clk or posedge clr)
    begin
        if(clr==1)
            begin q<=0;c<=0;d<=0; end
        else if(updown==0)
             begin
```

```
                if(q==N-1)                                       //加计数满值
                    begin q<=0;c<=1;d<=0; end
                else
                    begin q<=q+1;c<=0;d<=0; end                  //加计数器
            end
        else
            begin
                if(q==0)   //减计数到 0
                    begin q<=N-1;d<=1;c<=0; end
                else
                    begin q<=q-1;d<=0;c<=0; end                  //减计数
            end
    end
endmodule
```

(3) 计数器的 Verilog 仿真：

```
module simu(
);
reg clr,clk,updown;
wire [3:0] q;
wire c,d;
counter test
(clr,clk,updown,q,c,d);
always
    begin
        clr=0; updown =0;
        #30 clr=1;
        #1 clr=0;
        #50 updown =1;
        #30 clr=1;
        #1 clr=0;
        #50;
    end
always
    begin
        clk=0;
        #1 clk=1;
        #1 clk=0;
```

```
    end
endmodule
```

(4) 基于 BASYS3 开发板计数器的引脚约束：

```
set_property PACKAGE_PIN U16 [get_ports {q[0]}]
set_property PACKAGE_PIN E19 [get_ports {q[1]}]
set_property PACKAGE_PIN U19 [get_ports {q[2]}]
set_property PACKAGE_PIN V19 [get_ports {q[3]}]
set_property PACKAGE_PIN W18 [get_ports {q[4]}]
set_property PACKAGE_PIN U15 [get_ports {q[5]}]
set_property PACKAGE_PIN U14 [get_ports {q[6]}]
set_property PACKAGE_PIN V14 [get_ports {q[7]}]
set_property IOSTANDARD LVCMOS33 [get_ports {q[7]}]
set_property IOSTANDARD LVCMOS33 [get_ports {q[6]}]
set_property IOSTANDARD LVCMOS33 [get_ports {q[5]}]
set_property IOSTANDARD LVCMOS33 [get_ports {q[4]}]
set_property IOSTANDARD LVCMOS33 [get_ports {q[3]}]
set_property IOSTANDARD LVCMOS33 [get_ports {q[2]}]
set_property IOSTANDARD LVCMOS33 [get_ports {q[1]}]
set_property IOSTANDARD LVCMOS33 [get_ports {q[0]}]
set_property PACKAGE_PIN L1 [get_ports c]
set_property PACKAGE_PIN P1 [get_ports d]
set_property PACKAGE_PIN W5 [get_ports clk]
set_property PACKAGE_PIN W19 [get_ports clr]
set_property PACKAGE_PIN V17 [get_ports updown]
set_property IOSTANDARD LVCMOS33 [get_ports c]
set_property IOSTANDARD LVCMOS33 [get_ports clk]
set_property IOSTANDARD LVCMOS33 [get_ports clr]
set_property IOSTANDARD LVCMOS33 [get_ports d]
set_property IOSTANDARD LVCMOS33 [get_ports updown]
```

6.2.5　预习要求

(1) 了解计数器的有关知识。
(2) 了解 VHDL、Verilog 代码输入方式的相关操作。
(3) 了解 Vivado 平台的基本操作。
(4) 详细阅读 3.3 节 Vivado 软件使用流程，做好测试记录的准备。

6.2.6 实验报告要求

记录实验程序，实验仿真程序，分析仿真波形，记录硬件适配表，观察并记录硬件测试数据(可用照片)，分析测试数据正确性，验证设计功能是否实现，记录设计过程中程序调试的故障现象及处理方法。

6.3 分频器实验

6.3.1 实验目的

分频器是数字电路需求的时钟来源，在数字设计中广泛使用。

6.3.2 实验任务

使用 ISE 软件或 Vivado 软件、BASYS2 开发板或 BASYS3 开发板设计分频器，编辑设计文件，并进行仿真，然后生成比特流文件下载到开发板上进行验证。

6.3.3 实验原理

分频器常采用计数器实现，也可用内部的锁相环 IP 实现。用计时器实现方法，一般有偶数分频的减半计数法及任意分频的满数据计数法。偶数分频法，对分频倍数计一半的数据，当计满一半的数据时计数累加信号回归初始值，分频输出信号取反，这样得到的分频输出信号是等宽比的波形；任意分频法是指计数最大值为分频倍数值，当计满最大值时，累加信号回到初始值。分频输出值等于累加信号的最高位输出，其分频波形的占空比不一定是等宽比，随着分频值的变化而变化。

6.3.4 实验过程

1. 分频器的 VHDL 描述

1) 偶数分频法

```
library ieee;
use ieee.std_logic_1164.all;
use ieee.std_logic_unsigned.all;
use ieee.std_logic_arith.all;
entity div is
    generic ( n : integer :=20);
    port (clk_in,rst : in std_logic;
            clk_out : out std_logic);
end div;
architecture behavioral of div is
```

```
    signal q : std_logic:= '0';
    signal count : std_logic_vector(4 downto 0):=(others=> '0' );
begin
process( clk_in )
    begin
    if rst='1' then count<=(others=> '0' );
    elsif clk_in'event and clk_in='1' then
        if(count<N/2-1) then   // 也可以写成 if (count<9 ) then; 0~9 一半计数法
            count<=count+1;
        else
            q<=not q;
            count<=(others=>'0');
        end if;
    end if;
end process;
clk_out<=q;
end behavioral;
```

2) 任意分频法 1

```
library ieee;
use ieee.std_logic_1164.all;
use ieee.std_logic_unsigned.all;
use ieee.std_logic_arith.all;
entity div is
    generic ( n : integer :=20);
    port (clk_in,rst : in std_logic;
          clk_out : out std_logic);
end div;
architecture behavioral of div is
    signal count : std_logic_vector(4 downto 0);
begin
process( clk_in ,rst)
    begin
    if rst='1' then count<=(others=> '0' );
    elsif clk_in'event and clk_in='1' then
        if(count<n-1) then
            count<=count+1;
        else
```

```
                count<=(others=>'0');
            end if;
        end if;
    end process;
    process(clk,count)
    begin
       if clk'event and clk='1' then
            if(count<n/2) then clk_out<='0'; //这里的 count<n/2，是指一个近似值即可。
            else clk_out<='1';
            end if;
    end if;
    end process;
    end behavioral;
```

3) 任意分频法 2

```
library ieee;
use ieee.std_logic_1164.all;
use ieee.std_logic_unsigned.all;
use ieee.std_logic_arith.all;
entity div is
    generic ( n : integer :=20);
    port (clk_in,rst : in std_logic;
          clk_out : out std_logic);
end div;
architecture behavioral of div is
    signal count : std_logic_vector(4 downto 0);
begin
process( clk_in ,rst)
begin
    if rst='1' then count<=(others=>'0');
    elsif clk_in'event and clk_in='1' then
        if(count<n-1) then
            count<=count+1;
        else
            count<=(others=>'0');
        end if;
    end if;
end process;
```

```
clk_out<= count(4);
end behavioral;
```

2. 分频器的 Verilog 描述

1) 偶数分频法

```
module div
# (parameter N=20)
(input wire clk_in,rst,
 output reg clk_out
);
reg [4:0] count;
always @ (posedge clk_in or posedge rst)
    begin
        if(rst==1)
            begin clk_out<=0;count<=0; end
        else if(count<N/2-1) count<=count+1;
        else
            begin clk_out<=!clk_out;count<=0; end
    end
endmodule
```

2) 任意分频法 1

```
module div
# (parameter N=20)
(input wire clk_in,rst,
 output reg clk_out
);
reg [4:0] count;
always @ (posedge clk_in or posedge rst)
    begin
        if(rst==1||count==N-1) count<=0;
        else count<=count+1;
    end
always @ (count)
    begin
        if(count<N/2) clk_out<=0;
        else clk_out<=1;
```

```
    end
endmodule
```

3) 任意分频法 2

```
module div
# (parameter N=20)
(input wire clk_in,rst,
 output wire clk_out
);
reg [4:0] count;
always @ (posedge clk_in or posedge rst)
    begin
        if(rst==1||count==N-1) count<=0;
        else count<=count+1;
    end
assign clk_out=count[4];
endmodule
```

3. 分频器的 Verilog 仿真

```
module simu(
);
reg clk_in,rst;
wire clk_out;
div test
(clk_in,rst,clk_out);
initial
    begin
        rst=1;
        #100 rst=0;
    end
always
    begin
        clk_in=0;
        #1 clk_in=1;
        #1 clk_in=0;
    end
endmodule
```

4. 基于 BASYS3 开发板分频器的引脚约束

```
set_property PACKAGE_PIN W5 [get_ports clk_in]
set_property PACKAGE_PIN U16 [get_ports clk_out]
set_property PACKAGE_PIN W19 [get_ports rst]
set_property IOSTANDARD LVCMOS33 [get_ports clk_in]
set_property IOSTANDARD LVCMOS33 [get_ports clk_out]
set_property IOSTANDARD LVCMOS33 [get_ports rst]
```

6.3.5　预习要求

(1) 了解分频器的有关知识。
(2) 了解 VHDL、Verilog 代码输入方式的相关操作。
(3) 了解 Vivado 平台的基本操作。
(4) 详细阅读 3.3 节 Vivado 软件使用流程，做好测试记录的准备。

6.3.6　实验报告要求

记录实验程序，实验仿真程序，分析仿真波形，记录硬件适配表，观察并记录硬件测试数据(可用照片)，分析测试数据正确性，验证设计功能是否实现，记录设计过程中程序调试的故障现象及处理方法。

6.4　寄存器实验

6.4.1　实验目的

寄存器是数字系统中用来存储二进制数据的逻辑器件，在数字设计中广泛应用，可以由多个触发器并接而成。

6.4.2　实验任务

使用 ISE 软件或 Vivado 软件、BASYS2 开发板或 BASYS3 开发板设计寄存器，编辑设计文件，并进行仿真，然后生成比特流文件下载到开发板上进行验证。

6.4.3　实验原理

N 位寄存器是指将 N 个具有相同时钟的 D 触发器进行并接，当时钟信号到来时，外部数据存储在寄存器里，并送入输出，只要时钟信号不来，保存在寄存器里的数据就不变，直到下一个时钟信号到来，读入新的数据送给输出。

6.4.4 实验过程

(1) 八位寄存器的 VHDL 描述：

```
library ieee;
use ieee.std_logic_1164.all;
entity register is
    generic ( n : integer :=8);
    port (load,clk,clr : in std_logic;
          d : in std_logic_vector(n-1 downto 0);
          q : out std_logic_vector(n-1 downto 0));
end register;
architecture behavior of register is
begin
    process( clk,clr )
        begin
            if clr='1' then q<=(others=>'0');
            elsif clk'event and clk='1' and load='1' then
                q<=d;
            end if;
    end process;
end behavior;
```

(2) 八位寄存器的 Verilog 描述：

```
module register
# (parameter N=8)
(input wire load,clk,clr,
 input wire [N-1:0] d,
 output reg [N-1:0] q
 );
always@(posedge clk or posedge clr)
    if(clr==1)
        q<=0;
    else if(load==1)
        q<=d;
endmodule
```

(3) 八位寄存器的 Verilog 仿真：

```
module simu(
```

```
);
reg load,clk,clr;
reg [7:0] d;
wire [7:0] q;
register test(load,clk,clr,d,q);
always
    begin
        clr=0;load=0;
        #30 clr=1;
        #2 clr=0;
        #30 load=1;
        #2 load=0;
        #30 load=1;
        #2 load=0;
        #30;
    end
always
    begin
        clk=0;
        #1 clk=1;
        #1 clk=0;
    end
always
    begin
        d=0;
        #5 d=1;
        #5 d=2;
        #5 d=3;
        #5 d=4;
        #5 d=5;
        #5;
    end
endmodule
```

(4) 基于 BASYS3 开发板八位寄存器的引脚约束：

```
set_property PACKAGE_PIN V17 [get_ports {d[0]}]
set_property PACKAGE_PIN V16 [get_ports {d[1]}]
set_property PACKAGE_PIN W16 [get_ports {d[2]}]
```

```
set_property PACKAGE_PIN W17 [get_ports {d[3]}]
set_property PACKAGE_PIN W15 [get_ports {d[4]}]
set_property PACKAGE_PIN V15 [get_ports {d[5]}]
set_property PACKAGE_PIN W14 [get_ports {d[6]}]
set_property PACKAGE_PIN W13 [get_ports {d[7]}]
set_property IOSTANDARD LVCMOS33 [get_ports {d[7]}]
set_property IOSTANDARD LVCMOS33 [get_ports {d[6]}]
set_property IOSTANDARD LVCMOS33 [get_ports {d[5]}]
set_property IOSTANDARD LVCMOS33 [get_ports {d[4]}]
set_property IOSTANDARD LVCMOS33 [get_ports {d[3]}]
set_property IOSTANDARD LVCMOS33 [get_ports {d[2]}]
set_property IOSTANDARD LVCMOS33 [get_ports {d[1]}]
set_property IOSTANDARD LVCMOS33 [get_ports {d[0]}]
set_property PACKAGE_PIN U16 [get_ports {q[0]}]
set_property PACKAGE_PIN E19 [get_ports {q[1]}]
set_property PACKAGE_PIN U19 [get_ports {q[2]}]
set_property PACKAGE_PIN V19 [get_ports {q[3]}]
set_property PACKAGE_PIN W18 [get_ports {q[4]}]
set_property PACKAGE_PIN U15 [get_ports {q[5]}]
set_property PACKAGE_PIN U14 [get_ports {q[6]}]
set_property PACKAGE_PIN V14 [get_ports {q[7]}]
set_property IOSTANDARD LVCMOS33 [get_ports {q[7]}]
set_property IOSTANDARD LVCMOS33 [get_ports {q[6]}]
set_property IOSTANDARD LVCMOS33 [get_ports {q[5]}]
set_property IOSTANDARD LVCMOS33 [get_ports {q[4]}]
set_property IOSTANDARD LVCMOS33 [get_ports {q[3]}]
set_property IOSTANDARD LVCMOS33 [get_ports {q[2]}]
set_property IOSTANDARD LVCMOS33 [get_ports {q[1]}]
set_property IOSTANDARD LVCMOS33 [get_ports {q[0]}]
set_property PACKAGE_PIN W5 [get_ports clk]
set_property PACKAGE_PIN W19 [get_ports clr]
set_property PACKAGE_PIN T17 [get_ports load]
set_property IOSTANDARD LVCMOS33 [get_ports clk]
set_property IOSTANDARD LVCMOS33 [get_ports clr]
set_property IOSTANDARD LVCMOS33 [get_ports load]
```

6.4.5 预习要求

(1) 了解寄存器的有关知识。

(2) 了解 VHDL、Verilog 代码输入方式的相关操作。

(3) 了解 Vivado 平台的基本操作。

(4) 详细阅读 3.3 节 Vivado 软件使用流程，做好测试记录的准备。

6.4.6　实验报告要求

记录实验程序，实验仿真程序，分析仿真波形，记录硬件适配表，观察并记录硬件测试数据(可用照片)，分析测试数据正确性，验证设计功能是否实现，记录设计过程中程序调试的故障现象及处理方法。

6.5　移位寄存器实验

6.5.1　实验目的

移位寄存器广泛应用于数字系统对数据的延迟寄存、数据串/并传输等，由多个触发器串接而成。

6.5.2　实验任务

使用 ISE 软件或 Vivado 软件、BASYS2 开发板或 BASYS3 开发板设计移位寄存器，编辑设计文件，并进行仿真，然后生成比特流文件下载到开发板上进行验证。

6.5.3　实验原理

N 位移位寄存器是指将 N 个具有相同时钟的 D 触发器进行串接，当时钟信号到来时，外部数据首先存入第一个寄存器(一个 D 触发器)，当第二个时钟信号到来时第一个寄存器的数据压入第二个寄存器(另一个 D 触发器)，外部数据继续存入第一个寄存器，当第三个时钟信号到来时，第二个寄存器的数据压入第三个寄存器(再一个 D 触发器)，第一个寄存器的数据压入第二个寄存器，同样外部数据继续存入第一个寄存器，以此类推。经过 N 个时钟后，先前存入的 N 个数据都能从对应的寄存器输出端取出，此时的功能实现了串行输入并行输出的转换；如从最后一个寄存器输出，则实现了串行输出到串行输入间的 N 个时钟节拍的延迟。

6.5.4　实验过程

(1) 八位移位寄存器的 VHDL 描述：

```
library ieee;
use ieee.std_logic_1164.all;
entity shift is
        generic ( n : integer :=8);
        port ( a, clk: in std_logic;
```

```
b: out std_logic  ;
d:out std_logic_vector(n-1 downto 0));
end shift;
architecture art of shift is
        signal z: std_logic_vector(n downto 0);
begin
         z(0)<=a;   b<=z(n);
         process(clk)
         begin
              if clk'event and clk ='1' then
                   z(n downto 1)<=z(n-1 downto 0);
              end if;
         end process;
         d<=z(n:1);
end art;
```

(2) 八位移位寄存器的 Verilog 描述：

```
module shift
# (parameter N=8)
(a,clk,b,d);
    input a,clk;
    output b;
    wire b;
output wire[N-1:0] d;
    reg [N:0] z;
    always @ (posedge clk)
            begin
                z[N:1]<=z[N-1:0];
            end
    always @ (a)
            begin
                z[0]<=a;
            end
    assign b=z[N];
    assign d=z[N:1];
endmodule
```

(3) 八位移位寄存器的 Verilog 仿真：

```
module simu(
);
reg a,clk;
wire b;
wire[7:0]d
shift test(a,clk,b,d);
always
    begin
        clk=0;
        #1 clk=1;
        #1 clk=0;
    end
always
    begin
        a=0;
        #50 a=1;
        #5 a=0;
        #5 a=1;
        #5 a=0;
        #5;
    end
endmodule
```

(4) 基于 BASYS3 开发板的八位移位寄存器的引脚约束：

```
set_property PACKAGE_PIN V17 [get_ports a]
set_property PACKAGE_PIN L1 [get_ports b]
set_property PACKAGE_PIN W5 [get_ports clk]
set_property PACKAGE_PIN U16 [get_ports {d[0]}]
set_property PACKAGE_PIN E19 [get_ports {d[1]}]
set_property PACKAGE_PIN U19 [get_ports {d[2]}]
set_property PACKAGE_PIN V19 [get_ports {d[3]}]
set_property PACKAGE_PIN W18 [get_ports {d[4]}]
set_property PACKAGE_PIN U15 [get_ports {d[5]}]
set_property PACKAGE_PIN U14 [get_ports {d[6]}]
set_property PACKAGE_PIN V14 [get_ports {d[7]}]
set_property IOSTANDARD LVCMOS33 [get_ports a]
```

```
set_property IOSTANDARD LVCMOS33 [get_ports b]
set_property IOSTANDARD LVCMOS33 [get_ports d]
set_property IOSTANDARD LVCMOS33 [get_ports clk]
set_property IOSTANDARD LVCMOS33 [get_ports {d[7]}]
set_property IOSTANDARD LVCMOS33 [get_ports {d[6]}]
set_property IOSTANDARD LVCMOS33 [get_ports {d[5]}]
set_property IOSTANDARD LVCMOS33 [get_ports {d[4]}]
set_property IOSTANDARD LVCMOS33 [get_ports {d[3]}]
set_property IOSTANDARD LVCMOS33 [get_ports {d[2]}]
set_property IOSTANDARD LVCMOS33 [get_ports {d[1]}]
set_property IOSTANDARD LVCMOS33 [get_ports {d[0]}]
```

6.5.5 预习要求

(1) 了解移位寄存器的有关知识。
(2) 了解 VHDL、Verilog 代码输入方式的相关操作。
(3) 了解 Vivado 平台的基本操作。
(4) 详细阅读 3.3 节 Vivado 软件使用流程，做好测试记录的准备。

6.5.6 实验报告要求

记录实验程序，实验仿真程序，分析仿真波形，记录硬件适配表，观察并记录硬件测试数据(可用照片)，分析测试数据正确性，验证设计功能是否实现，记录设计过程中程序调试的故障现象及处理方法。

6.6 序列信号发生器实验

6.6.1 实验目的

序列信号发生器是指在同步脉冲作用下循环地产生一串周期性的二进制信号，在生产实践和科技领域中有着广泛的应用，如通信、雷达等，可实现同步信号、地址码、数据及控制信号等。

6.6.2 实验任务

使用 ISE 软件或 Vivado 软件、BASYS2 开发板或 BASYS3 开发板设计序列信号发生器，编辑设计文件，并进行仿真，然后生成比特流文件下载到开发板上进行验证。

6.6.3 实验原理

序列信号发生器可由移位寄存器加反馈网络产生(移位型)，也可由计数器加多路选择

器产生(计数型)。“01101001”序列信号发生器，如用四位寄存器，其反馈函数表如表 6-2 所示。

表 6-2　反馈函数表

状态				输入
Q3	Q2	Q1	Q0	D
0	1	1	0	1
1	1	0	1	0
1	0	1	0	0
0	1	0	0	1
1	0	0	1	0
0	0	1	0	1
0	1	0	1	1
1	0	1	1	0
0	1	1	0	1

6.6.4　实验过程

(1) “01101001”八位序列信号发生器的 VHDL 描述(移位型 1)：

```
library ieee;
use ieee.std_logic_1164.all;
entity signal_gen is
port(s_out :out std_logic;
rst,clk :in std_logic);
end signal_gen;
architecture bhv of signal_gen is
        signal d: std_logic;
        signal q: std_logic_vector(3 downto 0);
    begin
        process(q)
        begin
        case q is
            when"0110"=>d<='1';
            when"1101"=>d<='0';
            when"1010"=>d<='0';
            when"0100"=>d<='1';
            when"1001"=>d<='0';
            when"0010"=>d<='1';
            when"0101"=>d<='1';
            when"1011"=>d<='0';
            when others=>null;
```

```
            end case;
        end process;
        process(clk,rst)
        begin
            if rst='1' then q<="0110";
            elsif clk'event and clk ='1' then
                q(3 downto 1)<=q(2 downto 0);
                q(0)<=d;
            end if;
        end process;
    s_out<=q(3);
end bhv;
```

(2) “01101001”八位序列信号发生器的 VHDL 描述(移位型 2)：

```
library ieee;
use ieee.std_logic_1164.all;
entity signal_gen is
port(s_out :out std_logic;
rst,clk :in std_logic);
end signal_gen;
architecture bhv of signal_gen is
    signal q: std_logic_vector(7 downto 0);
begin
    process(clk,rst)
    begin
        if rst='1' then q<="01101001";
        elsif clk'event and clk='1' then
            q(7 downt 1)<= q(6 downto 0);
            q(0)<=q(7);
        end if;
end process;
    s_out<=q(7);
end bhv;
```

(3) “01101001”八位序列信号发生器的 Verilog 描述(计数型)：

```
module signal_gen(s_out,,rst,clk);
input   rst;
input   clk;
```

```
output   s_out;
reg [2:0]    counter;
reg [7:0]    s_data;
reg    s_out;
always @ (posedge clk or posedge rst)
   if(rst==1)
      begin
            s_out<=0;
            counter<=0;
            s_data<=8'b10010110;
      end
   else
      begin
           s_out<=s_data[counter];
           counter<=counter+1;
      end
endmodule
```

(4) “01101001”八位序列信号发生器的 Verilog 仿真：

```
module simu(
);
reg rst,clk;
wire s_out;
signal_gen test(s_out,rst,clk);
always
    begin
        clk=0;
        #1 clk=1;
        #1 clk=0;
    end
initial
    begin
        rst=0;
        #50 rst=1;
        #5 rst=0;
    end
endmodule
```

(5) 基于BASYS3开发板“01101001”八位序列信号发生器的引脚约束：

```
set_property PACKAGE_PIN W5 [get_ports clk]
set_property PACKAGE_PIN U16 [get_ports s_out]
set_property PACKAGE_PIN W19 [get_ports rst]
set_property IOSTANDARD LVCMOS33 [get_ports clk]
set_property IOSTANDARD LVCMOS33 [get_ports s_out]
set_property IOSTANDARD LVCMOS33 [get_ports rst]
```

6.6.5 预习要求

(1) 了解序列信号发生器的有关知识。
(2) 了解VHDL、Verilog代码输入方式的相关操作。
(3) 了解Vivado平台的基本操作。
(4) 详细阅读3.3节Vivado软件使用流程，做好测试记录的准备。

6.6.6 实验报告要求

记录实验程序，实验仿真程序，分析仿真波形，记录硬件适配表，观察并记录硬件测试数据(可用照片)，分析测试数据正确性，验证设计功能是否实现，记录设计过程中程序调试的故障现象及处理方法。

6.7 序列信号检测器实验

6.7.1 实验目的

序列信号检测器用于检测一组或多组二进制码组成的脉冲序列信号，在数字通信系统中有着广泛的应用。

6.7.2 实验任务

使用ISE软件或Vivado软件、BASYS2开发板或BASYS3开发板设计序列信号检测器，编辑设计文件，并进行仿真，然后生成比特流文件下载到开发板上进行验证。

6.7.3 实验原理

当序列检测器连续收到一组串行二进制码后，如果这组二进制码与检测器中预先存储的码相同，则输出一个有效信号，如果不相同则输出一个无效码。可用状态机寄存器设计，也可由计数器和数据分配器设计。如“01101001”序列检测器，其定义状态如表6-3所示。

表 6-3　序列检测器状态定义

现态 Sn	次态 S(n+1) /输出 Z	
	X=0	X=1
S0 (initial)	S1 / 0	S0 / 0
S1 (got 0)	S1 / 0	S2 / 0
S2 (got 01)	S1 / 0	S3 / 0
S3 (got 011)	S4 / 0	S0 / 0
S4 (got 0110)	S1 / 0	S5 / 0
S5 (got 01101)	S6 / 0	S3 / 0
S6 (got 011010)	S7 / 0	S2 / 0
S7 (got 0110100)	S1 / 0	S8 / 1
S8 (got 01101001)	S1 / 0	S3 / 0

6.7.4　实验过程

(1) “01101001”八位序列信号检测器的 VHDL 描述(计数器描述)：

```
library ieee;
use ieee.std_logic_1164.all;
entity seqdet is
   port(x :in std_logic;
         z :out std_logic;
         clk,rst :in std_logic);
end seqdet;
architecture behav of seqdet is
   signal q :integer range 0 to 8;
   signal d :std_logic_vector(7 downto 0);
begin
   d <="01101001" ;
com1:process( clk, rst )
begin
if rst = '0' then    q <=0;
elsif  clk'event and clk='1' then
  case q is
     when 0=>  if   x = d(7) then q <=1;else q <=0; end if;
     when 1=>  if   x = d(6) then q <=2;else q <=1; end if;
     when 2=>  if   x = d(5) then q <=3;else q <=1; end if;
     when 3=>  if   x = d(4) then q <=4;else q <=0; end if;
     when 4=>  if   x = d(3) then q <=5;else q <=1; end if;
     when 5=>  if   x = d(2) then q <=6;else q <=3; end if;
```

```
        when 6=>  if  x = d(1) then q <=7;else q <=2; end if;
        when 7=>  if  x = d(0) then q <=8;else q <=1; end if;
        when others=>  q <=0;
   end case;
end if;
end process;
com2:process( q )
begin
   if q =8  then  z <='1';
   else      z <='0';
   end if;
end process;
end behav ;
```

(2) “01101001”八位序列信号检测器的 Verilog 描述(状态机描述)：

```
module seqdet(x,z,clk,rst);
    input clk,rst;
    input x;
    output z;
    reg z;
    reg [3:0] pstate,nstate;
    parameter s0=4'd0,
              s1=4'd1,
              s2=4'd2,
              s3=4'd3,
              s4=4'd4,
              s5=4'd5,
              s6=4'd6,
              s7=4'd7,
              s8=4'd8;
always @(posedge clk or negedge rst)
    begin
        if(!rst)
            pstate<=s0;
        else
            pstate<=nstate;
    end
always @(pstate or x)
```

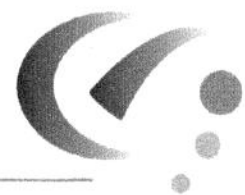

```
    begin
        case(pstate)
            s0 : nstate=x?s0:s1;
            s1 : nstate=x?s2:s1;
            s2 : nstate=x?s3:s1;
            s3 : nstate=x?s0:s4;
            s4 : nstate=x?s5:s1;
            s5 : nstate=x?s3:s6;
            s6 : nstate=x?s2:s7;
            s7 : nstate=x?s8:s1;
            s8 : nstate=x?s3:s1;
            default : nstate=s0;
        endcase
    end
always @(pstate or x or rst)
    begin
        if(!rst==1)
            z=1'b0;
        else if(pstate==s7 && x==1)
            z=1'b1;
        else
            z=1'b0;
    end
endmodule
```

(3)“01101001”八位序列信号检测器的 Verilog 仿真：

```
module simu(
);
reg rst,clk;
wire x,z;
reg [19:0] data;
assign x=data[19];
seqdet test(x,z,clk,rst);
initial
    begin
        clk=0;
        rst=0;
        #500 rst=1;
```

```
            data=20'b1100_1001_0110_1001_0100;
            #(100*100) $stop;
        end
    always
        #50 clk=~clk;
    always @ (posedge clk)
        begin
            #2 data={data[18:0],data[19]};
        end
    endmodule
```

(4) 基于 BASYS3 开发板“01101001”八位序列信号检测器的引脚约束：

```
set_property PACKAGE_PIN W5 [get_ports clk]
set_property PACKAGE_PIN U16 [get_ports z]
set_property PACKAGE_PIN V17 [get_ports x]
set_property PACKAGE_PIN R2 [get_ports rst]
set_property IOSTANDARD LVCMOS33 [get_ports clk]
set_property IOSTANDARD LVCMOS33 [get_ports z]
set_property IOSTANDARD LVCMOS33 [get_ports x]
set_property IOSTANDARD LVCMOS33 [get_ports rst]
```

6.7.5 预习要求

(1) 了解序列信号检测器的有关知识。
(2) 了解 VHDL、Verilog 代码输入方式的相关操作。
(3) 了解 Vivado 平台的基本操作。
(4) 详细阅读 3.3 节 Vivado 软件使用流程，做好测试记录的准备。

6.7.6 实验报告要求

记录实验程序，实验仿真程序，分析仿真波形，记录硬件适配表，观察并记录硬件测试数据(可用照片)，分析测试数据正确性，验证设计功能是否实现，记录设计过程中程序调试的故障现象及处理方法。

6.8 四位数据扫描显示实验

6.8.1 实验目的

显示电路在数字设计系统中用得很多，电子系统处理的数据要么控制外设操作，要

么进行显示。BASYS2、BASYS3 开发板上具有四个数码管，它们工作在扫描状态，通过该实验对后续实验项目的输出显示提供前期资源。

6.8.2　实验任务

使用 ISE 软件或 Vivado 软件、BASYS2 开发板或 BASYS3 开发板设计显示电路，编辑设计文件，并进行仿真，然后生成比特流文件下载到开发板上进行验证。

6.8.3　实验原理

由于四个数码管是扫描工作模式，即一次只能选通一个数码管，而其他数码管不能同时工作，这样以足够快的速度(大于 30 次/秒)依次显示 4 个数字，利用人眼视觉暂留的延时性就能实现多位数据眼睛看时的同时显示，功能电路图如图 6-1 所示。

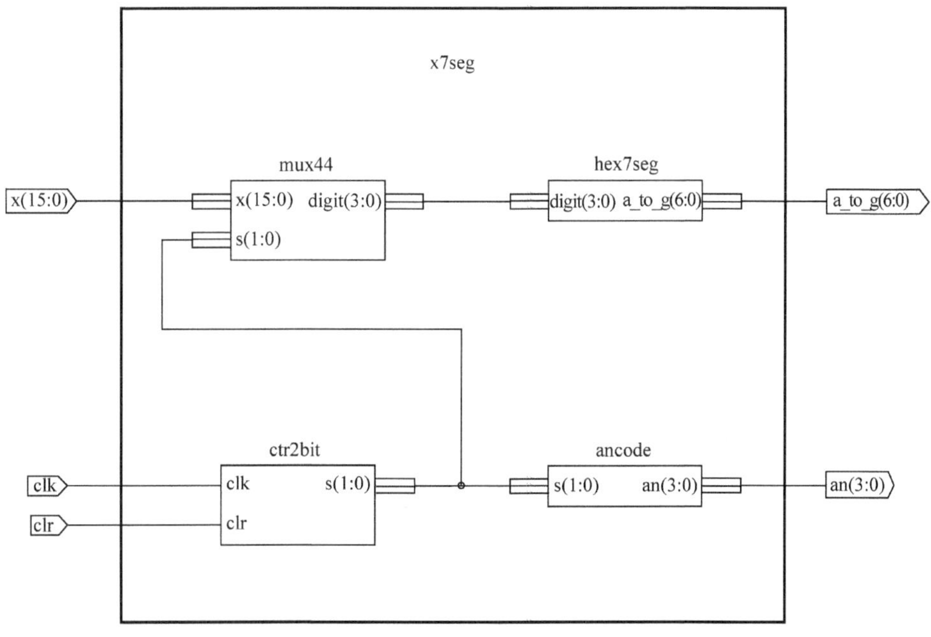

图 6-1　在七段显示管上显示 4 位十进制数的电路

6.8.4　实验过程

(1) 通选扫描时钟信号产生器的 Verilog 描述：

```
module ctr2bit(
input clk,clr,
output [1:0] s
);
reg [19:0] clkdiv;
always @ (posedge clk or posedge clr)
```

```
    begin
        if(clr==1)
            clkdiv=0;
        else
            clkdiv=clkdiv+1;
    end
assign s=clkdiv[19:18];
endmodule
```

(2) 四选一选择器的 Verilog 描述：

```
module mux44(
input [15:0] x,
input [1:0] s,
output reg [3:0] digit
);
always @ (*)
    case(s)
        0:digit=x[3:0];
        1:digit=x[7:4];
        2:digit=x[11:8];
        3:digit=x[15:12];
        default:digit=x[3:0];
    endcase
endmodule
```

(3) 四位数码管使能信号产生器的 Verilog 描述：

```
module ancode(
input [1:0] s,
output reg [3:0] an
);
wire [3:0] aen;
assign aen=4'b1111;
always @ (*)
    begin
        an=4'b1111;
        if(aen[s]==1)
            an[s]=0;
    end
endmodule
```

(4) 七段译码器的 Verilog 描述：

```
module hex7seg(
output reg [6:0] a_to_g,
input [3:0] digit
);
always @(*)
    case(digit)
        0:a_to_g=7'b0000001;
        1:a_to_g=7'b1001111;
        2:a_to_g=7'b0010010;
        3:a_to_g=7'b0000110;
        4:a_to_g=7'b1001100;
        5:a_to_g=7'b0100100;
        6:a_to_g=7'b0100000;
        7:a_to_g=7'b0001111;
        8:a_to_g=7'b0000000;
        9:a_to_g=7'b0000100;
        default:a_to_g=7'b1111111;
    endcase
endmodule
```

(5) 四位十进制数据显示电路系统的 Verilog 描述(顶层文件)：

```
module x7seg(
input [15:0] x,
input wire clr,
input wire clk,
output wire [6:0] a_to_g,
output wire [3:0] an
);
wire [3:0] digit;
wire [1:0] s;
ctr2bit   X1(.clr(clr),
             .clk(clk),
             .s(s));
mux44    X2(.x(x),
             .digit(digit),
             .s(s));
```

```
ancode   X3(.s(s),
              .an(an));
hex7seg  X4(.digit(digit),
              .a_to_g(a_to_g));
endmodule
```

(6) 四位十进制数据显示电路系统的 Verilog 仿真：

```
module simu(
);
reg [15:0] x;
reg clr;
reg clk;
wire [6:0] a_to_g;
wire [3:0] an;
x7seg test(x,clr,clk,a_to_g,an);
initial
    begin
        x='h1234;
        clk=0;
        clr=1;
        #500 clr=0;
    end
always
    #5 clk=~clk;
endmodule
```

(7) 基于 BASYS3 开发板四位十进制数据显示电路系统的引脚约束：

```
set_property PACKAGE_PIN W7 [get_ports {a_to_g[6]}]
set_property PACKAGE_PIN W6 [get_ports {a_to_g[5]}]
set_property PACKAGE_PIN U8 [get_ports {a_to_g[4]}]
set_property PACKAGE_PIN V8 [get_ports {a_to_g[3]}]
set_property PACKAGE_PIN U5 [get_ports {a_to_g[2]}]
set_property PACKAGE_PIN V5 [get_ports {a_to_g[1]}]
set_property PACKAGE_PIN U7 [get_ports {a_to_g[0]}]
set_property PACKAGE_PIN W4 [get_ports {an[3]}]
set_property PACKAGE_PIN V4 [get_ports {an[2]}]
set_property PACKAGE_PIN U4 [get_ports {an[1]}]
set_property PACKAGE_PIN U2 [get_ports {an[0]}]
```

```
set_property PACKAGE_PIN R2 [get_ports {x[15]}]
set_property PACKAGE_PIN T1 [get_ports {x[14]}]
set_property PACKAGE_PIN U1 [get_ports {x[13]}]
set_property PACKAGE_PIN W2 [get_ports {x[12]}]
set_property PACKAGE_PIN R3 [get_ports {x[11]}]
set_property PACKAGE_PIN T2 [get_ports {x[10]}]
set_property PACKAGE_PIN T3 [get_ports {x[9]}]
set_property PACKAGE_PIN V2 [get_ports {x[8]}]
set_property PACKAGE_PIN W13 [get_ports {x[7]}]
set_property PACKAGE_PIN W14 [get_ports {x[6]}]
set_property PACKAGE_PIN V15 [get_ports {x[5]}]
set_property PACKAGE_PIN W15 [get_ports {x[4]}]
set_property PACKAGE_PIN W17 [get_ports {x[3]}]
set_property PACKAGE_PIN W16 [get_ports {x[2]}]
set_property PACKAGE_PIN V16 [get_ports {x[1]}]
set_property PACKAGE_PIN V17 [get_ports {x[0]}]
set_property PACKAGE_PIN W5 [get_ports clk]
set_property PACKAGE_PIN W19 [get_ports clr]
set_property IOSTANDARD LVCMOS33 [get_ports {a_to_g[6]}]
set_property IOSTANDARD LVCMOS33 [get_ports {a_to_g[5]}]
set_property IOSTANDARD LVCMOS33 [get_ports {a_to_g[4]}]
set_property IOSTANDARD LVCMOS33 [get_ports {a_to_g[3]}]
set_property IOSTANDARD LVCMOS33 [get_ports {a_to_g[2]}]
set_property IOSTANDARD LVCMOS33 [get_ports {a_to_g[1]}]
set_property IOSTANDARD LVCMOS33 [get_ports {a_to_g[0]}]
set_property IOSTANDARD LVCMOS33 [get_ports {an[3]}]
set_property IOSTANDARD LVCMOS33 [get_ports {an[2]}]
set_property IOSTANDARD LVCMOS33 [get_ports {an[1]}]
set_property IOSTANDARD LVCMOS33 [get_ports {an[0]}]
set_property IOSTANDARD LVCMOS33 [get_ports {x[15]}]
set_property IOSTANDARD LVCMOS33 [get_ports {x[14]}]
set_property IOSTANDARD LVCMOS33 [get_ports {x[13]}]
set_property IOSTANDARD LVCMOS33 [get_ports {x[12]}]
set_property IOSTANDARD LVCMOS33 [get_ports {x[11]}]
set_property IOSTANDARD LVCMOS33 [get_ports {x[10]}]
set_property IOSTANDARD LVCMOS33 [get_ports {x[9]}]
set_property IOSTANDARD LVCMOS33 [get_ports {x[8]}]
set_property IOSTANDARD LVCMOS33 [get_ports {x[7]}]
```

```
set_property IOSTANDARD LVCMOS33 [get_ports {x[6]}]
set_property IOSTANDARD LVCMOS33 [get_ports {x[5]}]
set_property IOSTANDARD LVCMOS33 [get_ports {x[4]}]
set_property IOSTANDARD LVCMOS33 [get_ports {x[3]}]
set_property IOSTANDARD LVCMOS33 [get_ports {x[2]}]
set_property IOSTANDARD LVCMOS33 [get_ports {x[1]}]
set_property IOSTANDARD LVCMOS33 [get_ports {x[0]}]
set_property IOSTANDARD LVCMOS33 [get_ports clk]
set_property IOSTANDARD LVCMOS33 [get_ports clr]
```

6.8.5 预习要求

(1) 了解数据显示电路系统的有关知识。
(2) 了解 VHDL、Verilog 代码输入方式的相关操作。
(3) 了解 Vivado 平台的基本操作。
(4) 详细阅读 3.3 节 Vivado 软件使用流程，做好测试记录的准备。

6.8.6 实验报告要求

记录实验程序，实验仿真程序，分析仿真波形，记录硬件适配表，观察并记录硬件测试数据(可用照片)，分析测试数据正确性，验证设计功能是否实现，记录设计过程中程序调试的故障现象及处理方法。

6.9 八位二进制-BCD码转换器实验

6.9.1 实验目的

在数字系统设计中，处理的信号常常以二进制的形式表达，但长串的二进制码数据直接观看其大小很不直观，人们习惯用十进制数表达其大小，因此有必要进行二进制码到 BCD 码的转换，将 BCD 码显示在数码管上，特别是 0～9 的 BCD 码等价于 0～9 的直接显示。因此，本实验对输出数据的直观转换很有意义。

目的：了解二进制-BCD 码转换器实现原理，掌握移位加 3 算法，熟悉 Verilog 编程中模块复用模式。

6.9.2 实验任务

(1) 掌握用移位加 3 算法实现二进制-BCD 码转换器的设计。
(2) 设计 Verilog 实验程序。
(3) 生成比特流文件，将文件下载到开发板中进行硬件验证。

6.9.3　实验原理

设计任意数目输入的二进制-BCD 码转换器的方法就是采用移位加三算法(Shift and Add 3 Algorithm)。此方法包含以下 4 个步骤。

(1) 把二进制左移 1 位。

(2) 如果共移了 8 位，那么 BCD 数就在百位、十位和个位列。

(3) 如果在 BCD 列中，任何一个二进制数是 5 或者比 5 大，就在 BCD 列的数值加上 3。

(4) 回到步骤 1。

其工作过程如表 6-4 所示，系统框图如图 6-2 所示。

表 6-4　一个 8 位的二进制数转换成 BCD 码的步骤

操作	百位	十位	个位	二进制数	
十六进制数				F	F
开始				1 1 1 1	1 1 1 1
左移1			1	1 1 1 1	1 1 1
左移2			1 1	1 1 1 1	1 1
左移3			1 1 1	1 1 1 1	1
加3			1 0 1 0	1 1 1 1	1
左移4		1	0 1 0 1	1 1 1 1	
加3		1	1 0 0 0	1 1 1 1	
左移5		1 1	0 0 0 1	1 1 1	
左移6		1 1 0	0 0 1 1	1 1	
加3		1 0 0 1	0 0 1 1	1 1	
左移7	1	0 0 1 0	0 1 1 1	1	
加3	1	0 0 1 0	1 0 1 0	1	
左移8	1 0	0 1 0 1	0 1 0 1		
BCD数	2	5	5		

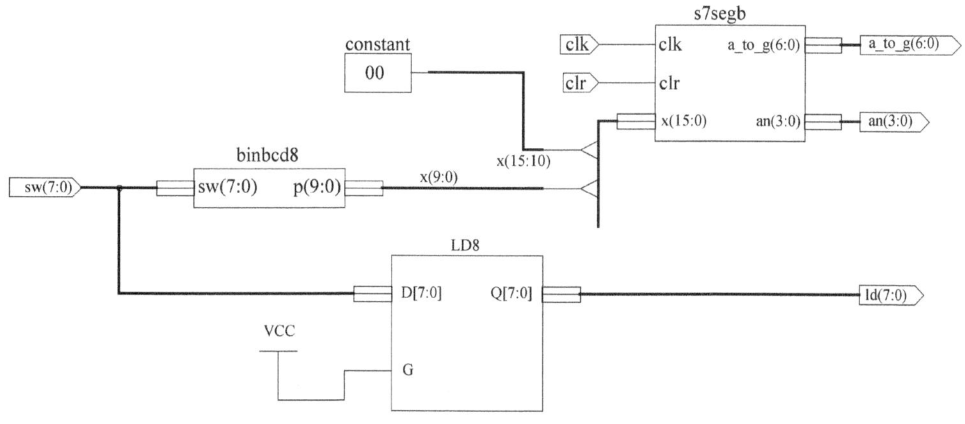

图 6-2　八位二进制数转换成 BCD 码的系统组成

6.9.4　实验过程

(1) 八位二进制码到 BCD 码转换器的 Verilog 描述：

```
module binbcd8(
input wire [7:0] sw,
```

```
output reg [9:0] p
);
reg [17:0] z;
integer i;
always @ (*)
    begin
        for(i=0;i<=17;i=i+1)
            z[i]=0;
            z[10:3]=sw;                         //sw 左移 3 位

        repeat(5)                               //重复 5 次
        begin
            if(z[11:8]>=5)                      //如果个位大于等于 5
                z[11:8]=z[11:8]+3;              //加 3
            if(z[15:12]>=5)                     //如果十位大于等于 5
                z[15:12]=z[15:12]+3;            //加 3
            z[17:1]=z[16:0];                    //左移 1 位
        end
        p=z[17:8];                              //BCD
    end
endmodule
```

(2) BCD 码的数码管扫描显示的 Verilog 描述(分频、段信号产生、位信号产生)：

```
module s7segb(
input wire [15:0] x,
input wire clk,
input wire clr,
output reg [6:0] a_to_g,
output reg [3:0] an
);
wire [1:0] s;
reg [19:0] clkdiv;
reg [3:0] digit;
wire [3:0] aen;

//分频
always @ (posedge clk or posedge clr)
    begin
        if(clr==1)
            clkdiv=0;
        else
            clkdiv=clkdiv+1;
```

```
    end
assign s=clkdiv[19:18];

            //4 选 1 选择器
always @ (*)
    case(s)
        0:digit=x[3:0];
        1:digit=x[7:4];
        2:digit=x[11:8];
        3:digit=x[15:12];
        default:digit=x[3:0];
    endcase

//位信号产生
assign aen=4'b1111;
always @ (*)
    begin
        an=4'b1111;
        if(aen[s]==1)
            an[s]=0;
    end

//段信号产生
always @(*)
    case(digit)
        0:a_to_g=7'b0000001;
        1:a_to_g=7'b1001111;
        2:a_to_g=7'b0010010;
        3:a_to_g=7'b0000110;
        4:a_to_g=7'b1001100;
        5:a_to_g=7'b0100100;
        6:a_to_g=7'b0100000;
        7:a_to_g=7'b0001111;
        8:a_to_g=7'b0000000;
        9:a_to_g=7'b0000100;
        default:a_to_g=7'b1111111;
    endcase
endmodule
```

(3) 二进制-BCD 码转换器电路系统的 Verilog 描述(顶层电路)：

```
module binbcd8_top(
input wire [7:0] sw,
input wire clk,
input wire clr,
output wire [6:0] a_to_g,
output wire [3:0] an,
output wire [7:0] Id
);
wire [9:0] p;
wire [15:0] x;
assign x={6'b000000,p[9:0]};
assign Id=sw;
binbcd8    B1(.sw(sw),
                  .p(p));
s7segb    B2(.x(x),
                  .clk(clk),
                  .clr(clr),
                  .a_to_g(a_to_g),
                  .an(an));
endmodule
```

(4) 二进制-BCD 码转换器电路系统的 Verilog 仿真：

```
module simu(
);
reg [7:0] sw;
reg clr;
reg clk;
wire [6:0] a_to_g;
wire [3:0] an;
wire [7:0] Id;
binbcd8_top test(sw,clk,clr,a_to_g,an,Id);
initial
    begin
        sw=8'b11111111;
        clk=0;
        clr=1;
        #500 clr=0;
```

```
    end
always
    #5 clk=~clk;
endmodule
```

(5) 基于 BASYS3 开发板二进制-BCD 码转换器电路系统的引脚约束：

```
set_property PACKAGE_PIN W7 [get_ports {a_to_g[6]}]
set_property PACKAGE_PIN W6 [get_ports {a_to_g[5]}]
set_property PACKAGE_PIN U8 [get_ports {a_to_g[4]}]
set_property PACKAGE_PIN V8 [get_ports {a_to_g[3]}]
set_property PACKAGE_PIN U5 [get_ports {a_to_g[2]}]
set_property PACKAGE_PIN V5 [get_ports {a_to_g[1]}]
set_property PACKAGE_PIN U7 [get_ports {a_to_g[0]}]
set_property PACKAGE_PIN W4 [get_ports {an[3]}]
set_property PACKAGE_PIN V4 [get_ports {an[2]}]
set_property PACKAGE_PIN U4 [get_ports {an[1]}]
set_property PACKAGE_PIN U2 [get_ports {an[0]}]
set_property PACKAGE_PIN W13 [get_ports {sw[7]}]
set_property PACKAGE_PIN W14 [get_ports {sw[6]}]
set_property PACKAGE_PIN V15 [get_ports {sw[5]}]
set_property PACKAGE_PIN W15 [get_ports {sw[4]}]
set_property PACKAGE_PIN W17 [get_ports {sw[3]}]
set_property PACKAGE_PIN W16 [get_ports {sw[2]}]
set_property PACKAGE_PIN V16 [get_ports {sw[1]}]
set_property PACKAGE_PIN V17 [get_ports {sw[0]}]
set_property PACKAGE_PIN V14 [get_ports {Id[7]}]
set_property PACKAGE_PIN U14 [get_ports {Id[6]}]
set_property PACKAGE_PIN U15 [get_ports {Id[5]}]
set_property PACKAGE_PIN W18 [get_ports {Id[4]}]
set_property PACKAGE_PIN V19 [get_ports {Id[3]}]
set_property PACKAGE_PIN U19 [get_ports {Id[2]}]
set_property PACKAGE_PIN E19 [get_ports {Id[1]}]
```

```
set_property PACKAGE_PIN U16 [get_ports {Id[0]}]
set_property PACKAGE_PIN W5 [get_ports clk]
set_property PACKAGE_PIN W19 [get_ports clr]
set_property IOSTANDARD LVCMOS33 [get_ports clk]
set_property IOSTANDARD LVCMOS33 [get_ports clr]
```

```
set_property IOSTANDARD LVCMOS33 [get_ports {sw[7]}]
set_property IOSTANDARD LVCMOS33 [get_ports {sw[6]}]
set_property IOSTANDARD LVCMOS33 [get_ports {sw[5]}]
set_property IOSTANDARD LVCMOS33 [get_ports {sw[4]}]
set_property IOSTANDARD LVCMOS33 [get_ports {sw[3]}]
set_property IOSTANDARD LVCMOS33 [get_ports {sw[2]}]
set_property IOSTANDARD LVCMOS33 [get_ports {sw[1]}]
set_property IOSTANDARD LVCMOS33 [get_ports {sw[0]}]
set_property IOSTANDARD LVCMOS33 [get_ports {ld[7]}]
set_property IOSTANDARD LVCMOS33 [get_ports {ld[6]}]
set_property IOSTANDARD LVCMOS33 [get_ports {ld[5]}]
set_property IOSTANDARD LVCMOS33 [get_ports {ld[4]}]
set_property IOSTANDARD LVCMOS33 [get_ports {ld[3]}]
set_property IOSTANDARD LVCMOS33 [get_ports {ld[2]}]
set_property IOSTANDARD LVCMOS33 [get_ports {ld[1]}]
set_property IOSTANDARD LVCMOS33 [get_ports {ld[0]}]
set_property IOSTANDARD LVCMOS33 [get_ports {an[3]}]
set_property IOSTANDARD LVCMOS33 [get_ports {an[2]}]
set_property IOSTANDARD LVCMOS33 [get_ports {an[1]}]
set_property IOSTANDARD LVCMOS33 [get_ports {an[0]}]
set_property IOSTANDARD LVCMOS33 [get_ports {a_to_g[6]}]
set_property IOSTANDARD LVCMOS33 [get_ports {a_to_g[5]}]
set_property IOSTANDARD LVCMOS33 [get_ports {a_to_g[4]}]
set_property IOSTANDARD LVCMOS33 [get_ports {a_to_g[3]}]
set_property IOSTANDARD LVCMOS33 [get_ports {a_to_g[2]}]
set_property IOSTANDARD LVCMOS33 [get_ports {a_to_g[1]}]
set_property IOSTANDARD LVCMOS33 [get_ports {a_to_g[0]}]
```

6.9.5 预习要求

(1) 了解二进制-BCD 码转换器的有关知识。

(2) 了解 VHDL、Verilog 代码输入方式的相关操作。

(3) 了解 Vivado 平台的基本操作。

(4) 详细阅读 3.3 节 Vivado 软件使用流程，做好测试记录的准备。

6.9.6 实验报告要求

记录实验程序，实验仿真程序，分析仿真波形，记录硬件适配表，观察并记录硬件测试数据(可用照片)，分析测试数据正确性，验证设计功能是否实现，记录设计过程中程序调试的故障现象及处理方法。

第 7 章　数字系统 FPGA 设计实例

7.1　汽车转向灯控制器设计

7.1.1　设计任务与指标

汽车左右两侧各有 1 盏转向指示灯，汽车转向灯控制器应满足以下基本要求。

(1) 汽车正常行驶时指示灯都不亮。

(2) 汽车转弯时，对应侧的转向灯闪烁。

7.1.2　设计原理与方案

1. 工作原理

根据设计的功能要求，当汽车正常行驶时指示灯都不亮；当汽车向左转弯时，即汽车左转弯控制信号 left 有效，左侧的转向灯 ld 闪烁；当汽车向右转弯时，即汽车右转弯控制信号 right 有效，右侧的转向灯 rd 闪烁。

2. 设计方案

根据工作原理分析，转向灯闪烁，因此系统需要输入 1s 时钟，而 FPGA 实验板提供系统时钟 100MHz，所以需要一个产生 1s 时钟的秒信号产生器。

7.1.3　设计与实现

1. 系统模块设计

1) 分频器

对输入时钟 clkin 进行 N 分频是指其分频后的输出信号 clkout 的周期是输入信号 clkin 的 N 倍，即输出信号的一个周期内含 N 个输入脉冲。实现的原理是，对输入时钟进行 N 个脉冲的循环计数，可从 0 计到 N−1 或从 1 计到 N，再对所计的 N 个脉冲进行数据分配。对其中的 M 个数(注：M < N)，输出 clkout 为 1；另外的 N−M 个数，输出 clkout 为 0。对于偶数分频，还可采用 N 个脉冲计一半的方法，当计满 N/2 个脉冲时，输出 clkout 状态取反。

本分频器的任务是提供 1s 的频率，用于转弯指示灯的闪烁。FPGA 实验板提供的系统时钟是 100MHz，因此分频器的任务是对 100MHz 的时钟源进行 100M 分频从而产生 1Hz 信号。其模型符号如图 7-1 所示。

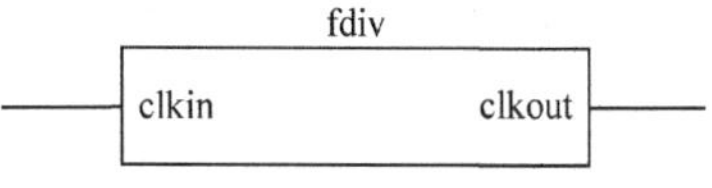

图 7-1　分频器模型

图 7-1 中，clkin 为系统时钟，100MHz；clkout 为 1Hz 输出信号。1s 产生器采用偶数分频法，其源程序如下：

```
module fdiv(
input wire clkin,
output reg clkout
);
reg [25:0] cnt;
initial
    clkout=0;
always @ (posedge clkin)
    begin
        if(cnt==50000000)
            begin
                cnt<=1;
                clkout<=!clkout;
            end
        else
            cnt<=cnt+1;
    end
endmodule
```

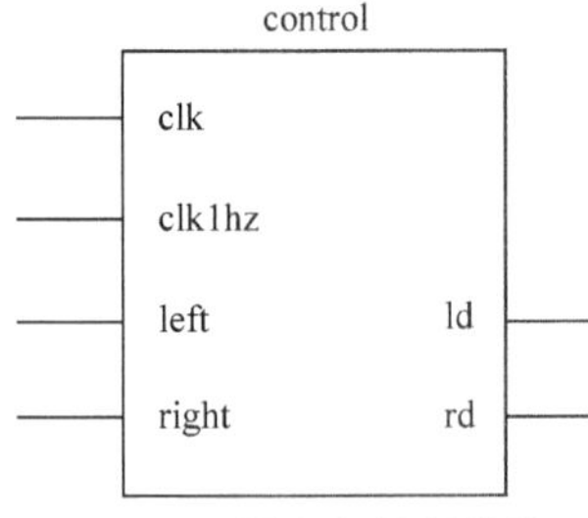

图 7-2　转向灯控制模块

2) 转向灯控制模块

根据设计要求，转向灯的状态有 3 种：第一种是左转控制 left 有效，右转控制 right 无效时，左转灯 ld 闪烁；第二种是左转控制 left 无效，右转控制 right 有效时，右转灯 rd 闪烁；其他情况下，ld、rd 熄灭。转向灯控制模块如图 7-2 所示。

该模块 Verilog 源程序如下：

```
module control(
input wire clk,
input wire clk1hz,
input wire left,
input wire right,
output reg ld,
output reg rd
);
always @ (posedge clk)
    begin
```

```
            ld<=0;rd<=0; //指示灯高电平点亮
            if(left==1 && right==0)
                ld<=clk1hz;
            else if(left==0 && right==1)
                rd<=clk1hz;
        end
endmodule
```

2. 系统顶层设计

系统顶层原理如图 7-3 所示。

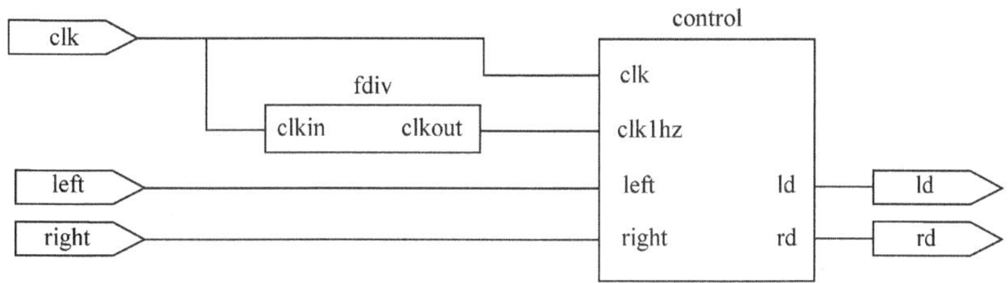

图 7-3　转向灯控制器顶层原理图

顶层系统源程序如下：

```
module top(
input wire clk,
input wire left,
input wire right,
output wire ld,
output wire rd
);
wire clk1hz;
fdiv   U1(.clkin(clk),
            .clkout(clk1hz));
control   U2(.clk(clk),
                .clk1hz(clk1hz),
                .left(left),
                .right(right),
                .ld(ld),
                .rd(rd));
endmodule
```

3. 引脚适配与实现

将设计好的汽车转向灯控制器顶层文件及下层模块进行编译、综合、引脚适配和编程，最后下载至FPGA实验板BASYS3的FPGA芯片内，利用开发板的输入、输出装置对系统输出进行测试，观测并记录输出结果。汽车转向灯控制器引脚适配程序如下：

```
set_property PACKAGE_PIN W5 [get_ports clk]
set_property PACKAGE_PIN V16 [get_ports left]
set_property PACKAGE_PIN V17 [get_ports right]
set_property PACKAGE_PIN E19 [get_ports ld]
set_property PACKAGE_PIN U16 [get_ports rd]
set_property IOSTANDARD LVCMOS33 [get_ports clk]
set_property IOSTANDARD LVCMOS33 [get_ports ld]
set_property IOSTANDARD LVCMOS33 [get_ports left]
set_property IOSTANDARD LVCMOS33 [get_ports rd]
set_property IOSTANDARD LVCMOS33 [get_ports right]
```

7.2 洗衣机控制器设计

7.2.1 设计任务与指标

设计一个洗衣机控制器，使洗衣机作如下运转。

(1) 定时启动→正转20s→暂停10s→反转20s→暂停10s→定时不到，重复上述过程。

(2) 若定时到，则停止，并发出音响信号。

(3) 用两个数码管显示洗涤的预置时间45min，按倒计时方式对洗涤过程作计时显示，直到时间到停机；洗涤过程由开始信号开始。

(4) 三只LED灯分别表示正转、反转、暂停三个状态。

7.2.2 设计原理与方案

1. 工作原理

洗衣机控制器的设计主要是定时器的设计，由一片FPGA和外围电路构成了电器控制部分。FPGA接收键盘的控制命令，控制洗衣机的进水、排水、水位和洗衣机的工作状态，并控制显示工作状态以及设定直流电机速度、正反转控制、制动控制、起停控制和运动状态控制(洗衣机洗涤过程如图7-4所示)。对FPGA芯片的编程采用Verilog进行设计，设计分为三层实现，顶层实现整个芯片的功能。顶层和中间层多数由Verilog的元件例化语句实现。中间层由无刷直流电机控制、运行模式选择、洗涤模式选择、定时器、显示控制、键盘扫描、水位控制以及对直流电机控制板进行速度设定、正反转控制、启

停控制等模块组成，它们分别调用底层模块。

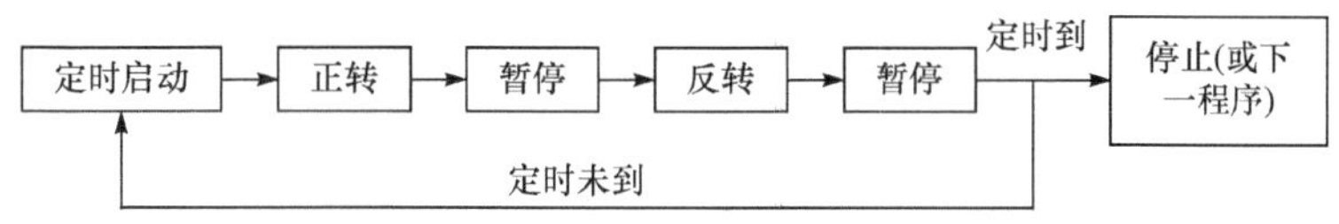

图 7-4　洗衣机洗涤过程

2. 设计方案

洗衣机控制器电路主要由五大部分组成，包括分频器、计数器、状态控制及预置时间模块、时间显示模块、扫描显示驱动模块。具体电路如图 7-5 所示。

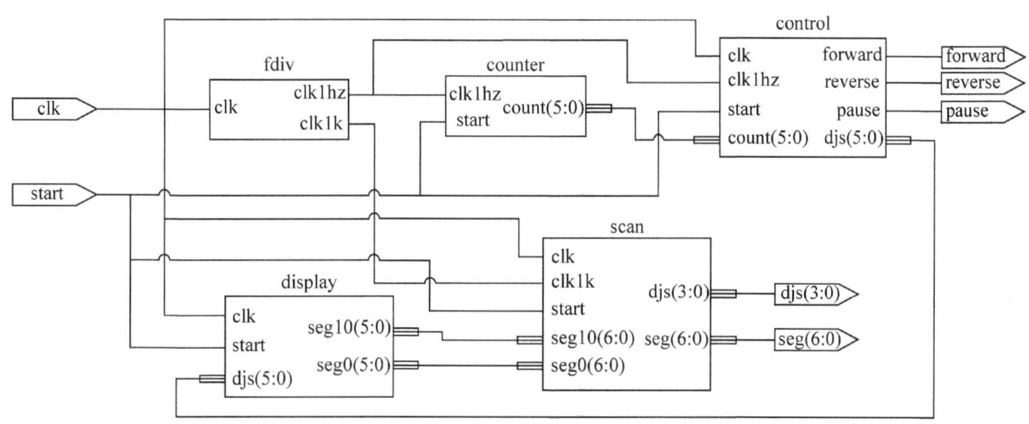

图 7-5　洗衣机控制器原理图

7.2.3　设计与实现

1. 系统模块设计

1) 分频器

本分频器的任务是提供 1s 的时钟源，并提供 1kHz 的扫描时钟。FPGA 实验板提供的系统时钟是 100MHz，因此分频器对 100MHz 的时钟源进行 100M 分频，从而产生 1Hz 信号，对 100MHz 的时钟源进行 100k 分频从而产生 1kHz 信号。其模型符号如图 7-6 所示。

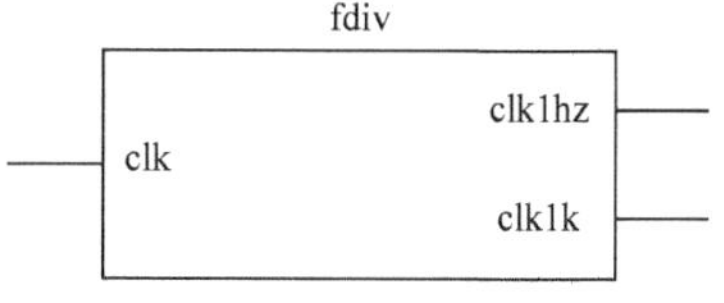

图 7-6　分频器模型

图 7-6 中，clk 为系统时钟，100MHz；clk1hz 为 1Hz 输出信号；clk1k 为 1kHz 输出信号。分频器源程序如下：

```
module fdiv(
input wire clk,
output reg clk1hz,
output reg clk1k
```

```
);
reg [25:0] cnt;
reg [15:0] cnt1k;
initial
    begin clk1hz=0;clk1k=0; end
always @ (posedge clk)
    begin
        if(cnt==50000000)
            begin
                cnt<=1;
                clk1hz<=!clk1hz;
            end
        else
            cnt<=cnt+1;
    end
always @ (posedge clk)
    begin
        if(cnt1k==50000)
            begin
                cnt1k<=1;
                clk1k<=!clk1k;
            end
        else
            cnt1k<=cnt1k+1;
    end
endmodule
```

2) 60s 计时器

该模块是对 1Hz 时钟信号进行 0～59 的循环计数，目的是为状态控制模块提供运行时间。模块符号如图 7-7 所示。

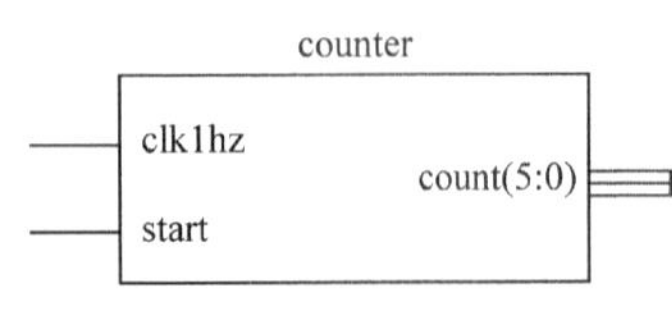

图 7-7　60s 计时器模型

图 7-7 中，输入信号有 1Hz 计数基准时钟 clk1hz，开始信号为 start。根据题目要求，当开始信号有效时，计数器输出 0，采用给计数累加信号置 0 的方式，如 if(start) cnt<=0。注：开始信号为高电平 1 有效。其模块源程序如下：

```
module counter(
input wire clk1hz,
input wire start,
```

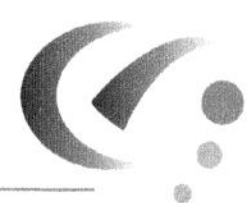

```
output wire [5:0] count
);
reg [5:0] cnt;
always @ (posedge clk1hz or posedge start)
    begin
        if(start)
            cnt<=0;
        else if(cnt==59)
            cnt<=0;
        else
            cnt<=cnt+1;
    end
assign count=cnt;
endmodule
```

3) 状态控制器

状态控制器是洗衣机控制系统的核心，其任务是控制洗衣状态(正转、反转和暂停)，同时输出洗衣剩余时间。

分配计时模块 counter 产生的 60s 时间为四个状态时间段：0～19s、20～29s、30～49s、50～59s。当计时器小于 20s 时，系统处于正转状态；当计时器大于等于 20s 小于 30s 时，系统处于暂停状态；当计时器大于等于 30s 小于 50s 时，系统处于反转状态；当计时器大于等于 50s 小于 60s 时，系统处于暂停状态。

状态控制模块除了正常工作时序外，还要控制剩余时间的输出值。当循环完 1min(4 个状态)时，若剩余预置时间不为零，则显示时间减 1min。其模块符号如图 7-8 所示。

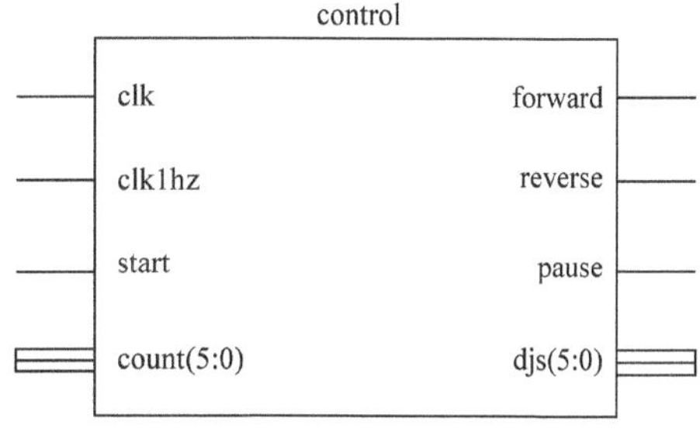

图 7-8　状态控制器模块符号

图 7-8 中，clk 为 100MHz 的系统时钟，clk1hz 为频率为 1Hz 的时钟信号，用于状态控制器的同步工作；start 为开始信号，高电平 1 有效；count(5:0)来自计时模块的 0～59s 输出数据，用于各个状态的时间分配；forward、reverse、pause 分别代表正转、反转、暂停三个状态的输出信号；djs(5:0)为预置时间倒计时的输出信号。模块源程序如下：

```
module control(
input wire clk,
input wire clk1hz,
input wire start,
input wire [5:0] count,
output reg forward,
```

```
output reg reverse,
output reg pause,
output reg [5:0] djs
);
always @ (posedge clk)
    begin
        forward<=0; reverse<=0; pause<=0;
        if(djs==0)
            begin
                forward<=0; reverse<=0; pause<=0;
            end
        else if(count<20)
            forward<=1;
        else if(count<30)
            pause<=1;
        else if(count<50)
            reverse<=1;
        else
            pause<=1;
    end
always @ (posedge clk1hz or posedge start)
    begin
        if(start)
            djs<=45;
        else if(djs!=0 && count==59)
            djs<=djs-1;
        else
            djs<=djs;
    end
endmodule
```

4) 时间显示器

时间显示器设计的主要任务是:对来自状态控制器分配的倒计时工作时间进行十位与个位的分位处理，并对分位后得到的两位 0～9 十进制数进行数码管七段码的译码处理。

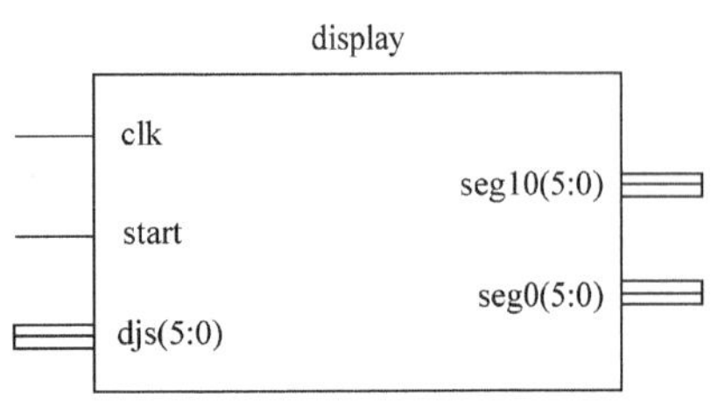

图 7-9 洗衣倒计时时间显示器

由于预置洗衣机工作时间为 45min，在进行个位与十位的分位处理时，在一个 always 内用 if 语句对输入信号进行 0～9、10～19、20～29、30～39、40～49 时段的判别，产生个位与十位的十进制输出。再用另外的进程对产生的十进制数进行七段码的编译。模块符号如图 7-9 所示。

模块源程序如下：

```
module display(
input wire clk,
input wire start,
input wire [5:0] djs,
output reg [6:0] seg10,
output reg [6:0] seg0
);
reg [4:0] cnt10;
reg [4:0] cnt0;
always @ (posedge clk or posedge start)
    begin
        if(start)
            begin cnt10<=4;cnt0<=5; end
        else if(djs>=40)
            begin cnt10<=4;cnt0<=djs-40; end
        else if(djs>=30)
            begin cnt10<=3;cnt0<=djs-30; end
        else if(djs>=20)
            begin cnt10<=2;cnt0<=djs-20; end
        else if(djs>=10)
            begin cnt10<=1;cnt0<=djs-10; end
        else
            begin cnt10<=0;cnt0<=djs; end
    end
always @(*)
    case(cnt10)
        0:seg10=7'b0000001;
        1:seg10=7'b1001111;
        2:seg10=7'b0010010;
        3:seg10=7'b0000110;
        4:seg10=7'b1001100;
        default:seg10=7'b1111111;
    endcase
always @(*)
    case(cnt0)
        0:seg0=7'b0000001;
        1:seg0=7'b1001111;
```

```
        2:seg0=7'b0010010;
        3:seg0=7'b0000110;
        4:seg0=7'b1001100;
        5:seg0=7'b0100100;
        6:seg0=7'b0100000;
        7:seg0=7'b0001111;
        8:seg0=7'b0000000;
        9:seg0=7'b0000100;
        default:seg0=7'b1111111;
    endcase
endmodule
```

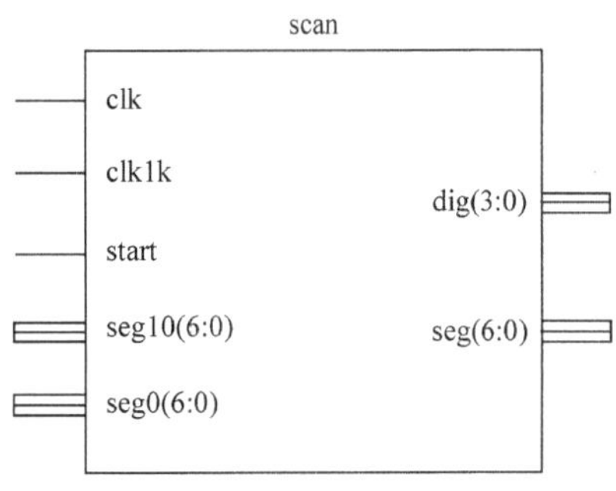

图 7-10 扫描显示驱动模块符号

5) 扫描显示驱动模块

扫描显示驱动模块的主要任务是：采用扫描方式对洗衣倒计时的时间数据的个位与十位四组七段码进行快速分时复用处理。扫描显示驱动模块符号如图 7-10 所示。

图 7-10 中，clk 为系统时钟；clk1k 为 1kHz 输入信号，用于快速扫描信号；start 为开始信号，时间输出显示为 60；seg0(6:0)、seg10(6:0)为时间输出显示的个位与十位七段码数据；dig 为四位数码管的位选信号，seg 为数码管段选信号，低电平有效。模块源程序如下：

```
module scan(
input wire clk,
input wire clk1k,
input wire start,
input wire [6:0] seg10,
input wire [6:0] seg0,
output wire [3:0] dig,
output reg [6:0] seg
);
reg [15:0] cnt;
reg [3:0] an;
initial
    an=4'b1110;
always @ (posedge clk1k)
    begin
        an[3:1]<=an[2:0];
```

```
            an[0]<=an[3];
        end
always @ (*)
    case(an)
        4'b1101:seg<=seg10;
        4'b1110:seg<=seg0;
        default:seg<=7'b1111111;
    endcase
assign dig=an;
endmodule
```

2. 系统顶层设计

系统顶层原理如图 7-5 所示。源程序如下：

```
module top(
input wire clk,
input wire start,
output wire forward,
output wire reverse,
output wire pause,
output wire [3:0] dig,
output wire [6:0] seg
);
wire clk1hz;
wire clk1k;
wire [5:0] count;
wire [5:0] djs;
wire [6:0] seg10;
wire [6:0] seg0;
fdiv    U1(.clk(clk),
            .clk1hz(clk1hz),
            .clk1k(clk1k));
counter   U2(.clk1hz(clk1hz),
               .start(start),
               .count(count));
control   U3(.clk(clk),
               .clk1hz(clk1hz),
               .start(start),
```

```
                    .count(count),
                    .forward(forward),
                    .reverse(reverse),
                    .pause(pause),
                    .djs(djs));
display  U4(.clk(clk),
                    .start(start),
                    .djs(djs),
                    .seg10(seg10),
                    .seg0(seg0));
scan  U5(.clk(clk),
              .clk1k(clk1k),
              .start(start),
              .seg10(seg10),
              .seg0(seg0),
              .dig(dig),
              .seg(seg));
endmodule
```

3. 引脚适配与实现

将设计好的洗衣机控制器顶层文件及下层模块进行编译、综合、引脚适配和编程，最后下载至FPGA实验板BASYS3的FPGA芯片内，利用开发板的输入、输出装置对系统输出进行测试，观测并记录输出结果。洗衣机控制器引脚适配程序如下：

```
set_property PACKAGE_PIN W4 [get_ports {dig[3]}]
set_property PACKAGE_PIN V4 [get_ports {dig[2]}]
set_property PACKAGE_PIN U4 [get_ports {dig[1]}]
set_property PACKAGE_PIN U2 [get_ports {dig[0]}]
set_property PACKAGE_PIN W7 [get_ports {seg[6]}]
set_property PACKAGE_PIN W6 [get_ports {seg[5]}]
set_property PACKAGE_PIN U8 [get_ports {seg[4]}]
set_property PACKAGE_PIN V8 [get_ports {seg[3]}]
set_property PACKAGE_PIN U5 [get_ports {seg[2]}]
set_property PACKAGE_PIN V5 [get_ports {seg[1]}]
set_property PACKAGE_PIN U7 [get_ports {seg[0]}]
set_property PACKAGE_PIN W5 [get_ports clk]
set_property PACKAGE_PIN U19 [get_ports forward]
set_property PACKAGE_PIN E19 [get_ports reverse]
```

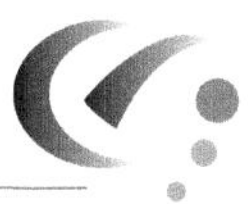

```
set_property PACKAGE_PIN U16 [get_ports pause]
set_property PACKAGE_PIN W19 [get_ports start]
set_property IOSTANDARD LVCMOS33 [get_ports {dig[3]}]
set_property IOSTANDARD LVCMOS33 [get_ports {dig[2]}]
set_property IOSTANDARD LVCMOS33 [get_ports {dig[1]}]
set_property IOSTANDARD LVCMOS33 [get_ports {dig[0]}]
set_property IOSTANDARD LVCMOS33 [get_ports {seg[6]}]
set_property IOSTANDARD LVCMOS33 [get_ports {seg[5]}]
set_property IOSTANDARD LVCMOS33 [get_ports {seg[4]}]
set_property IOSTANDARD LVCMOS33 [get_ports {seg[3]}]
set_property IOSTANDARD LVCMOS33 [get_ports {seg[2]}]
set_property IOSTANDARD LVCMOS33 [get_ports {seg[1]}]
set_property IOSTANDARD LVCMOS33 [get_ports {seg[0]}]
set_property IOSTANDARD LVCMOS33 [get_ports clk]
set_property IOSTANDARD LVCMOS33 [get_ports forward]
set_property IOSTANDARD LVCMOS33 [get_ports pause]
set_property IOSTANDARD LVCMOS33 [get_ports reverse]
set_property IOSTANDARD LVCMOS33 [get_ports start]
```

7.3　交通灯控制器设计

7.3.1　设计任务与指标

(1) 设计十字路口交通灯，有东西和南北两条主干道，组成十字路口。两条干道的车辆交替通行。在干道入口有红(R)、绿(G)、黄(Y)三种颜色的指示灯表示道路的通行状态。有时间显示装置记录每个方向通行状态的工作时间，其中红灯表示停止通行，绿灯表示准许通行，黄灯表示等待通行。

(2) 用发光二极管模拟显示十字路口东西南北四个方向的红灯、绿灯、黄灯的指示状态。

(3) 用数码管显示通行时间、停止时间、等待时间三种状态下的计时功能。

(4) 每个干道的红灯持续时间 30s，绿灯持续时间 25s，黄灯持续时间 5s。

(5) 交通灯由绿灯变红灯有 5s 黄灯闪亮时间，由红灯变绿灯没有时间间隔。

(6) 系统具有复位功能和特殊应急状态功能；进入特殊状态时，所有路口均显示为红灯，计时器停止计时；一旦应急状态取消，指示灯和计时器继续进行前面的工作。

7.3.2　设计原理与方案

1. 工作原理

交通灯通行示意图如图 7-11 所示。

根据题目任务要求，十字路口交通灯存在四个状态：①S0，东西方向通行，南北方向停止；②S1，东西方向等待，南北方向停止；③S2，东西方向停止，南北方向通行；④S3，东西方向停止，南北方向等待，依次循环回到 S0 状态。四个状态转移图如图 7-12 所示。

分析图 7-12，交通控制器的四个状态按照一定的时序循环工作，每个时刻只有一个状态在工作。从状态 S0 到 S1 需要 25s 时间；状态 S1 到状态 S2 需要 5s 时间；同样状态 S2 到 S3 也需要 25s；状态 S3 回到 S0 需要 5s，重复一周需要 60s。因此可以

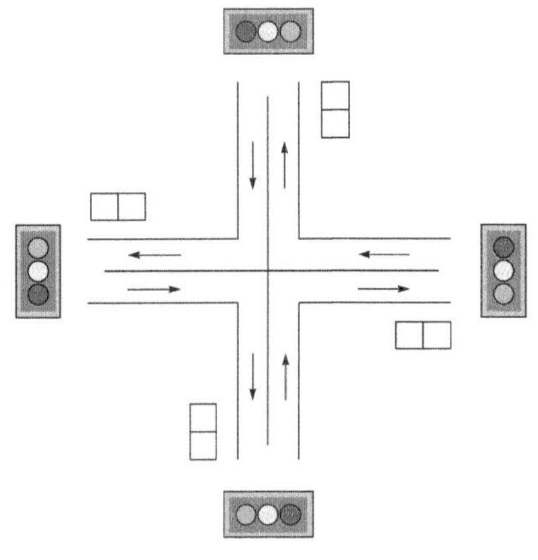

图 7-11　交通灯通行示意图

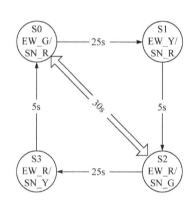

图 7-12　交通灯通行状态图

设计一个 60s 计时器，分割此时间为 4 个不同的工作时段，得到四个不同的工作状态。例如，0～24s 为 S0 状态；25～29s 为 S1 状态；30～54s 为 S2 状态；55～59s 为 S3 状态。

4 个状态的转换关系及输出指示如表 7-1 所示。

表 7-1　系统状态转换表

工作时间	工作状态	输出指示灯	东西干道输出时间	南北干道输出时间
0～24s	S0	EW_G，SN_R	29～5s	29～0s
25～29s	S1	EW_Y，SN_R	4～0s	29～0s
30～54s	S2	EW_R，SN_G	29～0s	29～5s
55～59s	S3	EW_R，SN_Y	29～0s	4～0s

表 7-1 中，EW_G、EW_Y、EW_R 分别表示东西方向的绿灯、黄灯及红灯；同样 SN_G、SN_Y、SN_R 分别表示南北方向的绿灯、黄灯和红灯。

2. 设计方案

根据工作原理分析，交通灯控制器循环工作一周需 60s 时间，因此系统需要一个 60s 计时器，若 60s 计时器输入源为 1s 时钟，而 FPGA 实验板提供系统时钟 100MHz，因此需要一个产生 1s 时钟的秒信号产生器。对 60s 计时器进行四个状态的时间段分配，产生四个状态下信号指示灯和工作时间的输出，称为状态分配器。时间输出需要七段译码及扫描显示。其模块结构如图 7-13 所示。

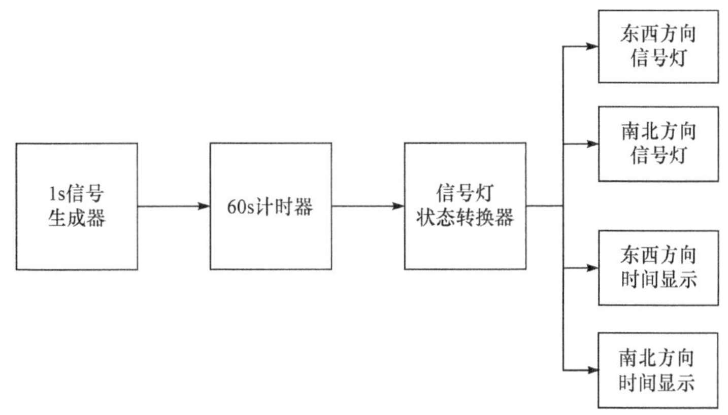

图 7-13　交通灯控制器内部模块结构

图 7-13 中，系统工作时钟为 100MHz，1s 生成器对 100MHz 进行分频产生 1Hz 信号，该 1Hz 信号送入 60s 计数器作为计数脉冲基准信号。60s 计时器产生的 0～59s 计数结果送入状态控制器，状态控制器分配 4 个时段的状态：0～24s、25～29s、30～54s、55～59s。同时控制四个方向的红、黄、绿指示灯的工作值，并送出东西方向与南北方向对应信号灯下的工作时间。每个方向计时显示器对来自状态转换器的时间进行十位与个位的分位处理，并进行七段译码，驱动输出数码管显示。

7.3.3　设计与实现

1. 系统模块设计

1) 分频器

本分频器的任务是为模 60 计时器模块提供 1s 的时钟源，使模 60 计数器输出的数据就是对应秒时间数据。FPGA 实验板提供的系统时钟是 100MHz，因此分频器的任务是对 100MHz 的时钟源进行 100M 分频，从而产生 1Hz 信号。其模型符号如图 7-14 所示。

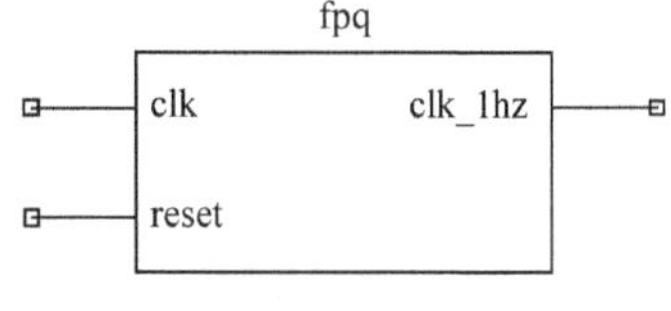

图 7-14　分频器模型

图 7-14 中，clk 为系统时钟，100MHz；reset 为系统复位信号，高电平有效；clk_1hz 为 1Hz 输出信号。1s 产生器采用偶数分频法，其源程序如下：

```
module fpq(
input wire clk,
input wire reset,
output reg clk_1hz
);
reg [25:0] cnt;
initial
    clk_1hz=0;
always @ (posedge clk or posedge reset)
        begin
            if(reset)
                cnt<=0;
            else if(cnt==50000000)
                begin
                    cnt<=1;
                    clk_1hz<=!clk_1hz;
                end
            else
                cnt<=cnt+1;
        end
endmodule
```

2) 60s 计时器

该模块是对 1Hz 时钟信号进行 0～59 的循环计数，目的是为东西南北各个状态信号灯提供运行时间。模块符号如图 7-15 所示。

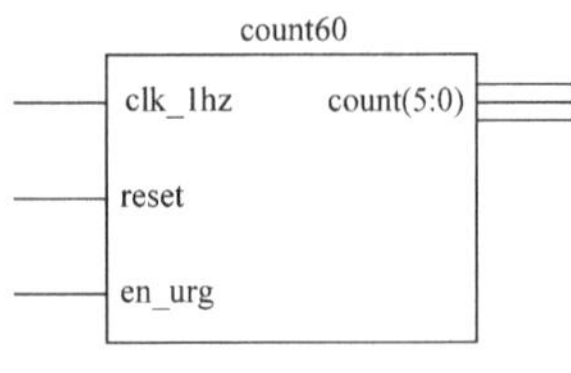

图 7-15 60s 计时器模型

图 7-15 中，输入信号有 1Hz 计数基准时钟 clk_1hz，系统复位 reset，系统应急 en_urg。根据题目要求，当复位信号有效时，输出时间为 0，则此时计数器输出也应为 0，采用给计数累加信号置 0 的方式，如 if(reset) cnt<=0。在计数过程中，当应急信号发生时，显示时间停止不动，表现为计数器的输出结果锁定不变，表达为 if(en_urg) cnt<=cnt。注：复位和应急信号均是高电平有效。其模块源程序如下：

```
module count60(
input wire clk_1hz,
input wire reset,
```

```
input wire en_urg,
output wire [5:0] count
);
reg [5:0] cnt;
always @ (posedge clk_1hz or posedge reset)
    begin
        if(reset)
            cnt<=0;
        else if(en_urg)
            cnt<=cnt;
        else if(cnt==59)
            cnt<=0;
        else
            cnt<=cnt+1;
    end
assign count=cnt;
endmodule
```

3) 状态控制器

状态控制器是交通控制系统的核心，其任务是根据四个时间状态控制东西南北四个方向红、绿、黄三种颜色灯的工作状态，同时输出四个状态下东西干道与南北干道的工作时间。

分配计时模块 count60 产生的 60s 时间为四个状态时间段：0～24s、25～29s、30～54s、55～59s。当计时器小于 25s 时，系统处于 S0 状态；当计时器大于等于 25s 小于 30s 时，系统处于 S1 状态；当计时器大于等于 30s 小于 55s 时，系统处于 S2 状态；当计时器大于等于 55s 小于 60s 时，系统处于 S3 状态。

状态控制模块除了正常工作时序外，还要控制复位情况和应急情况下的输出值。如复位信号产生，则输出四个方向的三种状态指示灯全亮，输出东西干道和南北干道状态工作时间为 0；复位信号无效时，判断应急信号是否到来，若有应急信号产生，则输出四个方向的红灯全亮，其他两种指示灯不亮，东西干道和南北干道状态工作时间锁存不变。其模块符号如图 7-16 所示。

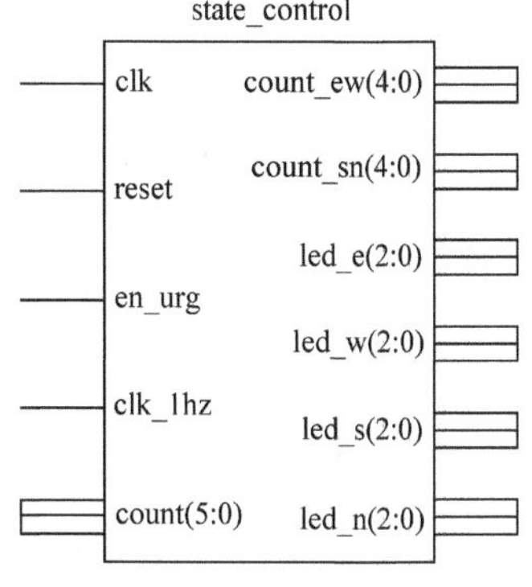

图 7-16　状态控制器模块符号

图 7-16 中，clk 为 100MHz 的系统时钟，用于状态控制器的同步工作；reset 为系统复位信号，高电平有效；en_urg 为系统应急使能信号，高电平有效；clk_1hz 分频器产生的 1Hz 信号，用于系统输出的黄灯闪烁信号；count(5:0)来自计时模块的 0～59s 输出数据，用于 S0～S3 的四个状态时

间分配；led_e(2:0)、led_w(2:0)、led_s(2:0)、led_n(2:0)为东、西、南、北四个方向的红、绿、黄指示灯输出信号；count_ew(4:0)为东西干道的时间输出信号；count_sn(4:0)为南北干道的时间输出信号。模块源程序如下：

```
module state_control(
input wire clk,
input wire reset,
input wire en_urg,
input wire clk_1hz,
input wire [5:0] count,
output reg [4:0] count_ew,
output reg [4:0] count_sn,
output reg [2:0] led_e,
output reg [2:0] led_w,
output reg [2:0] led_s,
output reg [2:0] led_n
);
always @ (posedge clk or posedge reset)
    begin
        if(reset)
            begin
                led_e<=3'b111; led_w<=3'b111; led_s<=3'b111; led_n<=3'b111;
                count_ew<=0; count_sn<=0;
            end
        else if(en_urg)
            begin
                led_e<=3'b100; led_w<=3'b100; led_s<=3'b100; led_n<=3'b100;
                count_ew<=count_ew; count_sn<=count_sn;
            end
        else if(count<25)
            begin
                led_e<=3'b010; led_w<=3'b010; led_s<=3'b100; led_n<=3'b100;
                count_ew<=29-count; count_sn<=29-count;
            end
        else if(count<30)
            begin
                led_e[2:1]<=2'b00; led_e[0]<=clk_1hz;
                led_w[2:1]<=2'b00; led_w[0]<=clk_1hz;
```

```
                led_s<=3'b100; led_n<=3'b100;
                count_ew<=29-count; count_sn<=29-count;
            end
        else if(count<55)
            begin
                led_e<=3'b100; led_w<=3'b100; led_s<=3'b010; led_n<=3'b010;
                count_ew<=59-count; count_sn<=59-count;
            end
        else
            begin
                led_e<=3'b100; led_w<=3'b100;
                led_s[2:1]<=2'b00; led_s[0]<=clk_1hz;
                led_n[2:1]<=2'b00; led_n[0]<=clk_1hz;
                count_ew<=59-count; count_sn<=59-count;
            end
    end
endmodule
```

4) 时间显示器

时间显示器的主要任务是：对来自状态控制器分配的东西干道及南北干道各状态工作时间进行十位与个位的分位处理，并对分位后得到的两位 0～9 十进制数进行数码管七段码的译码处理。

在进行个位与十位的分位处理时，在一个 always 内用 if 语句对输入信号进行 0～9、10～19、20～29 三个时段的判别，产生个位与十位的十进制输出。再用另外的进程对产生的十进制数进行七段码的编译。模块符号如图 7-17 所示。

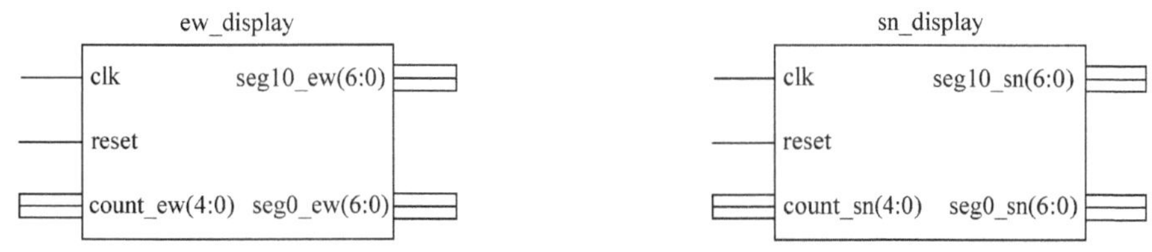

图 7-17　东西/南北方向时间显示器

模块源程序如下：

```
module display(
input wire clk,
input wire reset,
input wire [4:0] count1,
output reg [6:0] seg10,
```

```
output reg [6:0] seg0
);
reg [4:0] cnt10;
reg [4:0] cnt0;
always @ (posedge clk or posedge reset)
    begin
        if(reset)
            begin cnt10<=0;cnt0<=0; end
        else if(count1>=20)
            begin cnt10<=2;cnt0<=count1-20; end
        else if(count1>=10)
            begin cnt10<=1;cnt0<=count1-10; end
        else
            begin cnt10<=0;cnt0<=count1; end
    end
always @(*)
    case(cnt10)
        0:seg10=7'b0000001;
        1:seg10=7'b1001111;
        2:seg10=7'b0010010;
        default:seg10=7'b1111111;
    endcase
always @(*)
    case(cnt0)
        0:seg0=7'b0000001;
        1:seg0=7'b1001111;
        2:seg0=7'b0010010;
        3:seg0=7'b0000110;
        4:seg0=7'b1001100;
        5:seg0=7'b0100100;
        6:seg0=7'b0100000;
        7:seg0=7'b0001111;
        8:seg0=7'b0000000;
        9:seg0=7'b0000100;
        default:seg0=7'b1111111;
    endcase
endmodule
```

5) 扫描显示驱动模块

扫描显示驱动模块的主要任务是：采用扫描方式对来自东西方向、南北方向时间数据的个位与十位四组七段码进行快速分时复用处理。扫描显示驱动模块符号如图 7-18 所示。

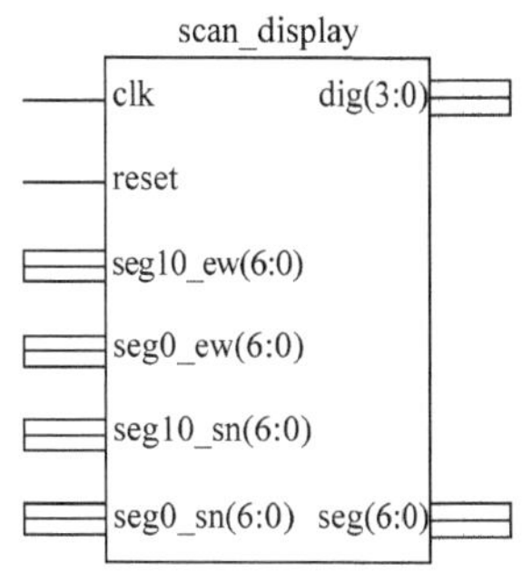

图 7-18　扫描显示驱动模块符号

图 7-18 中，clk 为系统时钟，用于快速扫描信号的产生；reset 是系统复位信号，时间输出显示为 0；seg0_ew(6:0)、seg10_ew(6:0)为东西方向个位与十位时间七段码数据；seg0_sn(6:0)、seg10_sn(6:0)为南北方向个位与十位时间七段码数据；dig 为四位数码管的位选信号，seg 为数码管段选信号，低电平有效。模块源程序如下：

```
module scan_display(
input wire clk,
input wire reset,
input wire [6:0] seg10_ew,
input wire [6:0] seg0_ew,
input wire [6:0] seg10_sn,
input wire [6:0] seg0_sn,
output wire [3:0] dig,
output reg [6:0] seg
);
reg [15:0] cnt;
reg clk1k;
reg [3:0] an;
initial
    begin clk1k=0;an=4'b1110; end
always @ (posedge clk or posedge reset)
    begin
        if(reset)
            cnt<=1;
        else if(cnt==50000)
            begin
                cnt<=1;
                clk1k<=!clk1k;
            end
        else
            cnt<=cnt+1;
```

```
        end
    always @ (posedge clk1k)
        begin
            an[3:1]<=an[2:0];
            an[0]<=an[3];
        end
    always @ (*)
        case(an)
            4'b0111:seg<=seg10_ew;
            4'b1011:seg<=seg0_ew;
            4'b1101:seg<=seg10_sn;
            4'b1110:seg<=seg0_sn;
            default:seg<=7'b1111111;
        endcase
    assign dig=an;
    endmodule
```

2. 系统顶层设计

从系统工作原理及方案可知，交通灯控制器可由分频器、60s 计时器、状态控制器、东西方向时间显示器、南北方向时间显示器等模块组成。考虑到 FPGA 应用实验板数码管的工作模式为扫描显示，即一次只能有一个数码管被点亮。因此，4 位数码管的数据需要经过扫描显示电路送到输出端，即系统添加扫描显示驱动模块。6 个模块组成顶层系统，其原理如图 7-19 所示。

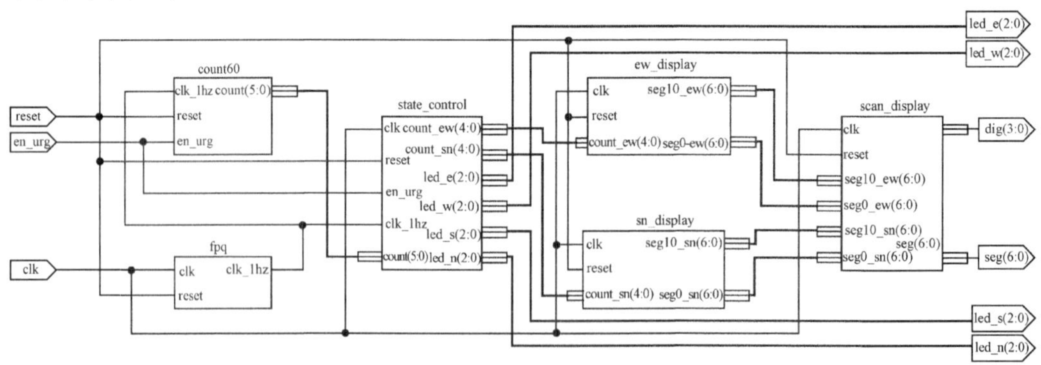

图 7-19 交通灯控制器系统顶层结构

源程序如下：

```
module top(
input wire clk,
```

```
input wire reset,
input wire en_urg,
output wire [2:0] led_e,
output wire [2:0] led_w,
output wire [2:0] led_s,
output wire [2:0] led_n,
output wire [3:0] dig,
output wire [6:0] seg
);
wire clk_1hz;
wire [5:0] count;
wire [4:0] count_ew;
wire [4:0] count_sn;
wire [6:0] seg10_ew;
wire [6:0] seg0_ew;
wire [6:0] seg10_sn;
wire [6:0] seg0_sn;
fpq   T1(.clk(clk),
          .reset(reset),
          .clk_1hz(clk_1hz));
count60   T2(.clk_1hz(clk_1hz),
               .reset(reset),
               .en_urg(en_urg),
               .count(count));
state_control   T3(.clk(clk),
                      .reset(reset),
                      .en_urg(en_urg),
                      .clk_1hz(clk_1hz),
                      .count(count),
                      .count_ew(count_ew),
                      .count_sn(count_sn),
                      .led_e(led_e),
                      .led_w(led_w),
                      .led_s(led_s),
                      .led_n(led_n));
display   T4(.clk(clk),
               .reset(reset),
               .count1(count_ew),
```

```
            .seg10(seg10_ew),
            .seg0(seg0_ew));
display  T5(.clk(clk),
            .reset(reset),
            .count1(count_sn),
            .seg10(seg10_sn),
            .seg0(seg0_sn));
scan_display  T6(.clk(clk),
                 .reset(reset),
                 .seg10_ew(seg10_ew),
                 .seg0_ew(seg0_ew),
                 .seg10_sn(seg10_sn),
                 .seg0_sn(seg0_sn),
                 .dig(dig),
                 .seg(seg));
endmodule
```

3. 引脚适配与实现

将设计好的交通灯控制器顶层文件及下层模块进行编译、综合、引脚适配和编程，最后下载至FPGA实验板BASYS3的FPGA芯片内，利用开发板的输入、输出装置对系统输出进行测试，观测并记录输出结果。交通灯控制器引脚适配程序如下：

```
set_property PACKAGE_PIN W4 [get_ports {dig[3]}]
set_property PACKAGE_PIN V4 [get_ports {dig[2]}]
set_property PACKAGE_PIN U4 [get_ports {dig[1]}]
set_property PACKAGE_PIN U2 [get_ports {dig[0]}]
set_property PACKAGE_PIN W7 [get_ports {seg[6]}]
set_property PACKAGE_PIN W6 [get_ports {seg[5]}]
set_property PACKAGE_PIN U8 [get_ports {seg[4]}]
set_property PACKAGE_PIN V8 [get_ports {seg[3]}]
set_property PACKAGE_PIN U5 [get_ports {seg[2]}]
set_property PACKAGE_PIN V5 [get_ports {seg[1]}]
set_property PACKAGE_PIN U7 [get_ports {seg[0]}]
set_property PACKAGE_PIN W5 [get_ports clk]
set_property PACKAGE_PIN W19 [get_ports reset]
set_property PACKAGE_PIN V17 [get_ports en_urg]
set_property IOSTANDARD LVCMOS33 [get_ports {dig[3]}]
set_property IOSTANDARD LVCMOS33 [get_ports {dig[2]}]
```

```
set_property IOSTANDARD LVCMOS33 [get_ports {dig[1]}]
set_property IOSTANDARD LVCMOS33 [get_ports {dig[0]}]
set_property IOSTANDARD LVCMOS33 [get_ports {seg[6]}]
set_property IOSTANDARD LVCMOS33 [get_ports {seg[5]}]
set_property IOSTANDARD LVCMOS33 [get_ports {seg[4]}]
set_property IOSTANDARD LVCMOS33 [get_ports {seg[3]}]
set_property IOSTANDARD LVCMOS33 [get_ports {seg[2]}]
set_property IOSTANDARD LVCMOS33 [get_ports {seg[1]}]
set_property IOSTANDARD LVCMOS33 [get_ports {seg[0]}]
set_property IOSTANDARD LVCMOS33 [get_ports clk]
set_property IOSTANDARD LVCMOS33 [get_ports en_urg]
set_property IOSTANDARD LVCMOS33 [get_ports reset]
set_property PACKAGE_PIN U16 [get_ports {led_n[0]}]
set_property PACKAGE_PIN E19 [get_ports {led_n[1]}]
set_property PACKAGE_PIN U19 [get_ports {led_n[2]}]
set_property PACKAGE_PIN W18 [get_ports {led_s[0]}]
set_property PACKAGE_PIN U15 [get_ports {led_s[1]}]
set_property PACKAGE_PIN U14 [get_ports {led_s[2]}]
set_property PACKAGE_PIN V13 [get_ports {led_w[0]}]
set_property PACKAGE_PIN V3 [get_ports {led_w[1]}]
set_property PACKAGE_PIN W3 [get_ports {led_w[2]}]
set_property PACKAGE_PIN P3 [get_ports {led_e[0]}]
set_property PACKAGE_PIN N3 [get_ports {led_e[1]}]
set_property PACKAGE_PIN P1 [get_ports {led_e[2]}]
set_property IOSTANDARD LVCMOS33 [get_ports {led_e[2]}]
set_property IOSTANDARD LVCMOS33 [get_ports {led_e[1]}]
set_property IOSTANDARD LVCMOS33 [get_ports {led_e[0]}]
set_property IOSTANDARD LVCMOS33 [get_ports {led_n[2]}]
set_property IOSTANDARD LVCMOS33 [get_ports {led_n[1]}]
set_property IOSTANDARD LVCMOS33 [get_ports {led_n[0]}]
set_property IOSTANDARD LVCMOS33 [get_ports {led_s[2]}]
set_property IOSTANDARD LVCMOS33 [get_ports {led_s[1]}]
set_property IOSTANDARD LVCMOS33 [get_ports {led_s[0]}]
set_property IOSTANDARD LVCMOS33 [get_ports {led_w[2]}]
set_property IOSTANDARD LVCMOS33 [get_ports {led_w[1]}]
set_property IOSTANDARD LVCMOS33 [get_ports {led_w[0]}]
```

7.4 拔河游戏设计

7.4.1 设计任务与指标

(1) 设计一个能进行拔河游戏的电路。

(2) 电路使用16个发光二极管表示拔河的“电子绳”，开机后只有中间两个发亮，此即拔河的中心点。

(3) 游戏双方各持一个按钮，迅速地、不断地按动，产生脉冲，谁按得快，亮点就向谁的方向移动，每按一次，亮点移动一次。

(4) 亮点移到任一方终端二极管时，这一方就获胜，此时双方按钮均无作用，输出保持，只有复位后才使亮点恢复到中心。

(5) 由裁判下达比赛开始命令后，甲乙双方才能输入信号，否则输入信号无效。

(6) 用数码管显示获胜者的盘数，每次比赛结束自动给获胜方加分。

7.4.2 设计原理与方案

1. 工作原理

在100MHz的时钟信号作用下，经过分频模块分频成1kHz和10Hz的时钟信号，数码管动态扫描使用1kHz的频率，按键扫描使用10Hz的频率，通过按键扫描将双方的按键情况输入，并产生与之相对应二极管亮点位置的位移。当位移至某一方的终点时，这一方就获胜，将按键使能端关闭，使获胜方的分数加一，将分数通过译码在数码管上显示出来。通过游戏复位按键使亮点回到中心，通过分数复位按键使双方分数全部清零。

2. 设计方案

拔河游戏机总体设计如图7-20所示。

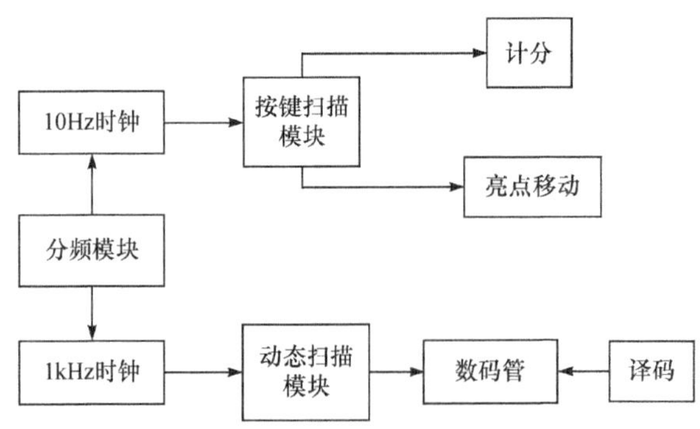

图7-20 拔河游戏机总体设计框图

7.4.3　设计与实现

1. 系统模块设计

1) 分频器

由于 FPGA 芯片内部提供的时钟信号为 100MHz，因此需要将其分频为 10Hz、1kHz 的信号，为后续的扫描按键以及数码管动态扫描显示提供时钟脉冲激励。通过设置模计数器 cnt10 与 cnt1k，在 100MHz 时钟脉冲下计数，并将输出时钟翻转，最终输出的分别是 10Hz、1kHz 的时钟。其模型符号参见图 7-21。

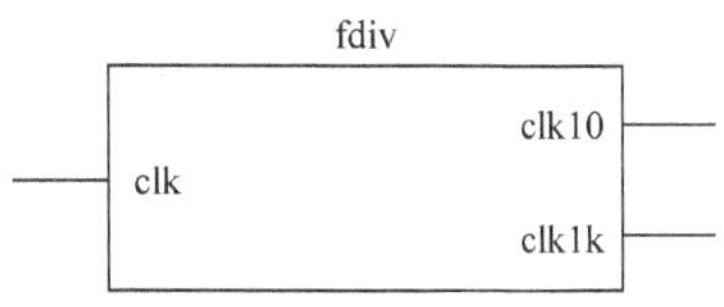

图 7-21　分频器模型

图 7-21 中，clk 为系统时钟，100MHz；clk10 为 10Hz 输出信号；clk1k 为 1kHz 输出信号。分频器源程序如下：

```
module fdiv(
input wire clk,
output reg clk10,
output reg clk1k
);
reg [25:0] cnt10;
reg [15:0] cnt1k;
initial
    begin clk10=0;clk1k=0; end
always @ (posedge clk)
    begin
        if(cnt10==5000000)
            begin
                cnt10<=1;
                clk10<=!clk10;
            end
        else
            cnt10<=cnt10+1;
    end
always @ (posedge clk)
    begin
        if(cnt1k==50000)
            begin
                cnt1k<=1;
                clk1k<=!clk1k;
```

```
            end
        else
            cnt1k<=cnt1k+1;
    end
endmodule
```

2) 按键消抖模块

按键所用开关为机械弹性开关，当机械触点闭合、断开时，由于机械触点的弹性作用，一个按键开关在闭合时不会马上稳定地接通，在断开时也不会一下子断开。所以在闭合及断开的瞬间均伴随有一连串的抖动，为了不产生这种现象，我们需要将其消抖。不断地检测输入信号，与上个即上上个信号进行与运算，连续出现 3 个高电平才能说出现上升沿，认为按键按下。模块符号如图 7-22 所示。

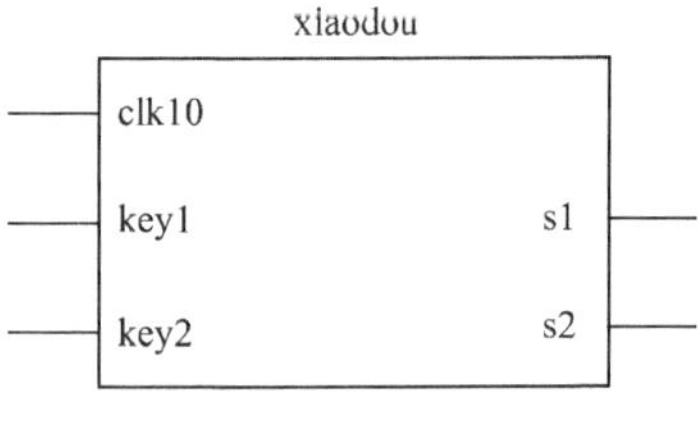

图 7-22　按键消抖模型

其模块源程序如下：

```
module xiaodou(
input wire clk10,
input wire key1,
input wire key2,
output wire s1,
output wire s2
);
reg a1,a2,a3,b1,b2,b3;
always @ (posedge clk10)
    begin
        a1<=key1;
        a2<=a1;
        a3<=a2;
        b1<=key2;
        b2<=b1;
        b3<=b2;
    end
assign s1=(a1 & a2 & a3);
assign s2=(b1 & b2 & b3);
endmodule
```

3) 游戏主控制模块

s1 和 s2 是按键经过消抖后的输入变量；t 是亮点位置的中间变量，初值为 7，即亮点处在中间。在钟脉冲 clk10 来临，并且游戏使能端有效(N=1)的情况下，当 key1 按下 key2

不按下时，t 自减 1；当 key2 按下 key1 不按下时，t 自加 1；其他情况 t 保持不变。拔河游戏机在任一方将亮点移动到自己那边终点后(t 等于 0 或者 14，0 为左端终点，14 为右端终点)，所得分数就会加一，且此时按动游戏按键无效(N=0)。需等到主持人按下游戏复位按键 rst 后，方能进行下一局游戏。当计分清零按键 nrst 按下后，双方分数清零。游戏主控制模块如图 7-23 所示。

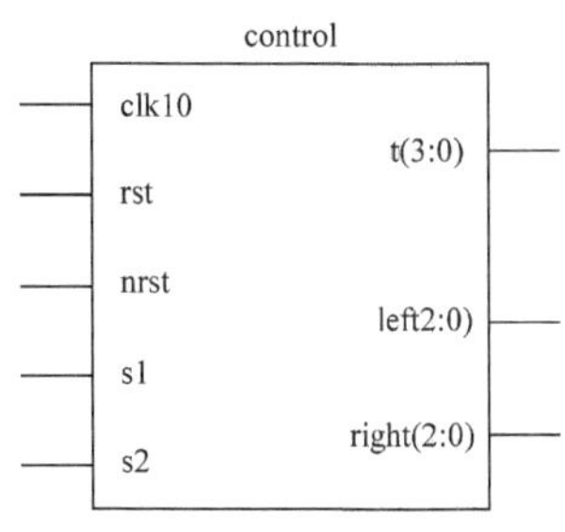

图 7-23　游戏主控制模块

图 7-23 中，输入信号有 10Hz 计数基准时钟 clk10，游戏复位 rst，计分清零 nrst，s1 左方输入，s2 右方输入，均为高电平有效。输出 t 为亮点位置的中间变量，left 为左方分数，right 为右方分数。其模块源程序如下：

```
module control(
input wire clk10,
input wire rst,
input wire nrst,
input wire s1,
input wire s2,
output reg [3:0] t,
output reg [2:0] left,
output reg [2:0] right
);
reg n;
always @ (posedge clk10 or posedge rst or posedge nrst)
    begin
        if(rst)
            begin t<=7;n<=1; end
        else if(nrst)
            begin left<=0;right<=0; end
        else if(n==1)
            begin
                case({s1,s2})
                    2'b10:t<=t-1;
                    2'b01:t<=t+1;
                    default:t<=t;
                endcase
                case(t)
                    0:begin left<=left+1;n<=0; end
```

```
                14:begin right<=right+1;n<=0; end
                default:n<=n;
            endcase
        end
    end
endmodule
```

4) 拔河进度显示模块

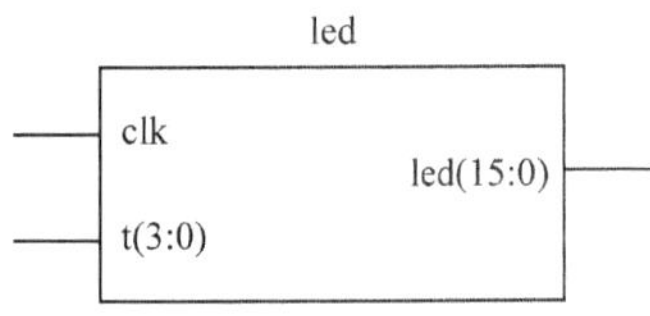

图 7-24 亮点位置显示模块

16 位 LEDTEMP 是亮点当前位置的状态变量，初值为 0000000110000000，对应 t 为 7；而后用 CASE 语句对不同的 t 赋予不同的 LEDTEMP 值。例如，t =5 意味着亮点应该左移了 2 位，给 LEDTEMP 赋值 0000011000000000。最后将 LEDTEMP 赋值给输出 LED。亮点位置显示模块如图 7-24 所示。

其模块源程序如下：

```
module led(
input wire clk,
input wire [3:0] t,
output wire [15:0] led
);
reg [15:0] ledtemp;
always @ (posedge clk)
    case(t)
        0:ledtemp<=16'b1100000000000000;
        1:ledtemp<=16'b0110000000000000;
        2:ledtemp<=16'b0011000000000000;
        3:ledtemp<=16'b0001100000000000;
        4:ledtemp<=16'b0000110000000000;
        5:ledtemp<=16'b0000011000000000;
        6:ledtemp<=16'b0000001100000000;
        7:ledtemp<=16'b0000000110000000;
        8:ledtemp<=16'b0000000011000000;
        9:ledtemp<=16'b0000000001100000;
        10:ledtemp<=16'b0000000000110000;
        11:ledtemp<=16'b0000000000011000;
        12:ledtemp<=16'b0000000000001100;
        13:ledtemp<=16'b0000000000000110;
        14:ledtemp<=16'b0000000000000011;
```

```
        default:ledtemp<=ledtemp;
    endcase
assign led=ledtemp;
endmodule
```

5) 数码管显示模块

通过绑定通选信号 COUNT，令其在 1kHz 的时钟下自加一，对 4 个数码管进行扫描，并通过七段译码处理，在两个数码管上显示双方的分数。数码管显示模块如图 7-25 所示。

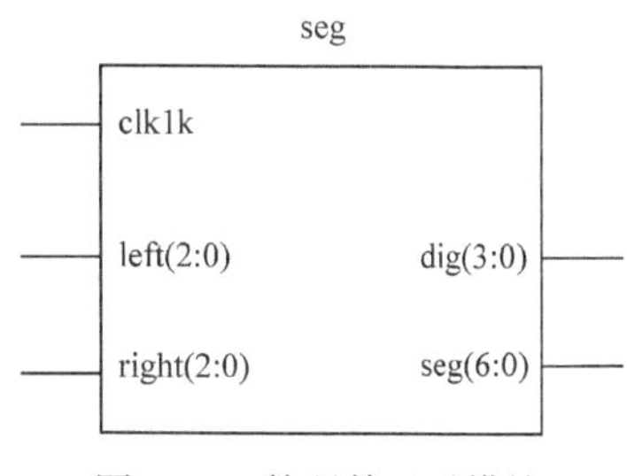

图 7-25　数码管显示模块

图 7-25 中，clk1k 为 1kHz 输入信号，用于快速扫描信号；left、right 为得分输出显示数据；dig 为四位数码管的位选信号，seg 为数码管段选信号，低电平有效。模块源程序如下：

```
module seg(
input wire clk1k,
input wire [2:0] left,
input wire [2:0] right,
output reg [3:0] dig,
output reg [6:0] seg
);
reg [1:0] count;
reg [2:0] segin;
always @ (posedge clk1k)
    case(count)
        0:begin
                dig<=4'b1110;
                segin<=right;
                count<=count+1;
          end
        2:begin
                dig<=4'b1011;
                segin<=left;
                count<=count+1;
          end
        default:begin
                        dig<=4'b1111;
                        count<=count+1;
```

```
                    end
        endcase
    always @ (*)
        case(segin)
            0:seg=7'b0000001;
            1:seg=7'b1001111;
            2:seg=7'b0010010;
            3:seg=7'b0000110;
            4:seg=7'b1001100;
            5:seg=7'b0100100;
            6:seg=7'b0100000;
            7:seg=7'b0001111;
            default:seg=7'b1111111;
        endcase
    endmodule
```

2. 系统顶层设计

由系统工作原理及方案可知，拔河游戏机可由分频器、消抖模块、主控模块、LED 进度显示模块、数码管得分显示器模块组成。5 个模块组成的顶层系统原理如图 7-26 所示。

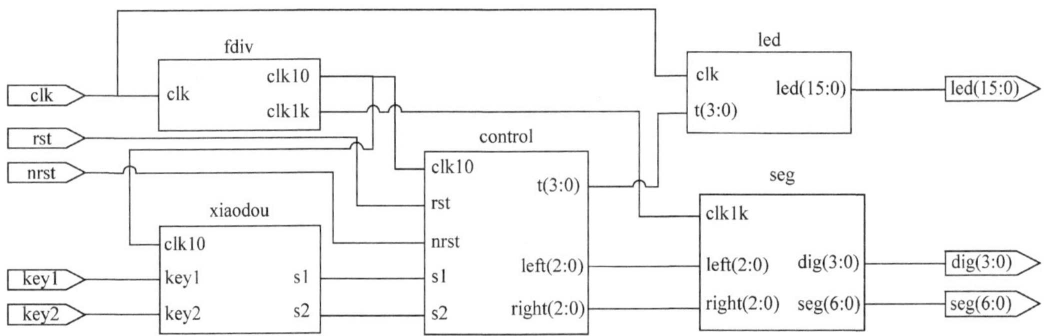

图 7-26 拔河游戏机顶层结构图

源程序如下：

```
module top(
input wire clk,
input wire rst,
input wire nrst,
input wire key1,
input wire key2,
```

```
output wire [15:0] led,
output wire [3:0] dig,
output wire [6:0] seg
);
wire clk10,clk1k;
wire s1,s2;
wire [3:0] t;
wire [2:0] left,right;
fdiv   U1(.clk(clk),
          .clk10(clk10),
          .clk1k(clk1k));
xiaodou   U2(.clk10(clk10),
             .key1(key1),
             .key2(key2),
             .s1(s1),
             .s2(s2));
control   U3(.clk10(clk10),
             .rst(rst),
             .nrst(nrst),
             .s1(s1),
             .s2(s2),
             .t(t),
             .left(left),
             .right(right));
led   U4(.clk(clk),
         .t(t),
         .led(led));
seg   U5(.clk1k(clk1k),
         .left(left),
         .right(right),
         .dig(dig),
         .seg(seg));
endmodule
```

3. 引脚适配与实现

将设计好的拔河游戏机顶层文件及下层模块进行编译、综合、引脚适配和编程，最后下载至 FPGA 实验板 BASYS3 的 FPGA 芯片内，利用开发板的输入、输出装置对系统输出进行测试，观测并记录输出结果。拔河游戏机引脚适配程序如下：

```
set_property PACKAGE_PIN W5 [get_ports clk]
set_property PACKAGE_PIN W19 [get_ports key1]
set_property PACKAGE_PIN T17 [get_ports key2]
set_property PACKAGE_PIN T18 [get_ports nrst]
set_property PACKAGE_PIN U17 [get_ports rst]
set_property PACKAGE_PIN W4 [get_ports {dig[3]}]
set_property PACKAGE_PIN V4 [get_ports {dig[2]}]
set_property PACKAGE_PIN U4 [get_ports {dig[1]}]
set_property PACKAGE_PIN U2 [get_ports {dig[0]}]
set_property PACKAGE_PIN W7 [get_ports {seg[6]}]
set_property PACKAGE_PIN W6 [get_ports {seg[5]}]
set_property PACKAGE_PIN U8 [get_ports {seg[4]}]
set_property PACKAGE_PIN V8 [get_ports {seg[3]}]
set_property PACKAGE_PIN U5 [get_ports {seg[2]}]
set_property PACKAGE_PIN V5 [get_ports {seg[1]}]
set_property PACKAGE_PIN U7 [get_ports {seg[0]}]
set_property PACKAGE_PIN L1 [get_ports {led[15]}]
set_property PACKAGE_PIN P1 [get_ports {led[14]}]
set_property PACKAGE_PIN N3 [get_ports {led[13]}]
set_property PACKAGE_PIN P3 [get_ports {led[12]}]
set_property PACKAGE_PIN U3 [get_ports {led[11]}]
set_property PACKAGE_PIN W3 [get_ports {led[10]}]
set_property PACKAGE_PIN V3 [get_ports {led[9]}]
set_property PACKAGE_PIN V13 [get_ports {led[8]}]
set_property PACKAGE_PIN V14 [get_ports {led[7]}]
set_property PACKAGE_PIN U14 [get_ports {led[6]}]
set_property PACKAGE_PIN U15 [get_ports {led[5]}]
set_property PACKAGE_PIN W18 [get_ports {led[4]}]
set_property PACKAGE_PIN V19 [get_ports {led[3]}]
set_property PACKAGE_PIN U19 [get_ports {led[2]}]
set_property PACKAGE_PIN E19 [get_ports {led[1]}]
set_property PACKAGE_PIN U16 [get_ports {led[0]}]
set_property IOSTANDARD LVCMOS33 [get_ports {dig[3]}]
set_property IOSTANDARD LVCMOS33 [get_ports {dig[2]}]
set_property IOSTANDARD LVCMOS33 [get_ports {dig[1]}]
set_property IOSTANDARD LVCMOS33 [get_ports {dig[0]}]
```

```
set_property IOSTANDARD LVCMOS33 [get_ports {led[15]}]
set_property IOSTANDARD LVCMOS33 [get_ports {led[14]}]
set_property IOSTANDARD LVCMOS33 [get_ports {led[13]}]
set_property IOSTANDARD LVCMOS33 [get_ports {led[12]}]
set_property IOSTANDARD LVCMOS33 [get_ports {led[11]}]
set_property IOSTANDARD LVCMOS33 [get_ports {led[10]}]
set_property IOSTANDARD LVCMOS33 [get_ports {led[9]}]
set_property IOSTANDARD LVCMOS33 [get_ports {led[8]}]
set_property IOSTANDARD LVCMOS33 [get_ports {led[7]}]
set_property IOSTANDARD LVCMOS33 [get_ports {led[6]}]
set_property IOSTANDARD LVCMOS33 [get_ports {led[5]}]
set_property IOSTANDARD LVCMOS33 [get_ports {led[4]}]
set_property IOSTANDARD LVCMOS33 [get_ports {led[3]}]
set_property IOSTANDARD LVCMOS33 [get_ports {led[2]}]
set_property IOSTANDARD LVCMOS33 [get_ports {led[1]}]
set_property IOSTANDARD LVCMOS33 [get_ports {led[0]}]
set_property IOSTANDARD LVCMOS33 [get_ports {seg[6]}]
set_property IOSTANDARD LVCMOS33 [get_ports {seg[5]}]
set_property IOSTANDARD LVCMOS33 [get_ports {seg[4]}]
set_property IOSTANDARD LVCMOS33 [get_ports {seg[3]}]
set_property IOSTANDARD LVCMOS33 [get_ports {seg[2]}]
set_property IOSTANDARD LVCMOS33 [get_ports {seg[1]}]
set_property IOSTANDARD LVCMOS33 [get_ports {seg[0]}]
set_property IOSTANDARD LVCMOS33 [get_ports clk]
set_property IOSTANDARD LVCMOS33 [get_ports key1]
set_property IOSTANDARD LVCMOS33 [get_ports key2]
set_property IOSTANDARD LVCMOS33 [get_ports nrst]
set_property IOSTANDARD LVCMOS33 [get_ports rst]
```

7.5　猜数游戏设计

7.5.1　设计任务与指标

(1) 设计一个能进行猜数游戏的电路。

(2) 主持人按下开始/重置按键，系统生成随机两位十进制数。

(3) 操作者输入猜测的数字，并按确定键猜数。

(4) 若操作者输入的数字大于生成数，则数码管显示“H”作为提示；若操作者输入的数字小于生成数，则数码管显示“L”作为提示；若操作者输入的数字等于生成数，则数码管显示生成的数字。

(5) 统计猜测次数，并用数码管显示。

(6) 猜中数字后，数字与猜测次数锁定不变。直到主持人按下开始/重置按键，重新生成数字，并清零猜测次数。

7.5.2 设计原理与方案

1. 工作原理

在 100MHz 的时钟信号作用下，经过分频模块分频成 1kHz 的时钟信号，数码管动态扫描使用 1kHz 的频率。通过“开始/重置”按键生成数字，并重置数码管。通过“确定”按键将猜测数字键入，猜测结果通过译码在数码管上显示出来。当猜出数字后，“确定”按键使能端关闭。

2. 设计方案

猜数游戏总体流程如图 7-27 所示。

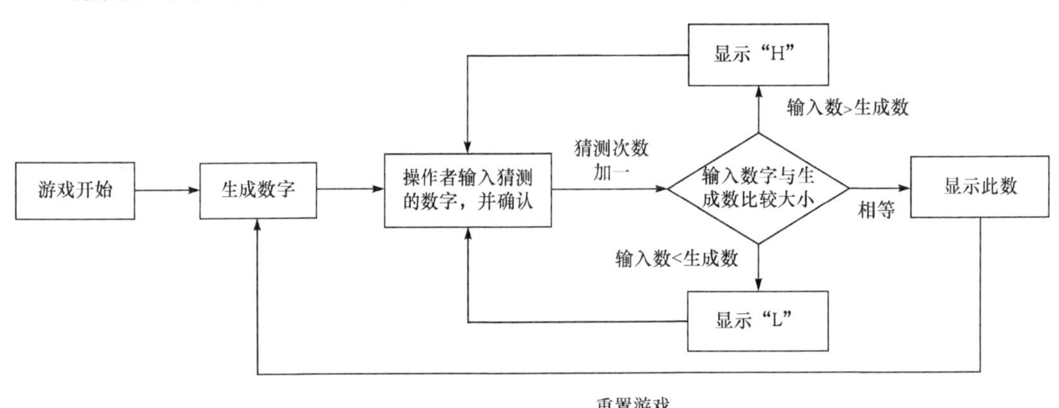

图 7-27 猜数游戏总体流程

7.5.3 设计与实现

1. 系统模块设计

1) 分频器

由于 FPGA 芯片内部提供的时钟信号为 100MHz，因此需要将其分频为 1kHz 的信号，为后续的数码管动态扫描显示提供时钟脉冲激励。通过设置模计数器 cnt，在 100MHz 时钟脉冲下计数，并将输出时钟翻转，最终输出 1kHz 的时钟。其模型符号如图 7-28 所示。

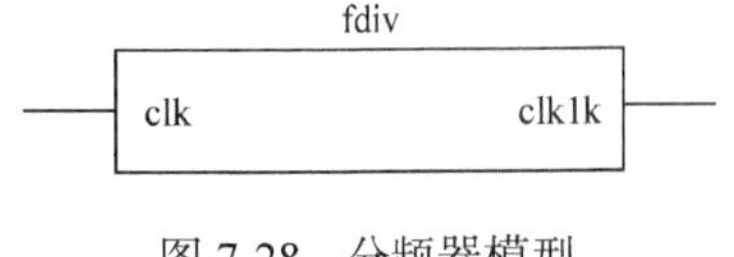

图 7-28 分频器模型

图 7-28 中，clk 为系统时钟，100MHz；clk1k 为 1kHz 输出信号。分频器源程序如下：

```
module fdiv(
input wire clk,
output reg clk1k
);
reg [15:0] cnt;
initial
    clk1k=0;
always @ (posedge clk)
    begin
        if(cnt1k==50000)
            begin
                cnt<=1;
                clk1k<=!clk1k;
            end
        else
            cnt<=cnt+1;
    end
endmodule
```

2) 游戏主控制模块

num 是玩家猜测数字的输入；ok 是“确定”按键；t 是猜测的次数，初值为 0。在时钟脉冲 clk 来临，并且游戏使能端有效(N=1)的情况下，按下 ok 键，t 自加 1，当 num 大于生成的数字时，xs 输出大于标志“100”；当 num 小于生成的数字时，xs 输出小于标志“101”；当 num 等于生成的数字时，xs 输出 num，且此时按动游戏确定按键“ok”无效(N=0)。需等到主持人按下游戏复位按键 rst 后，方能进行下一局游戏。这里随机数的生成采用计数器的形式，令变量在 clk 的作用下，从 0 计数到 99 并循环，按下 rst 键后锁定数字。

游戏主控制模块如图 7-29 所示。

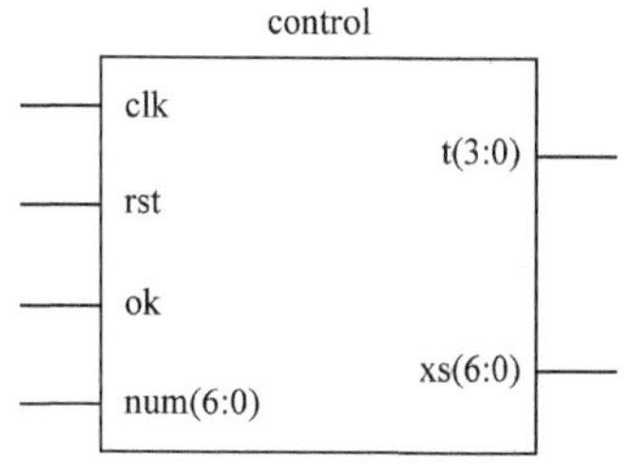

图 7-29　游戏主控制模块

图 7-29 中，输入信号有系统时钟 clk、游戏开始/重置 rst、确认键 ok、num 玩家输入，均为高电平有效。输出 t 为猜测次数的中间变量，xs 为猜测结果的中间变量。其模块源程序如下：

```
module control(
input wire clk,
input wire rst,
```

```
input wire ok,
input wire [6:0] num,
output reg [3:0] t,
output reg [6:0] xs
);
reg n;
wire pos_ok;
reg [2:0] delay;
reg [6:0] rand;
reg [6:0] r;
always @ (posedge clk)
    delay<={delay[1:0],ok} ;
wire pos_ok=delay[1] && (~delay[2]);
always @ (posedge clk)
    begin
        if(rand==99)
            rand<=0;
        else
            rand<=rand+1;
    end
always @ (posedge clk or posedge rst)
    begin
        if(rst)
            begin
                t<=0;n<=1;xs<=102;
                r<=rand;
            end
        else if(n==1 & pos_ok==1)
            begin
                if(num>r)
                    begin xs<=100;t<=t+1; end
                else if(num<r)
                    begin xs<=101;t<=t+1; end
                else
                    begin xs<=num;t<=t+1;n<=0; end
            end
    end
endmodule
```

3) 结果显示器

时间显示器设计的主要任务是：对来自游戏主控模块的猜测结果变量进行十位与个位的分位处理，并在个位变量上添加大于标识“10”和小于标识“11”。

模块符号如图 7-30 所示。

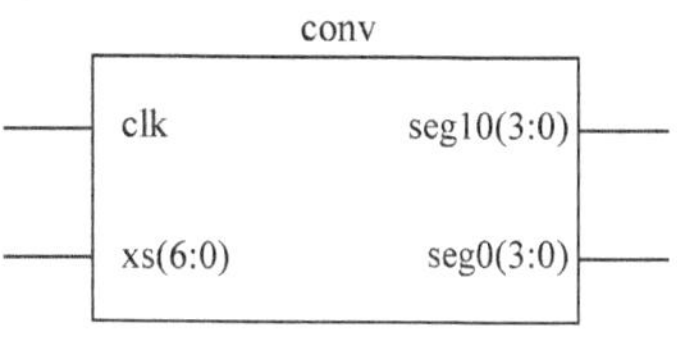

图 7-30　结果显示器

其模块源程序如下：

```
module conv(
input wire clk,
input wire [6:0] xs,
output reg [3:0] seg10,
output reg [3:0] seg0
);
always @ (posedge clk)
    begin
     if(xs==100)     seg0<=10;
     else if(xs==101)     seg0<=11;
     else if(xs<100)
        begin
           if(xs>=90)
              begin seg10<=9;seg0<=xs-90; end
           else if(xs>=80)
              begin seg10<=8;seg0<=xs-80; end
           else if(xs>=70)
              begin seg10<=7;seg0<=xs-70; end
           else if(xs>=60)
              begin seg10<=6;seg0<=xs-60; end
           else if(xs>=50)
              begin seg10<=5;seg0<=xs-50; end
           else if(xs>=40)
              begin seg10<=4;seg0<=xs-40; end
           else if(xs>=30)
              begin seg10<=3;seg0<=xs-30; end
           else if(xs>=20)
              begin seg10<=2;seg0<=xs-20; end
           else if(xs>=10)
              begin seg10<=1;seg0<=xs-10; end
           else
```

```
                begin seg10<=0;seg0<=xs; end
        end
    end
endmodule
```

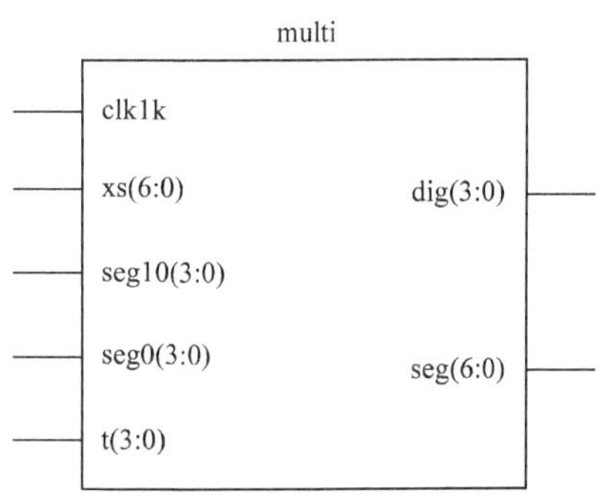

图 7-31　数码管显示模块

4) 扫描显示驱动模块

通过绑定通选信号 COUNT，令其在 1kHz 的时钟下自加一，对 4 个数码管进行扫描。通过七段译码处理，在第一个数码管上显示猜测的次数，在最后一个数码管上显示“H”或“L”的提示信息；并在玩家猜出数字后，在后两个数码管上显示这个数字。数码管显示模块如图 7-31 所示。

图 7-31 中，clk1k 为 1kHz 输入信号，用于快速扫描信号；left、right 为得分输出显示数据；dig 为四位数码管的位选信号，seg 为数码管段选信号，低电平有效。模块源程序如下：

```
module multi(
input wire clk1k,
input wire [6:0] xs,
input wire [3:0] seg10,
input wire [3:0] seg0,
input wire [3:0] t,
output reg [3:0] dig,
output reg [6:0] seg
);
reg [1:0] count;
reg [3:0] segin;
initial count=0;
always @ (posedge clk1k)
    begin
        dig<=4'b1111;
        count<=count+1;
        case(count)
            0:if(xs<=101)
                    begin
                        dig<=4'b1110;
                        segin<=seg0;
```

```
                end
            1:if(xs<=99)
                begin
                    dig<=4'b1101;
                    segin<=seg10;
                end
            3:if(t<=9)
                begin
                    dig<=4'b0111;
                    segin<=t;
                end
            default:dig<=4'b1111;
        endcase
    end
always @ (*)
    case(segin)
        0:seg=7'b0000001;
        1:seg=7'b1001111;
        2:seg=7'b0010010;
        3:seg=7'b0000110;
        4:seg=7'b1001100;
        5:seg=7'b0100100;
        6:seg=7'b0100000;
        7:seg=7'b0001111;
        8:seg=7'b0000000;
        9:seg=7'b0000100;
        10:seg=7'b1001000;
        11:seg=7'b1110001;
        default:seg=7'b1111111;
    endcase
endmodule
```

2. 系统顶层设计

由系统工作原理及方案可知，猜数游戏可由分频器、主控模块、结果显示模块、扫描显示驱动模块组成。4 个模块组成顶层系统原理如图 7-32 所示。

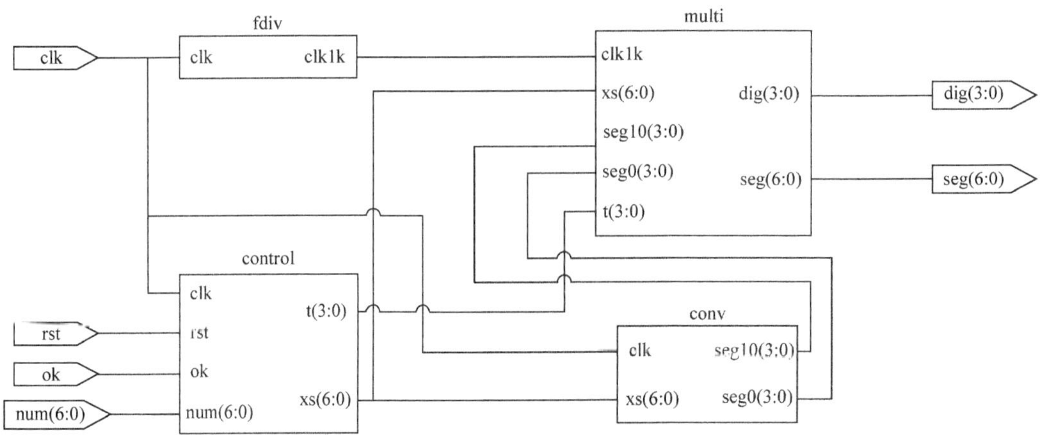

图 7-32　猜数游戏顶层结构图

源程序如下：

```
module top(
input wire clk,
input wire rst,
input wire ok,
input wire [6:0] num,
output wire [3:0] dig,
output wire [6:0] seg
);
wire clk10,clk1k;
wire [6:0] xs;
wire [3:0] t,seg10,seg0;
fdiv   U1(.clk(clk),
           .clk1k(clk1k));
control   U2(.clk(clk),
             .rst(rst),
             .ok(ok),
             .num(num),
             .t(t),
             .xs(xs));
conv   U3(.clk(clk),
           .xs(xs),
           .seg10(seg10),
           .seg0(seg0));
multi   U4(.clk1k(clk1k),
```

```
            .xs(xs),
            .seg10(seg10),
            .seg0(seg0),
            .t(t),
            .dig(dig),
            .seg(seg));
endmodule
```

3. 引脚适配与实现

将设计好的猜数游戏顶层文件及下层模块进行编译、综合、引脚适配和编程，最后下载至 FPGA 实验板 BASYS3 的 FPGA 芯片内，利用开发板的输入、输出装置对系统输出进行测试，观测并记录输出结果。猜数游戏引脚适配程序如下：

```
set_property PACKAGE_PIN W5 [get_ports clk]
set_property PACKAGE_PIN T17 [get_ports ok]
set_property PACKAGE_PIN W19 [get_ports rst]
set_property PACKAGE_PIN W4 [get_ports {dig[3]}]
set_property PACKAGE_PIN V4 [get_ports {dig[2]}]
set_property PACKAGE_PIN U4 [get_ports {dig[1]}]
set_property PACKAGE_PIN U2 [get_ports {dig[0]}]
set_property PACKAGE_PIN W7 [get_ports {seg[6]}]
set_property PACKAGE_PIN W6 [get_ports {seg[5]}]
set_property PACKAGE_PIN U8 [get_ports {seg[4]}]
set_property PACKAGE_PIN V8 [get_ports {seg[3]}]
set_property PACKAGE_PIN U5 [get_ports {seg[2]}]
set_property PACKAGE_PIN V5 [get_ports {seg[1]}]
set_property PACKAGE_PIN U7 [get_ports {seg[0]}]
set_property PACKAGE_PIN W17 [get_ports {num[3]}]
set_property PACKAGE_PIN W15 [get_ports {num[4]}]
set_property PACKAGE_PIN V15 [get_ports {num[5]}]
set_property PACKAGE_PIN W14 [get_ports {num[6]}]
set_property PACKAGE_PIN W16 [get_ports {num[2]}]
set_property PACKAGE_PIN V16 [get_ports {num[1]}]
set_property PACKAGE_PIN V17 [get_ports {num[0]}]
set_property IOSTANDARD LVCMOS33 [get_ports {dig[3]}]
set_property IOSTANDARD LVCMOS33 [get_ports {dig[2]}]
set_property IOSTANDARD LVCMOS33 [get_ports {dig[1]}]
set_property IOSTANDARD LVCMOS33 [get_ports {dig[0]}]
```

```
set_property IOSTANDARD LVCMOS33 [get_ports {num[6]}]
set_property IOSTANDARD LVCMOS33 [get_ports {num[5]}]
set_property IOSTANDARD LVCMOS33 [get_ports {num[4]}]
set_property IOSTANDARD LVCMOS33 [get_ports {num[3]}]
set_property IOSTANDARD LVCMOS33 [get_ports {num[2]}]
set_property IOSTANDARD LVCMOS33 [get_ports {num[1]}]
set_property IOSTANDARD LVCMOS33 [get_ports {num[0]}]
set_property IOSTANDARD LVCMOS33 [get_ports {seg[6]}]
set_property IOSTANDARD LVCMOS33 [get_ports {seg[5]}]
set_property IOSTANDARD LVCMOS33 [get_ports {seg[4]}]
set_property IOSTANDARD LVCMOS33 [get_ports {seg[3]}]
set_property IOSTANDARD LVCMOS33 [get_ports {seg[2]}]
set_property IOSTANDARD LVCMOS33 [get_ports {seg[1]}]
set_property IOSTANDARD LVCMOS33 [get_ports {seg[0]}]
set_property IOSTANDARD LVCMOS33 [get_ports clk]
set_property IOSTANDARD LVCMOS33 [get_ports ok]
set_property IOSTANDARD LVCMOS33 [get_ports rst]
```

7.6 智力抢答器设计

7.6.1 实验目的

项目利用 HDL、Vivado 软件和 Xilinx 公司的 BASYS 系列 FPGA 实验板，完成智力竞赛抢答器的设计。本实验引用趣味性的项目设计，使学生体验如何利用现代设计手段 HDL 完成硬件电路的设计过程，从而感受 FPGA 芯片集成设计方法的优越性。通过该项目的学习与实验，使学生掌握项目系统的设计思想、模块化的设计方法；掌握现代设计工具、设计手段和设计方法的应用技能。

7.6.2 设计任务与指标

1. 基本功能

(1) 编号为 1～8 的选手在规定的时间内按键抢答。

(2) 抢中编号锁定显示，其他无效。

(3) 主持人按键控制清零和开始。

(4) 具有报警提示功能，分别提示抢答开始，有人抢答，定时时间到。

2. 指标要求

(1) 显示组数：1～8 组。
(2) 报警延时信号：300ms。
(3) 抢答时间：20s。

7.6.3　设计原理与方案

1. 工作原理

抢答信号输入系统后，系统必须对最先抢到的选手进行编码，而后锁存这个编码，并将这个编码显示输出，所以需要用到编码器、锁存器和译码显示电路。而选手抢答的有效时间为 20s，而且系统在有人抢中、主持人按下开关以及 20s 计时到但无人抢答这三种情况下要发出警报，且报警时间延迟 300ms 后自动停止，故需定时电路来确定这些时限，报警电路产生时延，并用时序控制电路来协调各个部分的工作，计时时间也要显示出来，系统基本原理框图如图 7-33 所示。

由图 7-33 所知，当主持人按键为启动开始状态时，报警器发出警报，抢答编码电路进入工作状态，选手可以进行抢答。同时抢答定时电路开始从 20s 递减，显示器显示递减的时间，当时间未减少到 0s 时，有选手抢答，报警电路发出警报，显示器显示选手的编号，并锁存该选手的号码直到主持人清零，此时抢答定时器不再递减；当时间减到 0s 时，无选手抢答，报警电路发出警报，提示选手不能再抢答，显示器显示抢答时间 0s 不动，选手号码为无效号码，如 0 或者 F。当主持人按下清零键，系统显示为初始状态。

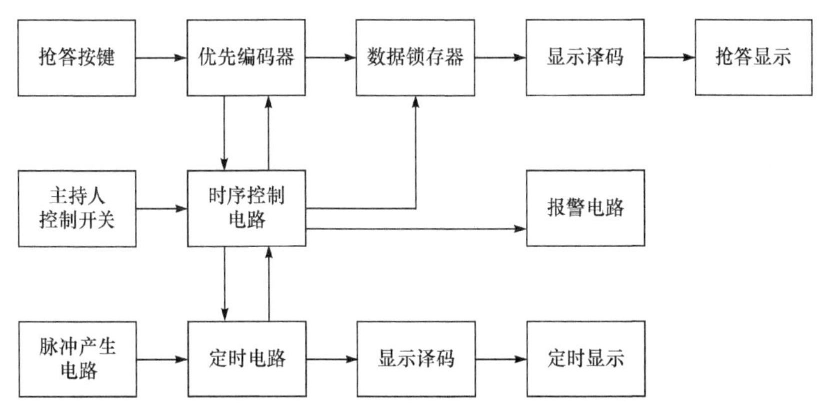

图 7-33　智力抢答器基本原理

2. 设计方案

根据设计要求，FPGA 实验平台数码管显示电路配置情况，系统应由以下几部分组成：编码锁存器、定时器、七段译码器、扫描显示器、报警器。系统组成框图如图 7-34 所示。

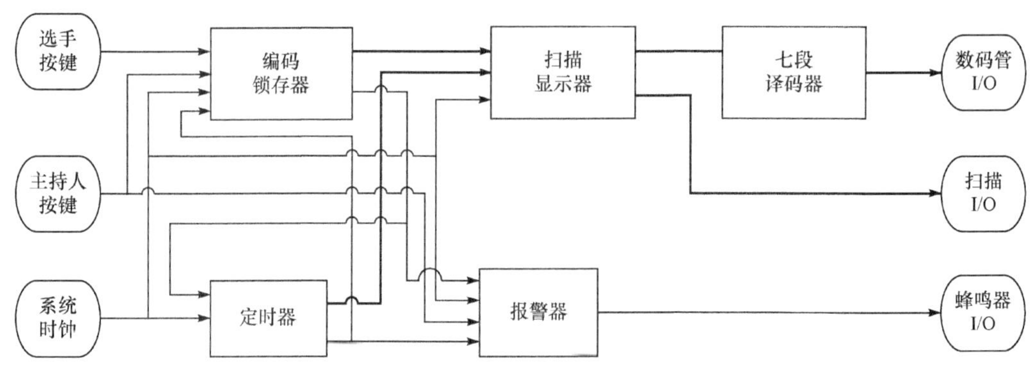

图 7-34　智力抢答器系统框图

7.6.4　设计与实现

1. 系统模块设计

1) 编码锁存电路

抢答编码锁存电路简写为编码锁存器，该电路的主要功能是：当主持人按下开始抢答的按键后，系统进入工作状态，同时 100MHz 时钟信号上升沿持续扫描四个选手的按键端口。当定时时间未到，若有选手抢答时，则对选手的按键进行编码，并锁存该选手的号码将其输出，其他选手的按键抢答无效，同时输出抢中控制信号给报警器和定时器，声明已经有选手抢答。若一直无选手抢答，则时钟信号持续扫描，直到下一轮抢答。

通过模块任务分析，若主持人开始和清零按键采用同一个按钮开关，则编码锁存模块内部可由三个进程实现：开始、清零信号控制进程，抢中选手编码进程，编码锁存进程。三个进程组成的原理如图 7-35 所示。

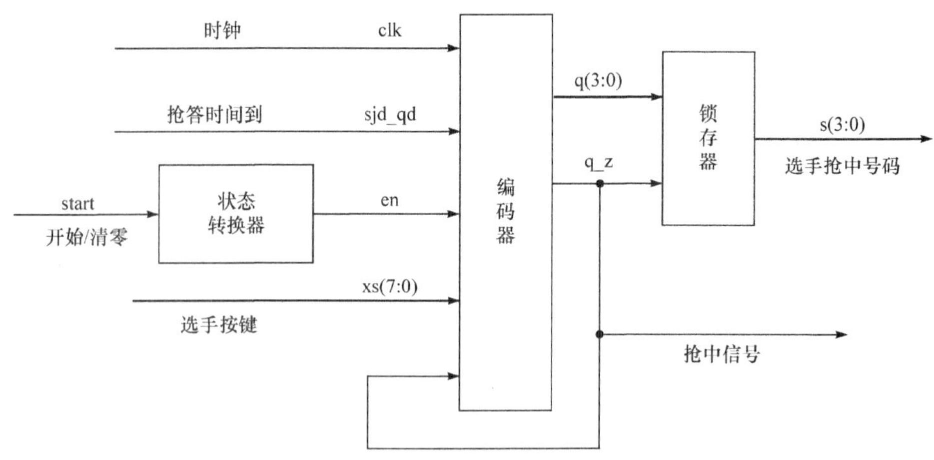

图 7-35　采用编码器和锁存器两个进程实现模式

图 7-35 中，当开始信号 start 处于开始启动状态(负触发有效)，en='1'，同时抢答定时时间未减到 0 时(如 sjd_qd='1')，若先前没选手按键抢答(q_z='1')，则八个选手输入 xs(7:0)

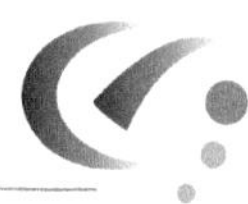

中有一个选手最先抢中(如 0 表示为抢中，1 表示没抢中)，编码器对抢中选手的按键进行二进制编码，该编码经锁存器输出 s(3:0)，同时产生报警输出信号 qz='0'。当主持人再按 start 键，进行系统清零，或定时时间到(表示为 sjd_qd='0')时，则编码器输出一个显示 0 的码，同时 qz='1'。其模型符号如图 7-36 所示。

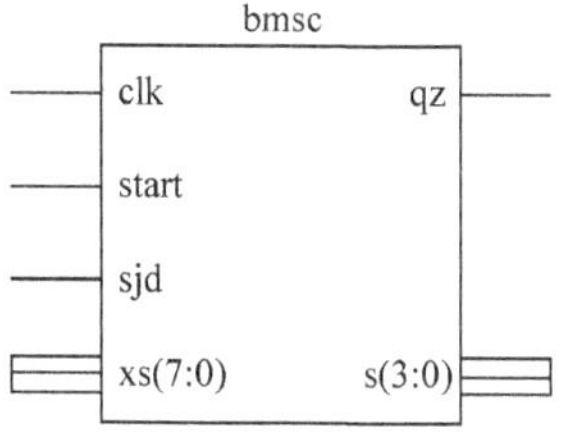

图 7-36 编码锁存模块符号

图 7-36 显示，抢答编码锁存器(bmsc)包含 6 个端口，其中输入端口有四个，它们分别是：系统时钟 clk、开始\清零信号 start、定时时间到信号 sjd、选手按键输入 xs(7:0)。输出端口有两个：选手的按键编码信号 s(3:0)和有选手抢中的抢中信号 qz。

编码锁存源程序如下：

```
module bmsc(
input wire clk,
input wire start,
input wire [7:0] xs,
input wire sjd,
output wire qz,
output wire [3:0] s
);
reg q_z;
reg en;
reg [3:0] q;
initial en=0;
always @ (posedge start)
    en<=~en;
always @ (posedge clk)
    begin
        if(en==1 && sjd==1)
            begin
            if(q_z==1)
                case(xs)
                    8'b11111110:begin q<=4'b0001;q_z<=0; end
                    8'b11111101:begin q<=4'b0010;q_z<=0; end
                    8'b11111011:begin q<=4'b0011;q_z<=0; end
                    8'b11110111:begin q<=4'b0100;q_z<=0; end
                    8'b11101111:begin q<=4'b0101;q_z<=0; end
                    8'b11011111:begin q<=4'b0110;q_z<=0; end
```

```
                    8'b10111111:begin q<=4'b0111;q_z<=0; end
                    8'b01111111:begin q<=4'b1000;q_z<=0; end
                    default:q<=4'b0000;
                endcase
            end
        else
            begin q<=4'b0000;q_z<=1; end
    end
assign qz=q_z;
assign s=q;
endmodule
```

2) 定时电路

抢答定时电路实现 20s 的定时功能，规定选手的有效抢答时间。主持人按开始键之后开始计时，若计时过程中有选手抢答，则计时器停止计时；若没选手抢答，则计时器计满规定时间后仍停止计时。抢答定时器模块符号如图 7-37 所示。

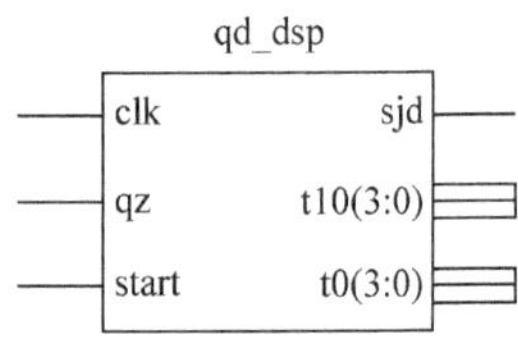

图 7-37　抢答定时器模型

抢答定时器模块包含 6 个端口，其中 3 个输入端口分别是计时基准时间源、主持人开始信号 start、有选手抢中的控制输入 qz。3 个输出端口分别是定时时间到的报警提示信号 sjd 和实时计数输出时间的十位数字 t10(3:0)及个位数字 t0(3:0)。

抢答定时器要实现以秒为单位的 20s 计时功能，FPGA 实验板系统时钟为 100MHz，因此程序设计中应有一个分频器产生 1Hz 的计数基准信号，同时有一个模为 20 的减计数器。定时模块源程序如下：

```
module dsp(
input wire clk,
input wire qz,
input wire start,
output reg sjd,
output wire [3:0] t10,
output wire [3:0] t0
);
reg en;
reg [25:0] cnt;
reg clk_1hz;
reg [3:0] m10;
reg [3:0] m0;
initial
    begin en=0;cnt=1;clk_1hz=1; end
```

```
always @ (posedge start)
        en<=~en;
always @ (posedge clk)
    begin
        if(cnt==50000000)
            begin
                cnt<=1;
                clk_1hz<=!clk_1hz;
            end
        else
            cnt<=cnt+1;
    end
always @ (posedge clk_1hz or negedge en)
    begin
        if(en==0)
            begin
                m10<=4'b0010;
                m0<=4'b0000;
                sjd<=1'b1;
            end
        else if(qz==1)
            if(m10==0 && m0==0)
                begin
                    m10<=4'b0000;
                    m0<=4'b0000;
                    sjd<=1'b0;
                end
            else
                if(m0==0 && m10!=0)
                    begin
                        m10<=m10-1;
                        m0<=4'b1001;
                    end
                else
                    m0<=m0-1;
    end
assign t0=m0;
assign t10=m10;
endmodule
```

3) 报警延时电路

报警延时电路也叫报警器，该模块的主要功能是：在抢答开始、有选手抢中、抢答定时时间到三种情况下发出报警声音，声音持续时间 300ms 后自动停止。

报警器内部工作原理如图 7-38 所示。图 7-38 中，三个触发信号分别产生三个报警输出，每个报警信号都是高电平有效，且需要把三个报警输出信号整合为一个信号输出。又因为三个报警信号只要有一个信号有效，都能驱动蜂鸣器发声，即三个信号中的某一个为 1，输出就为 1，因此可用一个三输入或门将三个报警信号整合为一个报警输出。图 7-38 中三个触发计数延迟模块的功能原理一致，因此介绍其中一个模块的功能实现原理即可。以触发计数延迟模块 1 为例，当主持人按下开始键时，报警 bj1='1'，即报警产生，同时计数器开始对 clk 进行 300ms 的计数，当计数结束即计数数据等于 300ms 时，报警信号无效即 bj1='0'，控制报警声音停止。

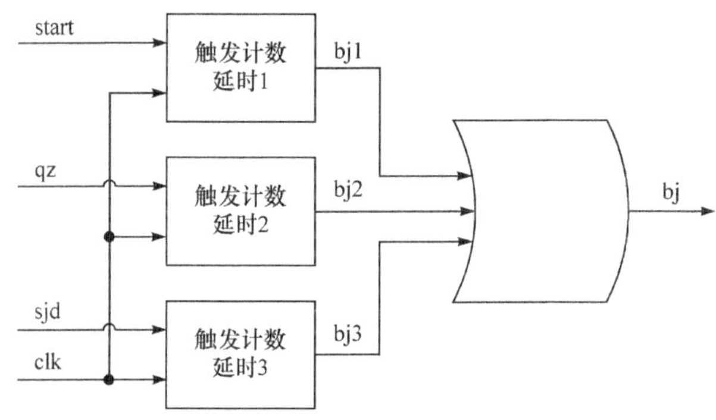

图 7-38 报警延迟器内部结构图

报警延迟器模型如图 7-39 所示。

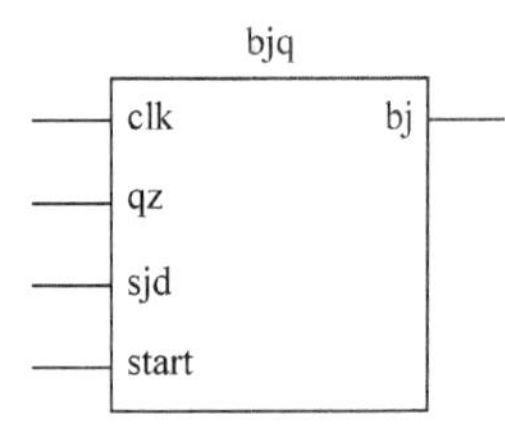

图 7-39 报警器模型

该模型包含四个输入，一个输出信号。其中输入信号有报警延迟时间基准源 clk 和产生报警的触发源：主持人开始 start、选手抢中 qz、抢答时间到 sjd 三个触发信号，start 高电平有效，另外两个低电平有效。一个输出信号为 bj，当 bj='1'时，蜂鸣器发声，表示有报警信号产生。

从图 7-38 可知，报警延迟器至少需要三个进程实现每个报警源的报警延迟信号产生，同时需要一个或门对三个信号进行整合。因开始信号 start 具有开始和清零的功能，因此要设计一个状态转换的进程来获取开始信号。

程序中 Q = 30000000 的计算方法为：触发信号产生报警后，同时启动 300ms 的定时器，100MHz 的时钟信号产生 1ms 时间需要计 100000 个脉冲，若要计 300ms 时间，则共需 100000 × 300 个脉冲，即 Q = 30000000。

报警模块源程序如下：

```
module bjq(
input wire clk,
```

```
input wire qz,
input wire sjd,
input wire start,
output wire bj
);
reg [24:0] q1,q2,q3;
reg bj1,bj2,bj3;
reg en;
initial en=0;
always @ (posedge start)
    en<=~en;
always @ (posedge clk)
    begin
        if(en==0)
            begin q1<=1;bj1<=0; end
        else if(q1==30000000)
            bj1<=0;
        else
            begin q1<=q1+1;bj1<=1; end
    end
always @ (posedge clk)
    begin
        if(qz==1)
            begin q2<=1;bj2<=0; end
        else if(q2==30000000)
            bj2<=0;
        else
            begin q2<=q2+1;bj2<=1; end
    end
always @ (posedge clk)
    begin
        if(sjd==1)
            begin q3<=1;bj3<=0; end
        else if(q3==30000000)
            bj3<=0;
        else
            begin q3<=q3+1;bj3<=1; end
    end
assign bj=bj1 | bj2 | bj3;
```

```
endmodule
```

4) 扫描显示电路

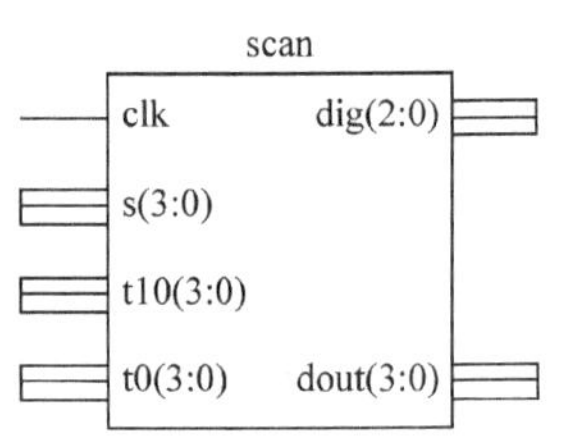

图 7-40 扫描显示器模型

完成计时时间和选手号码在数码管上的分时显示，该电路的模块符号如图 7-40 所示。

该模型包含四个输入，两个输出信号。其中输入信号有系统时钟 clk、选手号码 s(3:0)、时间十位数据 t10(3:0)、时间个位数据 t0(3:0)；输出四位扫描信号 dig(3:0)，显示数据信号 dout(3:0)。扫描显示模块源程序如下：

```
module scan(
input wire clk,
input wire [3:0] s,
input wire [3:0] t10,
input wire [3:0] t0,
output wire [3:0] dig,
output reg [3:0] dout
    );
reg [15:0] cnt;
reg clk1k;
reg [3:0] an;
always @ (posedge clk)
    begin
        cnt<=1;clk1k<=0;
        if(cnt==50000)
            begin
                cnt<=1;
                clk1k<=!clk1k;
            end
        else
            cnt<=cnt+1;
    end
initial an=4'b1110;
always @ (posedge clk1k)
    begin
        an[3:1]<=an[2:0];
        an[0]<=an[3];
    end
always @ (*)
```

```
    case(an)
        4'b0111:dout<=s;
        4'b1101:dout<=t10;
        4'b1110:dout<=t0;
        default:dout<=4'b1111;
    endcase
assign dig=an;
endmodule
```

5) 七段译码电路

该模块实现 0～9 的十进制数到数码管显示的七段码。模块符号如图 7-41 所示。

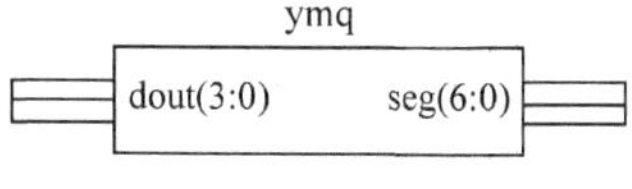

图 7-41　七段译码器模型

模块源程序如下：

```
module ymq(
input wire [3:0] dout,
output reg [6:0] seg
);
always @(*)
    case(dout)
        0:seg=7'b0000001;
        1:seg=7'b1001111;
        2:seg=7'b0010010;
        3:seg=7'b0000110;
        4:seg=7'b1001100;
        5:seg=7'b0100100;
        6:seg=7'b0100000;
        7:seg=7'b0001111;
        8:seg=7'b0000000;
        9:seg=7'b0000100;
        default:seg=7'b1111111;
    endcase
endmodule
```

2. 系统顶层设计

系统顶层原理如图 7-42 所示。

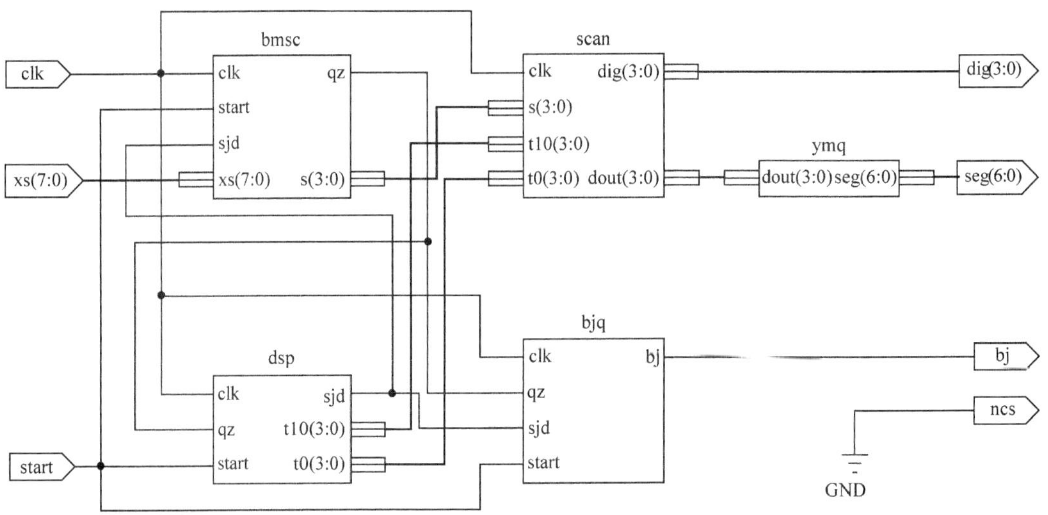

图 7-42　抢答器顶层原理图

源程序如下：

```
module top(
input wire [7:0] xs,
input wire clk,
input wire start,
output wire [6:0] seg,
output wire [3:0] dig,
output wire bj
);
wire en;
wire sjd;
wire qz;
wire [3:0] s;
wire [3:0] t10;
wire [3:0] t0;
wire [3:0] dout;
bmsc    T1(.clk(clk),
            .start(start),
            .xs(xs),
            .sjd(sjd),
            .qz(qz),
            .s(s));
dsp    T2(.clk(clk),
```

```
            .start(start),
            .sjd(sjd),
            .qz(qz),
            .t10(t10),
            .t0(t0));
bjq   T3(.clk(clk),
            .start(start),
            .qz(qz),
            .sjd(sjd),
            .bj(bj));
scan   T4(.clk(clk),
            .s(s),
            .t10(t10),
            .t0(t0),
            .dig(dig),
            .dout(dout));
ymq   T5(.dout(dout),
            .seg(seg));
endmodule
```

3. 引脚适配与实现

将设计好的智力抢答器顶层文件进行编译、综合、引脚适配和编程，最后下载至 FPGA 实验板的 FPGA 芯片内，利用开发板的输入/输出装置对系统进行测试，观测并记录输出结果。

always 敏感列表里的边沿触发事件就是一个 clk 信号，所以在制定 xdc 时，边沿触发事件信号都要被定义在 clk I/O 端口上，有时随意分配的 clk I/O 端口在 Implement 时也会出错，需要到 xdc 中用以下语句来规避错误。

```
set_property CLOCK_DEDICATED_ROUTE FALSE [get_nets start_IBUF]
                                                    //start 为边沿触发事件信号
抢答器引脚适配程序如下：
set_property PACKAGE_PIN W4 [get_ports {dig[3]}]
set_property PACKAGE_PIN V4 [get_ports {dig[2]}]
set_property PACKAGE_PIN U4 [get_ports {dig[1]}]
set_property PACKAGE_PIN U2 [get_ports {dig[0]}]
set_property PACKAGE_PIN W7 [get_ports {seg[6]}]
set_property PACKAGE_PIN W6 [get_ports {seg[5]}]
set_property PACKAGE_PIN U8 [get_ports {seg[4]}]
```

```
set_property PACKAGE_PIN V8 [get_ports {seg[3]}]
set_property PACKAGE_PIN U5 [get_ports {seg[2]}]
set_property PACKAGE_PIN V5 [get_ports {seg[1]}]
set_property PACKAGE_PIN U7 [get_ports {seg[0]}]
set_property IOSTANDARD LVCMOS33 [get_ports {dig[3]}]
set_property IOSTANDARD LVCMOS33 [get_ports {dig[2]}]
set_property IOSTANDARD LVCMOS33 [get_ports {dig[1]}]
set_property IOSTANDARD LVCMOS33 [get_ports {dig[0]}]
set_property IOSTANDARD LVCMOS33 [get_ports {seg[6]}]
set_property IOSTANDARD LVCMOS33 [get_ports {seg[5]}]
set_property IOSTANDARD LVCMOS33 [get_ports {seg[4]}]
set_property IOSTANDARD LVCMOS33 [get_ports {seg[3]}]
set_property IOSTANDARD LVCMOS33 [get_ports {seg[2]}]
set_property IOSTANDARD LVCMOS33 [get_ports {seg[1]}]
set_property IOSTANDARD LVCMOS33 [get_ports {seg[0]}]
set_property PACKAGE_PIN V17 [get_ports {xs[0]}]
set_property PACKAGE_PIN V16 [get_ports {xs[1]}]
set_property PACKAGE_PIN W16 [get_ports {xs[2]}]
set_property PACKAGE_PIN W17 [get_ports {xs[3]}]
set_property PACKAGE_PIN W15 [get_ports {xs[4]}]
set_property PACKAGE_PIN V15 [get_ports {xs[5]}]
set_property PACKAGE_PIN W14 [get_ports {xs[6]}]
set_property PACKAGE_PIN W13 [get_ports {xs[7]}]
set_property PACKAGE_PIN L1 [get_ports bj]
set_property PACKAGE_PIN W5 [get_ports clk]
set_property PACKAGE_PIN W19 [get_ports start]
set_property IOSTANDARD LVCMOS33 [get_ports {xs[7]}]
set_property IOSTANDARD LVCMOS33 [get_ports {xs[6]}]
set_property IOSTANDARD LVCMOS33 [get_ports {xs[5]}]
set_property IOSTANDARD LVCMOS33 [get_ports {xs[4]}]
set_property IOSTANDARD LVCMOS33 [get_ports {xs[3]}]
set_property IOSTANDARD LVCMOS33 [get_ports {xs[2]}]
set_property IOSTANDARD LVCMOS33 [get_ports {xs[1]}]
set_property IOSTANDARD LVCMOS33 [get_ports {xs[0]}]
set_property IOSTANDARD LVCMOS33 [get_ports bj]
set_property IOSTANDARD LVCMOS33 [get_ports clk]
set_property IOSTANDARD LVCMOS33 [get_ports start]
set_property CLOCK_DEDICATED_ROUTE FALSE [get_nets start_IBUF]
```

第 8 章　挑战性项目设计

8.1　周期计数器设计

8.1.1　挑战

给定一个高级状态机，实现将一个状态机作为一个数据通路和控制器。

8.1.2　背景与描述

一个周期计数器用于测量一个周期的输入波形的宽度。一种简单测量电路的方法是计算时钟在输入信号的两个上升沿之间的周期数，如图 8-1 所示。

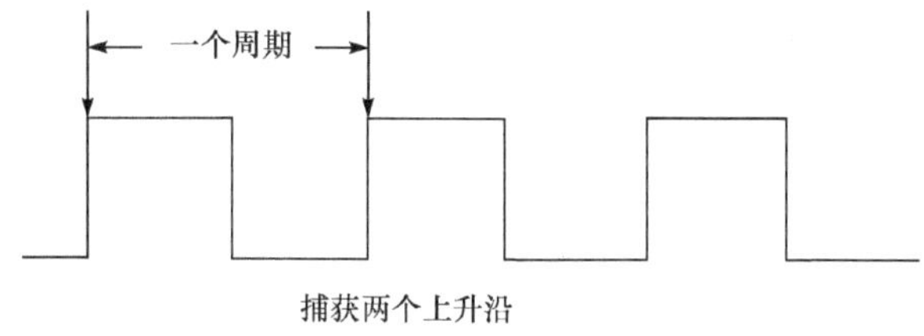

图 8-1　周期计数器的工作原理

由于系统时钟的频率已知，输入信号的周期可以根据需要分频，例如，如果系统时钟的频率为 f，两个上升沿间的时钟周期为 N，那么输入信号的周期应该为 $N \cdot 1/f$。

设计以 ms 测量周期为例，流程图如图 8-2 所示。该周期计数器采用了这种计算方法，当 START 信号有效时，采用上升沿探测电路我们能产生一个周期脉冲，EDGE 表示输入波形的上升沿。在 START 有效后，FSM 进入 WAIT 状态等待第一个输入上升沿到来。然后进入到 COUNT 状态直到下一个上升沿触发。两个寄存器用于保存时间的上升沿。T 寄存器计数 50000 个时钟周期，从 0～49999，然后重新开始。如果系统时钟周期是 20ns，T 寄存器花 1ms 循环 50000 个周期。P 寄存器也以 ms 形式计数。当 T 寄存器计到 49999 时，P 寄存器才增加一次。

当 FSM 退出 COUNT 状态时，周期结束，输入波形被存储到 P 寄存器中，它的单位为毫秒。FSM 设置 done_tick 信号为 DONE 状态。

8.1.3　论证

根据规定验证应用程序，使用开发板上的一个扩展接口和信号发生器。

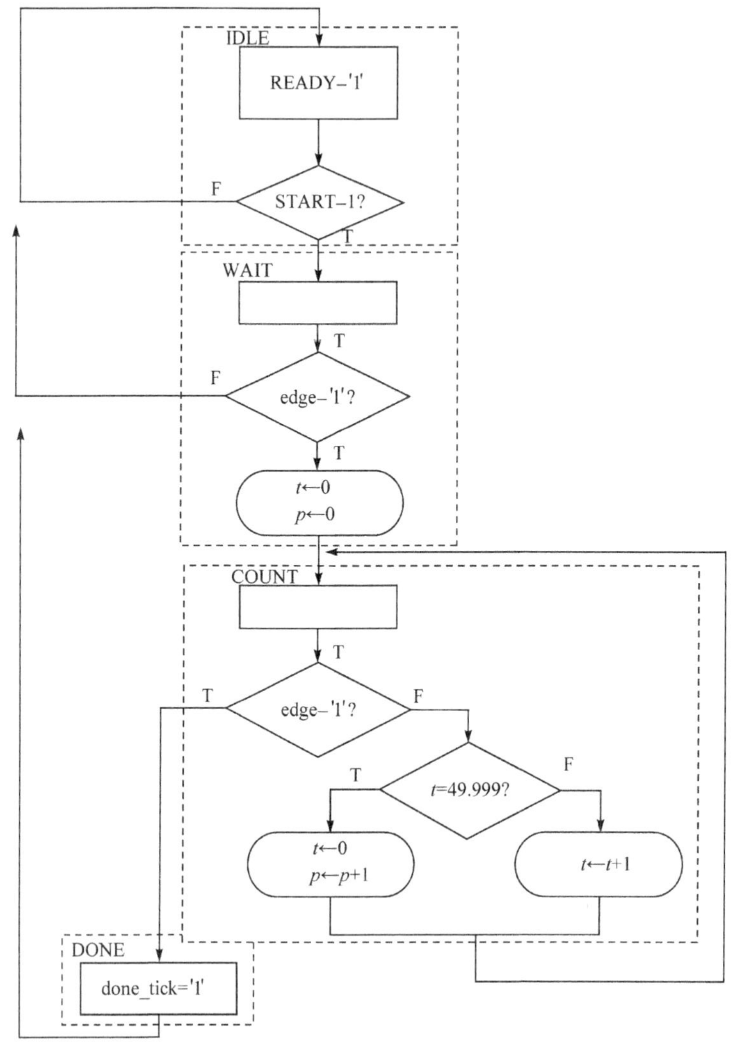

图 8-2 时间计数器运行图

8.2 可编程方波发生器设计

8.2.1 挑战

给定一个高级状态机，实现将一个状态机作为一个数据通路和控制器。

8.2.2 背景与描述

一个可编程方波发生器电路，根据变量 ON(即逻辑 1)和 OFF(即逻辑 0)间隔可以产生方波，如图 8-3 所示。间隔持续时间由 4 位控制信号 m 和 n 控制，m 和 n 为无符号整数。ON 和 OFF 的间隔分别是 $m\times100$(ns)和 $n\times100$(ns)，设计必须完全同步。方波参数以带小数的形式在 BASYS 板上显示。

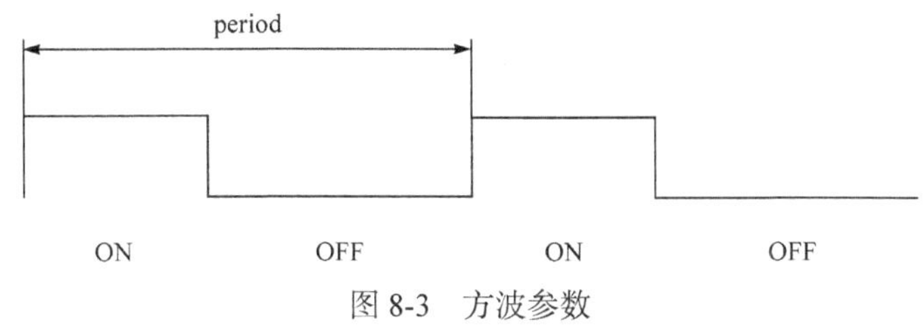

图 8-3　方波参数

8.2.3　论证

根据规定验证应用程序，使用开发板上的一个扩展接口和示波器验证波形。

8.3　网络路由器设计

8.3.1　挑战

给出一个高级状态机，作为一个数据深度和控制器实现状态机。

8.3.2　背景与描述

网络路由器的基本功能是接收送来的包，读出包的目标地址，并发送包给相对应地址的其中一个端口，由包组成的数据就这样通过网络发送出去了(如一份邮件或者一张图片)。包也能够组成地址、容错校验位和其他更多类型。

该项目中，我们采用一个高倍放大路由器，它的模块如图 8-4 所示，该路由器有 24 位输入 I，组成了 3 字节：字节 I(7..0)是包的目标地址，字节(15..8)是数据，字节 I(23..16)是总数校验。一个 1 位输入 IE 脉冲是当一个有效的包抵达目标，即从 1 到一个时钟周期的时间。路由器有两个 24 位输出端口，即 P1 和 P2，每个端口和 P1E 和 P2E 相匹配，一个地址的包小于 128 时被分配给 P1 口，而一个有 128 的包或者有更大的包应该分配给 P2。分配数据包给一个端口需要写满 24 位数据包到端口，并为相应的端口在一个时钟周期发送一次脉冲。

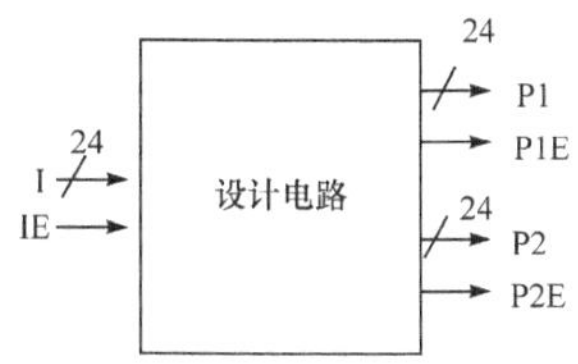

图 8-4　网络路由器模块

包的发送方按照其他数据包的双字节计算校验字节和。例如，如果一个数据包的目的地址是 15，数据是 12，校验则是 27(当然是二进制)。如果路由器检测到一个数据包的校验和不正确，那么肯定有一个错误发生在数据包传输到路由器的途中；在这种情况下路由器将取消传输这个数据包。

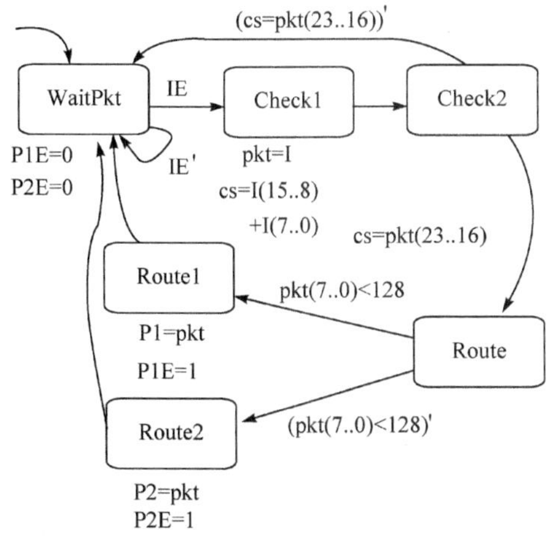

图 8-5　路由器的高级状态机描述

图 8-5 提供了一个路由器行为的高级状态机描述。路由器在 WaitPkt 状态等待数据包的到来(表示为 IE=1)。然后路由器在寄存器中保

存包(因为包只能存在一个时钟周期即在输入为 I 时)，并在 Check1 状态计算校验和。在 Check2 状态，校验和被存储在寄存器中，如果 CS 不等于包的总校验字数节，那么路由器返回 Wait PKT 状态。(注：一个常见的错误将转到 Check1 状态，但这些转变将读取旧的 CS 值，在下一个时钟边沿没有新的值在该状态计算和更新。另一个常见的错误是当计算校验和时在 Check1 状态读 PKT，直到下一个时钟沿到来时 PKT 都不会更新。)如果校验和是正确的，那么路由器进入 Route 状态。如果地址少于 128，则从 Route 状态转换到 Route1 状态，否则转到 Route2 状态，这些状态写数据包到相应的端口，并设置相应的使能输出为 1。然后路由器回到等待其他包状态。

数字表示完成第一步的 RTL 电路设计过程。在这时模拟高级状态机提供几个包，一些小于 128 的地址和一些大于或等于 128，并注意包出现在适当的输出端口，包括一个数据包与一个不正确的校验和字节，并确保路由器不传输数据包。问题：这是路由器保证传输每一个数据包到达它的输入端吗？或可能路由器丢失("下降")一些数据包？如果数据包丢掉，什么情况造成这种丢失的？超过了其他错误校验吗？

第二步是创建一个数据通路。因此，创建一个路径能够实现数据的操作和条件在高级状态机图 8-5 中。提示：我需要记录 PKT 和 CS，一个加法器和比较器，所有设计需要的。它是很好的对 P2 和 P1 输出实例寄存器的设计实践，P2 和 P1 也称为 P2 寄存器和 P1 寄存器。适当连接这些组件，确保名称唯一性以控制信号通路各部分。

下面执行第三个 RTL 电路设计步骤连接数据路径到控制器，确保所有的输入和输出已经连接上。下一步执行控制器的有限状态机的第四个 RTL 电路设计步骤。状态机应该与图 8-5 的原始层级状态机有相同的状态和传输结构，但所有的数据操作和条件用布尔操作和条件取代，实现这些相同数据的操作和控制通路条件。

在这一点上，应该再进行模拟设计，其中包括一个结构的数据通路，连接到一个控制器描述行为作为一个有限状态机。模拟结果应符合早期的高级状态机仿真。

8.3.3　论证

根据规定验证应用程序(对传入的数据包进行仿真)。

8.4　安 全 系 统

8.4.1　挑战

设计一个高级状态机，并实现状态机功能和实现控制。

8.4.2　背景与描述

安全系统需提供编码才能进入安全区，安全系统原理框图如图 8-6 所示。

一个系统包含安全编码逻辑、内存和编码选择逻辑、键盘。输入一个 4 位数的编码，与用户设置到内存中的访问机制进行对比。如果输入的编码符合存储在内存中的访问机制则允许开门，否则它提示为"一个错误的编码输入"。

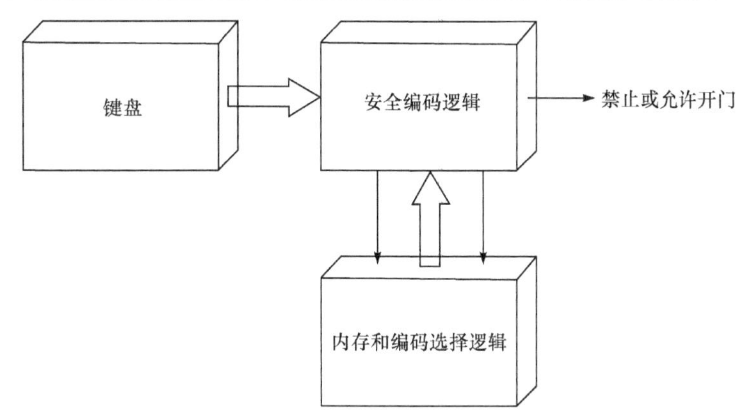

图 8-6　安全系统框图

一个安全编码逻辑框图如图 8-7 所示。而实际的执行需要使用非易失性存储器，可以利用文件寄存器内存访问编码存储一个原型。

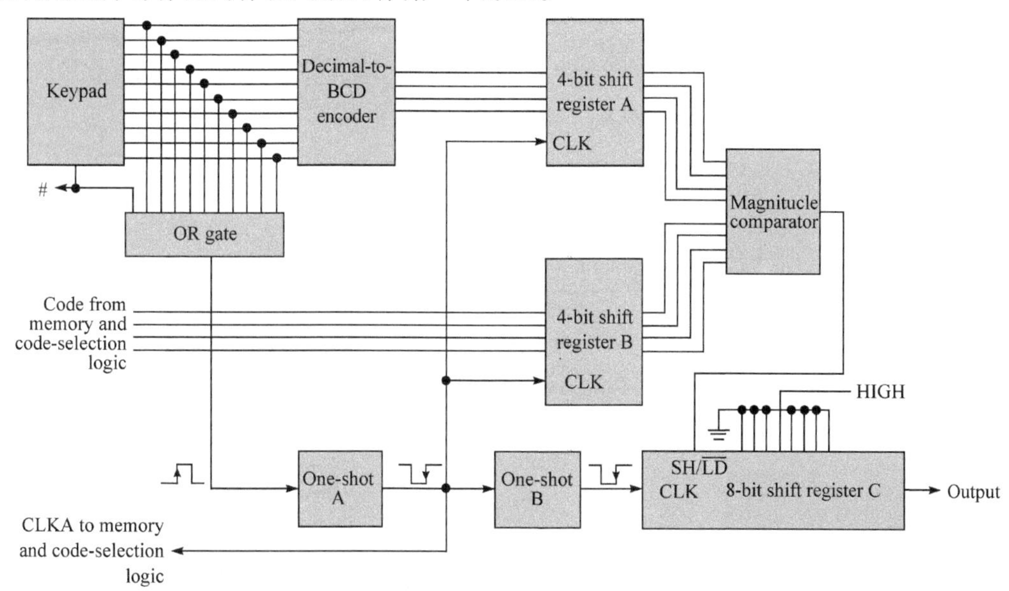

图 8-7　安全编码逻辑框图

8.4.3　论证

设计一个安全系统用不同代码编程并反复验证，然后在数字开发板上实现其功能。

8.5　译码器及多路选择器的应用

8.5.1　挑战

利用 Quartus Ⅱ 开发系统采用原理图方式进行设计，计数器每秒计 1 次数，外围 8

个数码管显示十进制计数器的计数结果，同时计数器的输出又作为数码管位译码输入信号，从而形成扫描信号。

8.5.2 背景与描述

(一) 电路设计框图

电路总体设计框图如图 8-8 所示；带位译码选通的数码管显示电路如图 8-9 所示。

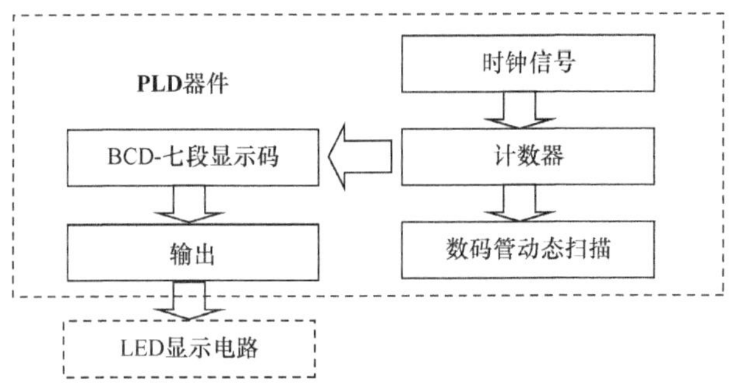

图 8-8 电路总体设计框图

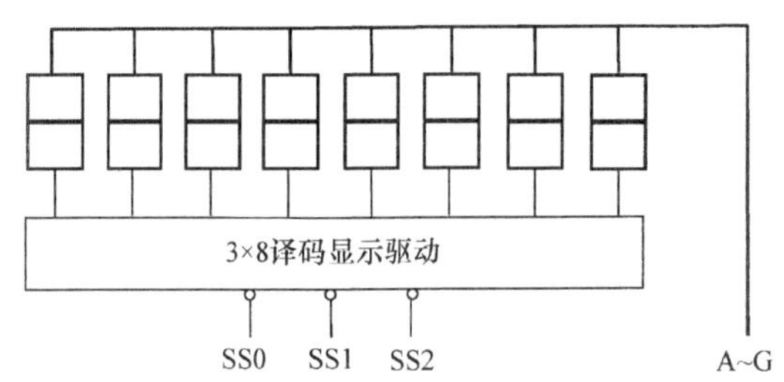

图 8-9 带位译码选通的数码管显示电路

(二) 设计原理

在设计原理图(图 8-10)中设计了两个模块，其中一个使用 74160 十进制加法计数器输出 QA、QB、QC，形成共阴极数码管位译码选通输入信号（8 个数码管需 8 位扫描信号，实验板上 8 个数码管带 3×8 译码器，因此只需三位扫描信号）。QA、QB、QC、QD 作为另一个 BCD 码译码模块的输入数据，译码模块的输出为七段显示码，输出端口 A~G 通过数码管驱动电路分别驱动各段来点亮动态数码管。74160 的输入端有时钟信号 CLK 和复位信号 RESET。

8.5.3 论证

按实验原理图设计出相应电路，完成实验。

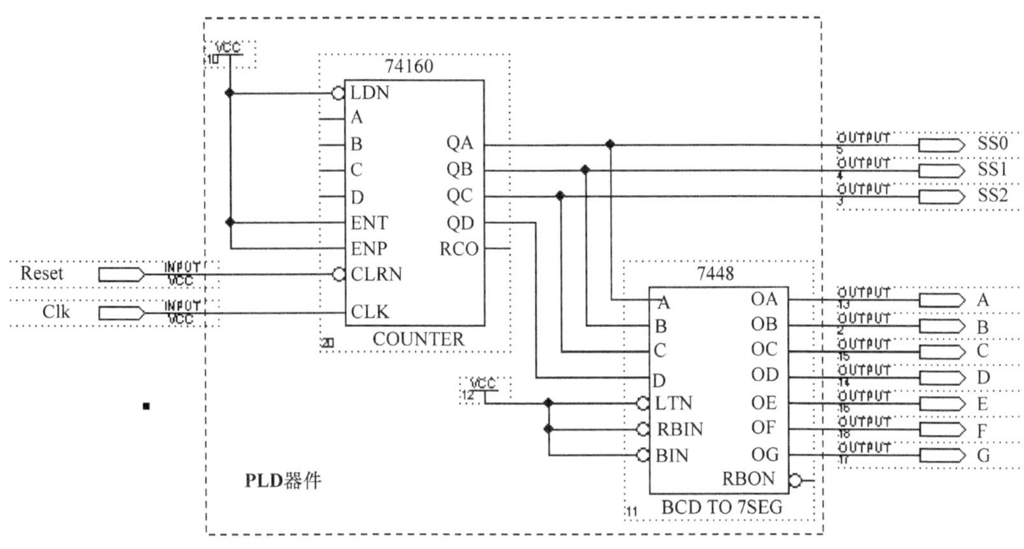

图 8-10　设计原理图

8.6　乐器演奏控制设计

8.6.1　挑战

频率的高低决定了音调的高低，考虑基准频率，将分频数四舍五入取整。

8.6.2　背景与描述

所有不同频率的信号都是从同一个基准频率分频得来的。由于音阶频率多为非整数，而分频系数又不能为小数，故必须将计算得到的分频数四舍五入取整。若基准频率过低，则由于分频比太小，四舍五入取整后的误差较大。若基准频率过高，虽然误差变小，但分频数将变大。实际的设计应综合考虑两方面的因素，在尽量减小频率误差的前提下取合适的基准频率。

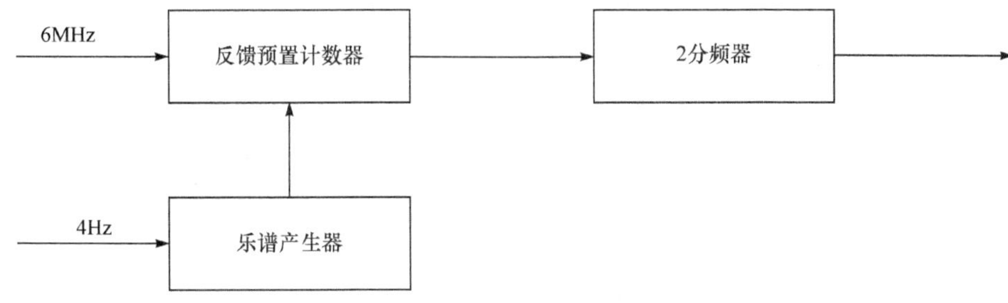

图 8-11　乐曲演奏电路的原理框图

图 8-11 中，乐谱产生电路用来控制音乐的音调和音长。控制音调通过设置计数器的预置数来实现，预置不同的数值可以使计数器产生不同频率的信号，从而产生不同的音

调。控制音长是通过控制计数器预置数停留时间来实现的，每个音符的演奏时间是 0.25s 的整数倍，对于节拍较长的音符，如二分音符，在记谱时将分别连续记录两次即可。

8.6.3　论证

将 sys_CLK 信号接时钟，button 接按键，audio 接蜂鸣器，将程序下载到开发板中，当打开按键时，就能听到完整的乐曲了。

8.7　矩阵键盘接口设计

8.7.1　挑战

检测有无按键按下，如有键按下，在无硬件去抖动的情况下，应有软件延时除去抖动影响键扫描程序将键编码转换成相应建值。

8.7.2　背景与描述

矩阵键盘又叫行列式键盘。用带 I/O 口的线组成行列结构，按键设置在行列的交点上。例如用 4 × 4 的行列式结构可以构成 16 个键的键盘。这样，当按键数量平方增长时，I/O 口只是线性增长，就可以节省 I/O 口。矩阵键盘的原理图如图 8-12 所示。

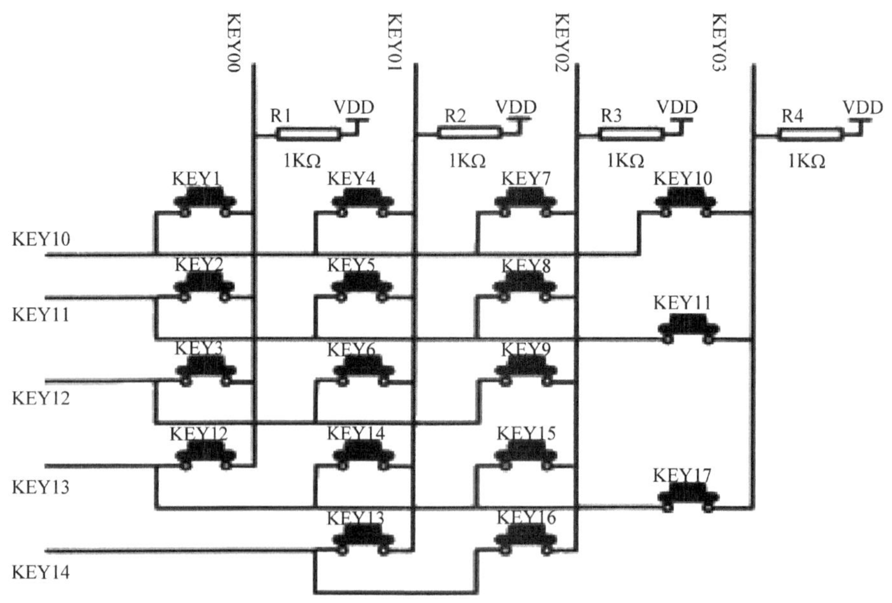

图 8-12　矩阵键盘的原理图

按键设置在行列线交叉点，行列线分别连接到按键开关的两端。列线通过上拉电阻接 3.3V 电压，即列线的输出被箝位到高电平状态。

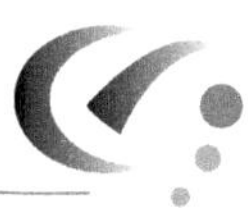

判断键盘中有无按键按下是通过行线送入扫描线，然后从列线读取状态得到的。其方法是依次给行线送低电平，检查列线的输入。如果列线全是高电平，则代表低电平信号所在的行中无按键按下；如果列线有输入为低电平，则代表低电平信号所在的行和出现低电平的列的交点处有按键按下。

由于使用的外部时钟频率为 50MHz，这个频率对扫描来说太高，所以这里需要一个分频模块来分得适合键盘扫描使用的频率，如图 8-13 所示。

键盘扫描电路是用于产生 keydrv3～keydrv0 信号，其变化顺序是 1110→1101→1011→0111→1110…周而复始地扫描。其停留时间约为 20ms。更短的时间没有必要，因为人为按键的时间大概为 20ms，不可能有更快的动作；另外，更短的停留时间还容易采集到抖动信号，会干扰判断，而太长的时间容易丢失某些较快的按键动作。键盘扫描模块如图 8-14 所示。

键盘译码电路是从 keydrv3~keydrv0 和 keyin3~keyin0 信号中译码出按键值的电路。clk 是全局时钟，由外部晶振提供。clk 在系统的频率是最高的，其他的时钟由分频产生。keydrv 表示键盘扫描信号，keyin 为键盘输入信号，keyvalue 为键值。其外部接口如图 8-15 所示。

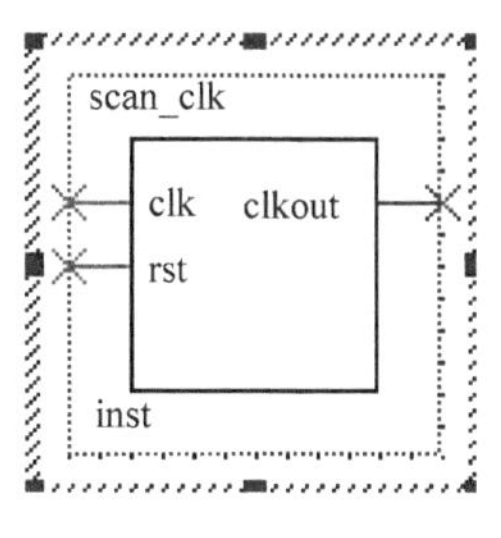

图 8-13　分频模块

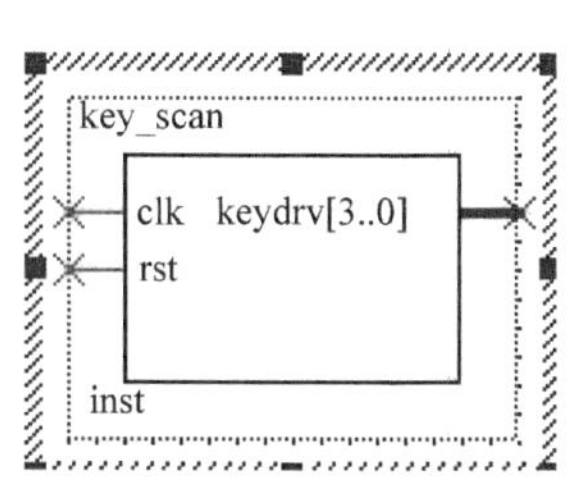

图 8-14　键盘扫描模块

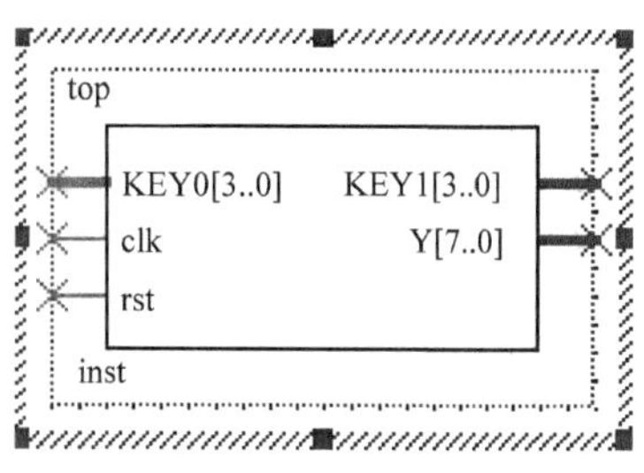

图 8-15　键译码转换模块外部接口

8.7.3　论证

验证应用程序，当按下数字键的时候，可以在数码管中显示出来。

8.8　步进电机驱动设计

8.8.1　挑战

在使用四相步进电机时，步进电机的频率不能太快，也不能太慢，在 200Hz 附近最好，频率太快可能转动不起来。

8.8.2　背景与挑战

步进电机是一种能够将电脉冲信号转换成角位移或线位移的机电元件，它实际上是一种单相或多相同步电动机。

我们实验中所使用的步进电机为四相步进电机，转子小齿数为 64。系统中采用四路 I/O 进行并行控制，FPGA 直接发出多相脉冲信号，在通过功率放大后，进入步进电机的各相绕组如图 8-16 所示。这样就不再需要脉冲分配器，脉冲分配器的功能可以由纯软件的方法实现。

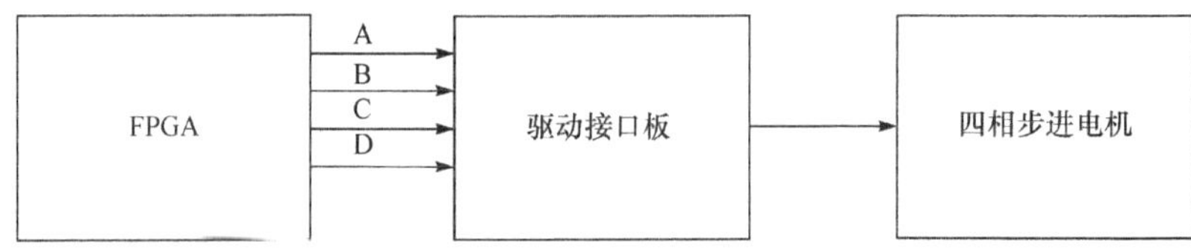

图 8-16　步进电机的各相绕组

四相步距电机的控制方法有四相单四拍，四相单、双八拍和四相双四拍三种控制方式。步距角的计算公式为

$$\theta = \frac{360°}{mCZ_k} \tag{8-1}$$

式中，m 为相数，控制方法是四相单四拍和四相双四拍时 C 为 1，四相单、双八拍时 C 为 2；Z_k 为转子小齿数。本系统中采用的是四相单、双八拍控制方法，所以步距角为 360°/512。但步进电机经过一个 1/8 的减速器引出，实际的步距角应为 360°/512/8。

试验中使用 EXI/O 的高四位控制四相步进电机的四个相。按照四相单、双八拍控制方法，电机正转时的控制顺序为 A→AB→B→BC→C→CD→D→DA。EXI/O 的高四位的值参见表 8-1。

表 8-1　EXI/O 的高四位的值

十六进制	二进制	通电状态
1H	001	A
3H	0011	AB
2H	0010	B
6H	0110	BC
4H	0100	C
CH	1100	CD
8H	1000	D
9H	1001	DA

8.8.3　论证

将程序烧写到 FPGA 上以后，通过拨动开关就可以使步进电机正转或反转了。

8.9　卡式电话计费器

8.9.1　挑战

设计一个计费器，通过硬件描述语言控制电话的计时、计费。

8.9.2　背景与描述

(1) 计费器在电话卡插入后，能将卡中的币值读出并显示出来；在通话过程中，根据话务种类计算电话费并将话费从卡余额中扣除，卡余额每分钟更新一次；计时与计费数据均以十进制形式显示出来。

(2) 话务分为 3 类：市话、长话和特话。其中市话按每分钟 3 角钱计费，长话按每分钟 6 角钱计费，特话不计费。当卡上余额不足时产生告警信号，当告警达到一定时间则切断当前通话。计费器的输入、输出接口如图 8-17 所示。

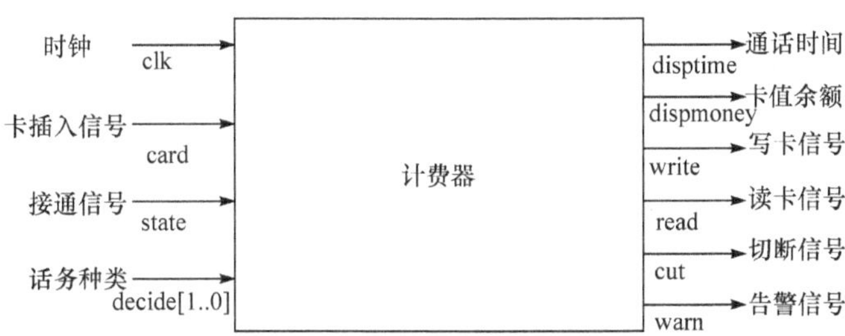

图 8-17　计费器的输入输出接口

此系统由三个模块组成，一是时钟分频模块，负责产生 1Hz 的时间；二是卡式电话计费主体，负责计时计费，余额不足时，产生警报后自动切断通话信号；三是顶层模块，负责数码管的显示。

由设计文件生成的.bsf 文件，其外接接口如图 8-18 所示。

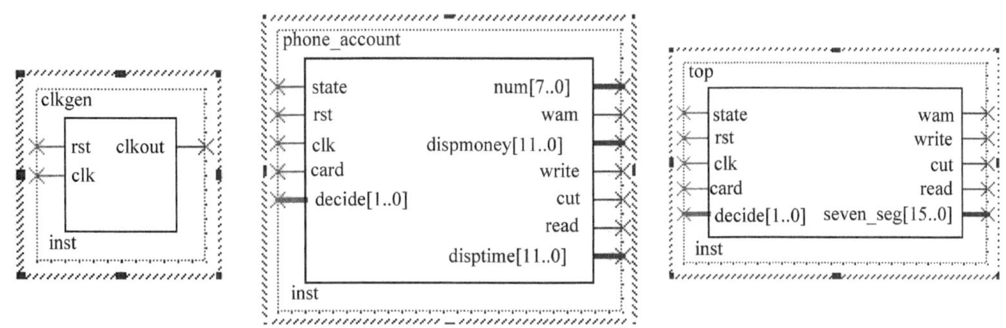

图 8-18　外接接口

8.9.3 论证

验证应用程序，拨动按键就能看到 LED 灯和数码管的正确显示了。

8.10 数字钟设计

8.10.1 挑战

设计一个数码管实时显示时、分、秒的数字时钟(24 小时显示模式)。

8.10.2 背景与描述

用 FPGA 制作一个数字钟，通过编写程序来控制 FPGA 芯片输出输入来得到数字钟的功能，同时用 FPGA 板来实现该功能。

软件部分有分频模块、按键防抖模块、时钟主体模块、闹铃模块、动态扫描模块等来实现此方案，如图 8-19 所示。

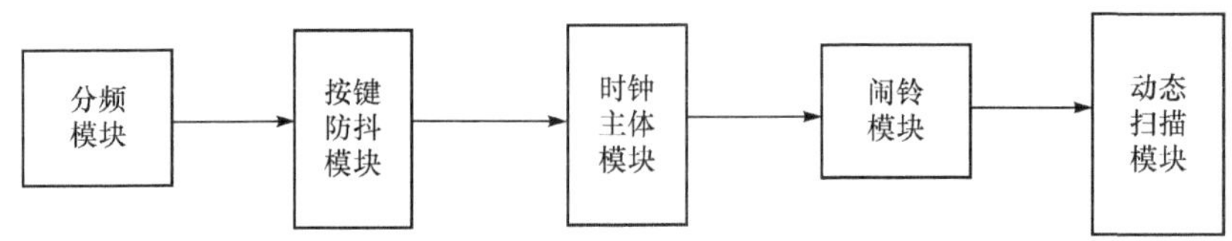

图 8-19 系统软件模块

首先进行分频得到一个信号，使得信号稳定；进而促使时钟主体工作；再通过按键防抖模块控制时钟主体模块和闹铃模块；最后用动态扫描模块来实现软件的所有功能。

Verilog HDL 的多功能数字钟的设计方案是设计一个具有计时、报时和显示三部分功能的数字钟。其原理框图如图 8-20 所示。

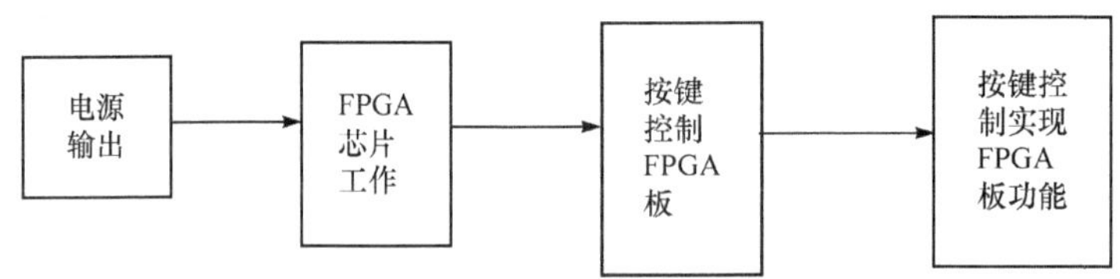

图 8-20 数字钟原理框图

原理框图功能如下：

(1) 首先输入电源，然后进入 FPGA 芯片，实现最基本的数字钟计时电路，其计数输出送 7 段译码电路，由数码管显示。

(2) PPGA 芯片工作使得基准频率分频器可分频出标准的 1Hz 频率信号，用于秒计数的时钟信号；分频出频率信号用于校时、校分的快速递增信号；分频出频率信号用于对按动校时、校分按键的消除抖动。

(3) 用按键控制电路模块是一个校时、校分、秒清零的模式控制模块， 频率信号用

于键的消除抖动。而模块的输出则是一个边沿整齐的输出信号。

(4) 控制电路模块是一个校时、校分、秒清零的模式控制模块，64Hz 频率信号用于键 KEY1、KEY2、KEY3 的消除抖动。而模块的输出则是一个边沿整齐的输出信号。

(5) 报时电路模块需要通过一个组合电路完成，前五声讯响功能报时电路还需用一个触发器来保证整点报时时间为 1 秒。

(6) 闹铃模块也需要音频信号以及来自秒计数器、分计数器和时计数器的输出信号做为本电路的输入信号。

8.10.3　论证

将程序烧写到 FPGA 上以后，验证设计的数字钟是否具有计时、报时以及显示的功能。

参 考 文 献

陈学英, 李颖, 2013. FPGA 应用实验教程. 北京: 国防工业出版社.

何宾, 2014. Xilinx FPGA 设计权威指南: Vivado 集成设计环境. 北京: 清华大学出版社.

姜书艳, 金燕华, 崔琳莉, 等, 2014. 数字逻辑设计及应用 . 成都: 电子科技大学出版社.

李文渊, 高翔, 安良, 等, 2017. 数字电路与系统. 北京: 高等教育出版社.

卢有亮, 2018. Xilinx FPGA 原理与实践: 基于 Vivado 和 Verilog HDL. 北京: 机械工业出版社.

马建国, 孟宪元, 2010. FPGA 现代数字系统设计. 北京: 清华大学出版社.

孟宪元, 陈彰林, 陆佳华, 2014. Xilinx 新一代 FPGA 设计套件 Vivado 应用指南. 北京: 清华大学出版社.

潘松, 黄继业, 2006. EDA 技术实用教程. 北京: 科学出版社.

潘松, 王国栋, 1999. VHDL 实用教程. 成都: 电子科技大学出版社.

汤勇明, 张圣清, 陆佳华, 2017. 数字电路与逻辑设计 (Verilog HDL&Vivado 版) . 北京: 清华大学出版社.

杨军, 蔡光卉, 黄倩, 等, 2014. 基于 FPGA 的数字系统设计与实践. 北京: 电子工业出版社.

Samir Palnitkar, 2014. Verilog HDL 数字设计与综合.2 版.夏宇闻, 胡燕祥, 刁岚松译. 北京: 电子工业出版社.

Wakerly J. F., 2012 .DIGITAL DESIGN Principles and Practices. Fourth Ed. 北京: 高等教育出版社.